中国景观规划设计系列丛书

LANDSCAPE PLAN
景观规划牛皮书

樊思亮 主编

HOUSING
住宅篇 上册

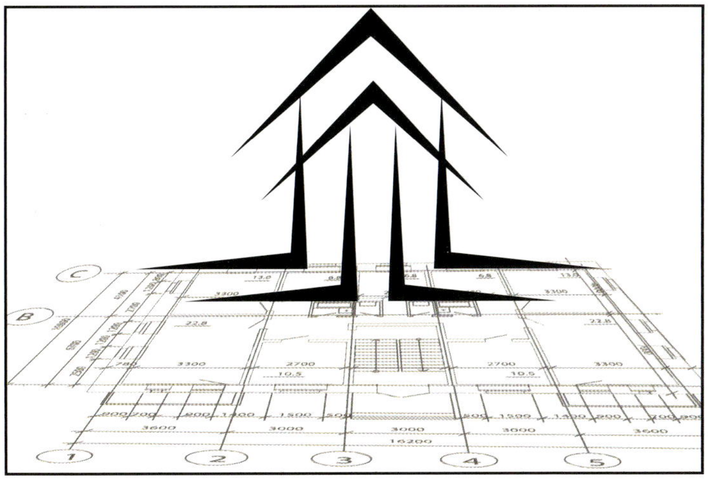

中国林业出版社

图书在版编目（C I P）数据

景观规划牛皮书——住宅篇（上）/ 樊思亮 主编 . -- 北京 : 中国林业出版社 , 2011.8

ISBN 978-7-5038-6208-3

Ⅰ. ①景… Ⅱ. ①樊… Ⅲ. ①居住区－景观－环境设计 Ⅳ. ①TU-856

中国版本图书馆 CIP 数据核字 (2011) 第 110438 号

本书编委会

主　编：樊思亮

副主编：孔　强　郭　超　杨仁钰　廖　炜　郭　金

编　委（排名不分先后）：

王　亮	文　侠	王秋红	苏秋艳	孙小勇	王月中	刘吴刚	吴云刚	周艳晶	黄　希
朱想玲	谢自新	谭冬容	邱　婷	欧纯云	郑兰萍	林仪平	杜明珠	陈美金	韩　君
李伟华	欧建国	潘　毅	黄柳艳	张雪华	杨　梅	吴慧婷	张　钢	许福生	张　阳
温郎春	杨秋芳	陈浩兴	刘　根	朱　强	夏敏昭	刘嘉东	李鹏鹏	陆卫婵	钟玉凤
高　雪	李相进	韩学文	王　焜	吴爱芳	周景时	潘敏峰	丁　佳	孙思睛	邝丹怡
秦　敏	黄大周	刘　洁	何　奎	徐　云	陈晓翠	陈湘建			

中国林业出版社 · 建筑与家居图书出版中心

责任编辑：李　顺　段植林

出版咨询：（010）83223051

出 版：中国林业出版社（100009 北京西城区德内大街刘海胡同7号）

网 站：http://lycb.forestry.gov.cn/

印 刷：恒美印务（广州）有限公司

发 行：新华书店北京发行所

电 话：（010）83224477

版 次：2011年8月第1版

印 次：2011年8月第1次

开 本：889mm × 1194mm 1 / 12

印 张：21.5

字 数：250千字

定 价：RMB 248 .00元

USD 40.00

目录 Contents

编者的话

奥姆斯特德提出的“Landscape”一词，现在有了多种翻译，如：景观、风景园林、景观设计、造园、景园，至今，这一词都没有非常合适的翻译，笔者认为，从专业发展的角度来看，其内容并不仅仅只是《建筑十书》中所提出的包涵建筑及相关环境等内容，还应该包含传统的园林艺术和技术，甚至包含更广泛的自然科学和地理相关学科的内容。

现代景观规划设计涵盖的内容更加广泛，尺度更大，知识面也更广，涉及因素更多，是面向大众群体，强调精神文化的综合学科，对专业人员的综合素质有更高要求。

笔者认为，现代景观规划设计的专业基础是：场地规划设计；核心课程是：场地规划与可持续景观；终极目标是：寻求创造人类需求和户外环境的协调。

该学科的专业特征有：生命性、时间性、地方性、边缘性。

该学科也与其他学科一样具有：系统性、完整性、开放性、综合性。

根据美国建筑师注册委员会的定义，现代景观设计的实践包含4个方面的内容：
1. 宏观环境规划；
2. 场地规划、各类环境详细规划；
3. 施工图及文本制作；
4. 施工协调及运营管理；
其又蕴涵3个层次的追求和理论研究：景观感受层面、环境生态层面、人类行为及相关历史文化层面。

现代景观规划设计与传统园林设计的区别
现代景观规划设计涵盖面更为广泛，更强调精神层面的内容，其主要服务群体也是大众，而且更强调生态、风景、旅游的三位一体，讲求经济性和实用性，其不像传统园林只面向少数皇室贵族。随着现代生活的发展，景观规划行业也受到城市规划和建筑学材料运用的影响，所以在感官、感受，以及景观艺术性方面，现代景观规划设计和传统风景园林设计的制约因素也有所变化，包括现代城市密度比较高，人多地少。所以在现代景观规划设计中更要善于利用有限的土地，见缝插绿，利用好城市规划中的每一寸土地，来创造优质的环境景观。

正是基于以上的思考与出发点，我们联系各设计公司及单位组织编写了这套景观规划类案例图册，其中有许多值得我们现代景观设计人员学习和借鉴。在编写过程中，我们也得到了国内许多景观公司的供稿和大力支持，在此表示诚挚的感谢，我们只希望其能起到抛砖引玉的效果，如果能得到行业人员的一点点认同，那将是我们最大的欣慰。

编　者
2011年6月

北京市大兴区10#地会所、售楼处样板区

规划构思将建设高品质的人文社区作为根本宗旨，充分利用北侧新风河、西侧代征绿地、东侧城市公园及场地内的大树等景观资源，沿地块北侧穿插布置10、15、18层的高层观景大宅，使高层的每一户都能同时享受到南北两侧及东侧或西侧的开阔视野；在地块南侧及中部的低密度住宅采取街区式的布置方式，使每一户低密度住宅在拥有前后院的同时，还有效地增加了邻里之间的交流，形成温馨的生活氛围

总平面图

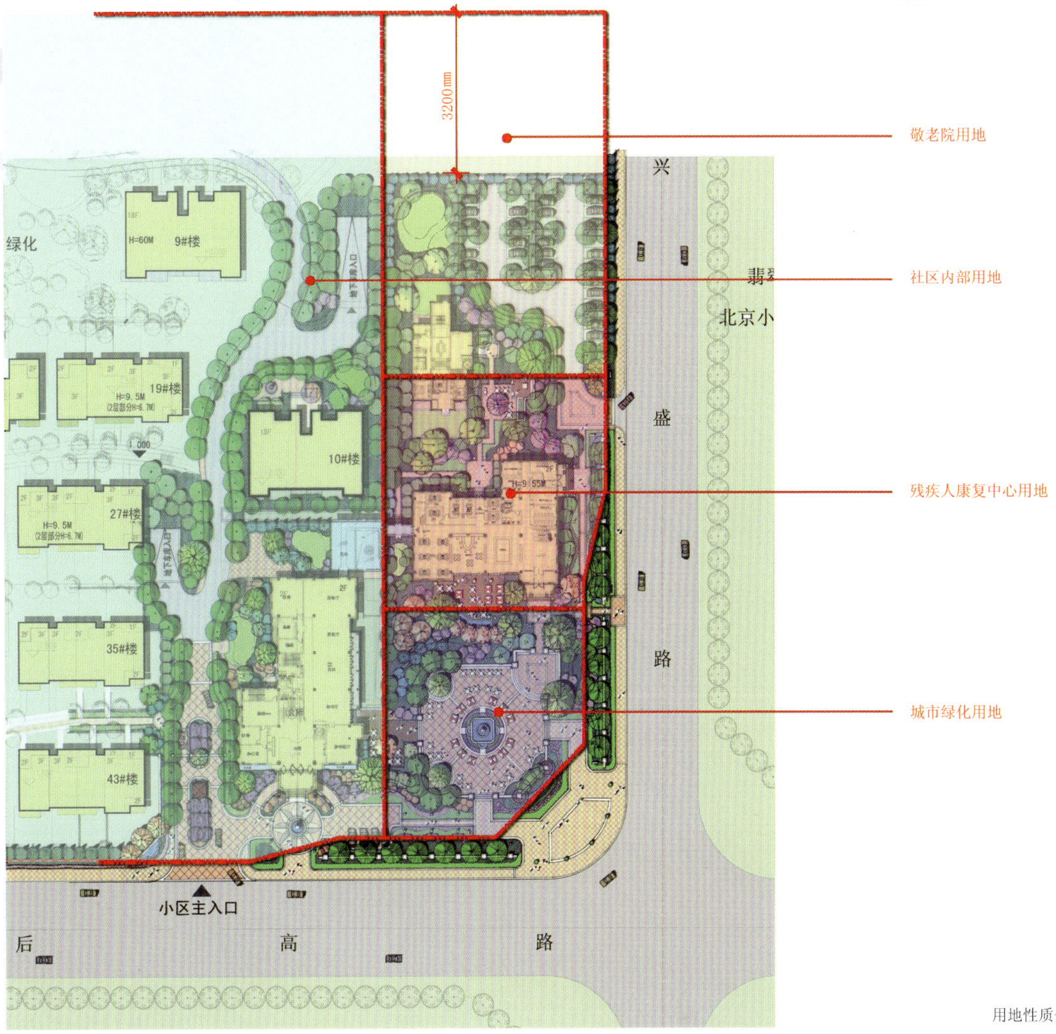

用地性质分析图

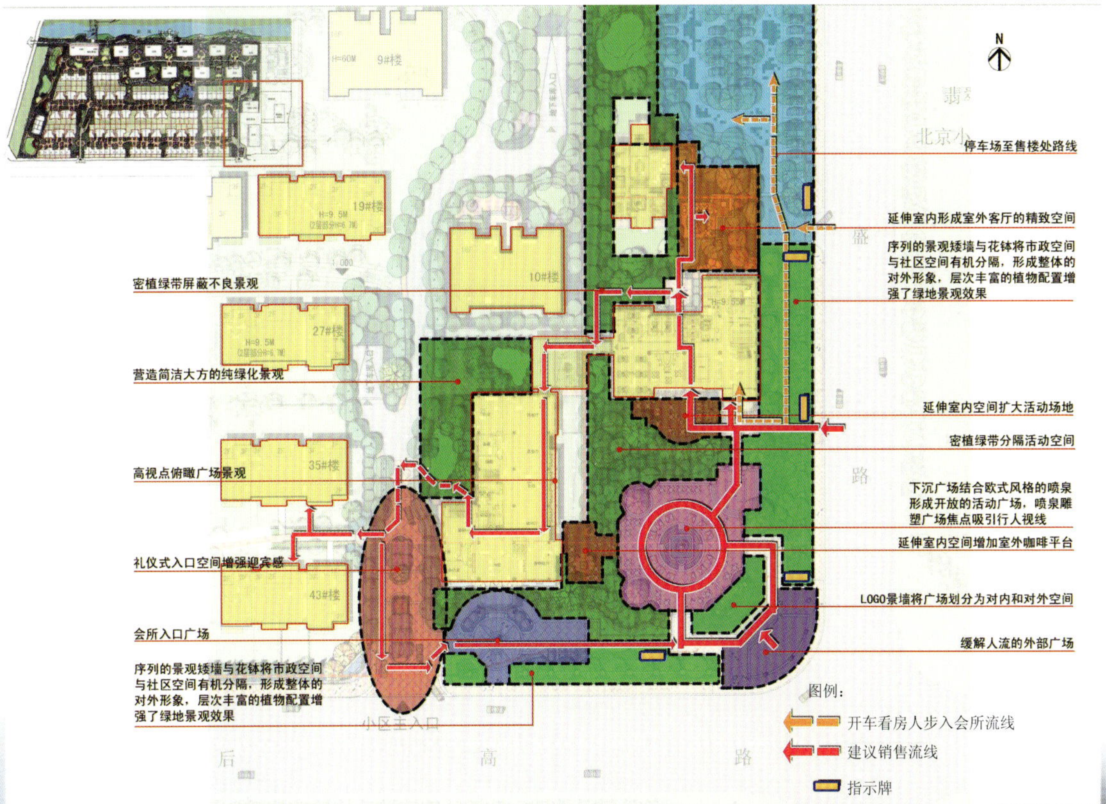

景观空间分析图

鸟瞰效果图

鸟瞰效果图

社区主入口效果图

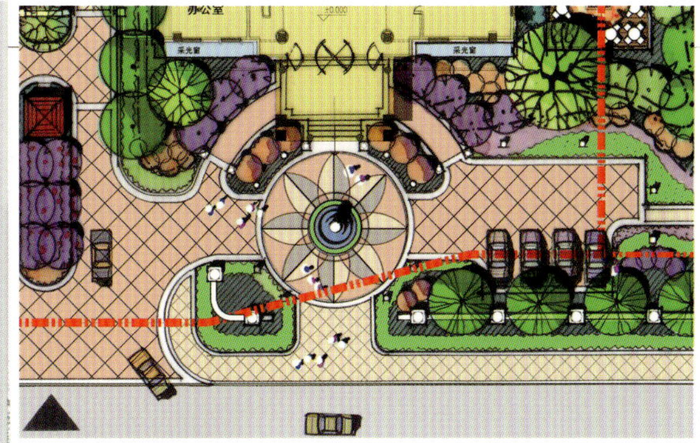

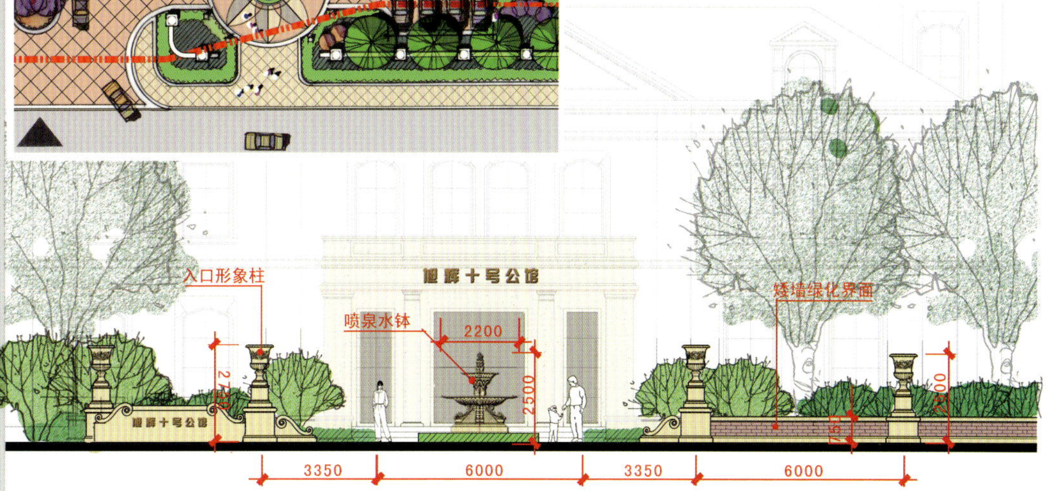

会所入口详图

广场效果图

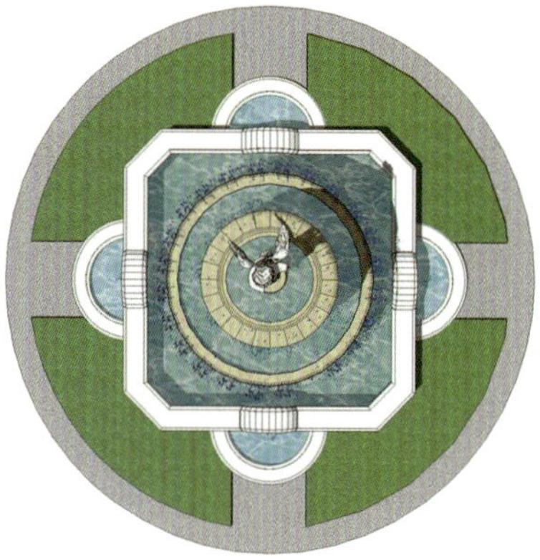

休闲木平台效果图

样板区方案设计图

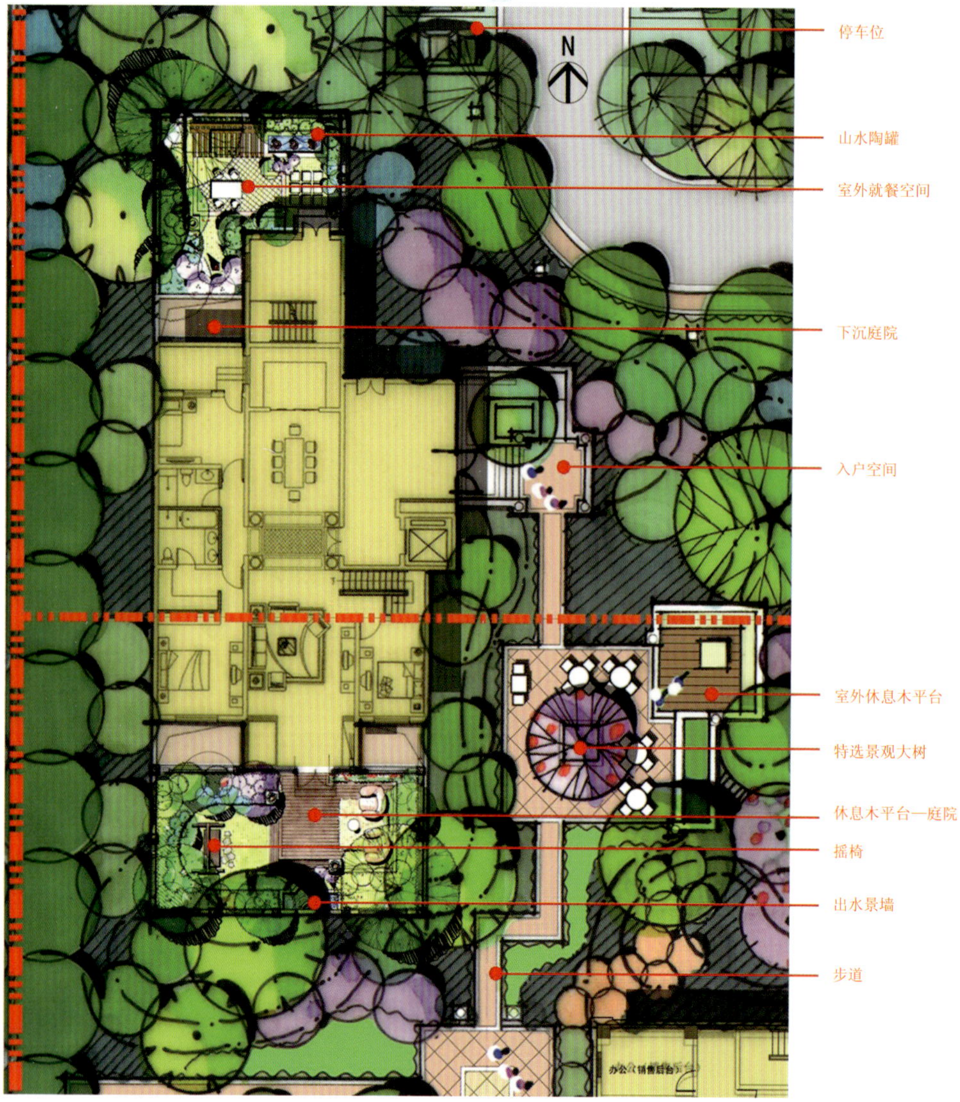

样板院-南院效果图

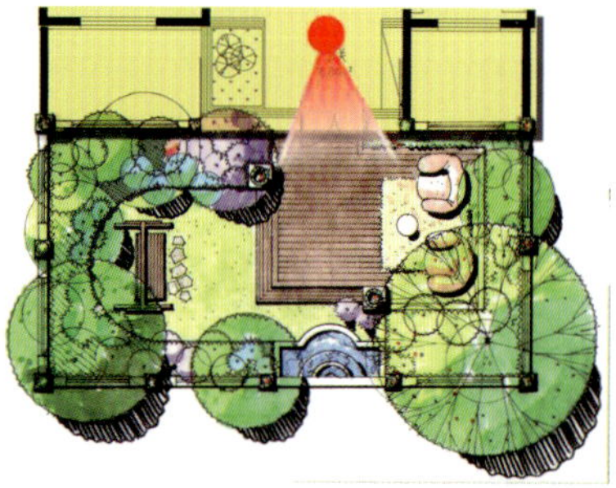

样板院-北院效果图

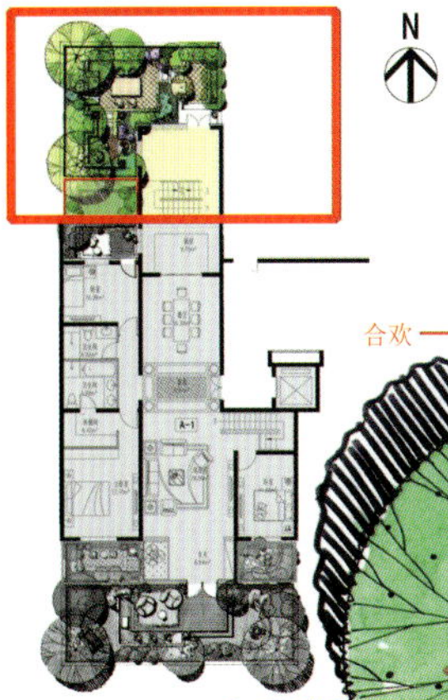

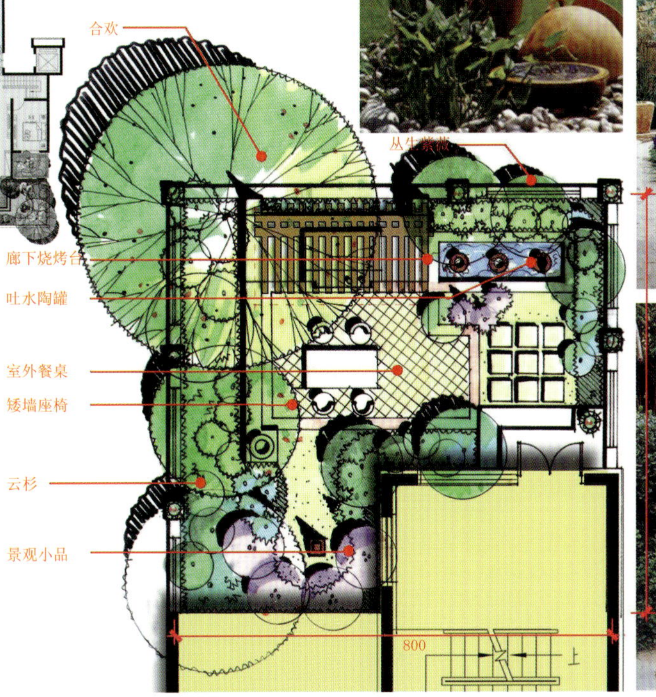

种植上特选的景观大树为合欢，树形好又可以观花，在设有景观小品的位置多设置从生紫薇及特色花卉来烘托小品的景致，另外，也配置两株常绿树，已确保冬季的景观效果。

种植效果图

种植效果图

小品效果图

北京市太平洋城A区

北京太平洋城项目位于北京朝阳区将台乡酒仙桥。项目分三期开发，其中一期A区总占地面积4.8万m²，为板式高层住宅区，总建筑面积19.15万m²。

区位紧邻东坝河，南侧有50m宽城市绿化隔离带。东南距东四环霄云桥约500m，交通便利，距离望京及CBD区均不超过10分钟车程。

基地分析

优点：择水而居，这是历来人们对理想居所的向往，本项目紧邻坝河，有良好的区位优势。水在此在不仅是景观亮点，也是生态调节器，更是景观设计的主线。

50m宽绿化带可以成为小区景观的良好补充，既可隔离城市交通噪音，也可成为小区休闲活动场所。

项目附近有成熟的生活配套设施，距离四环、三环及CBD区均不超过10分钟车程，项目主要客户群定位在工作在朝阳区、望京的中高收入人群。

缺点：区位周边项目参差，有高档楼盘，也有建造多年民宅及村民住房，同时由于场地形状不够完整，给使用及管理带来一定困难。

景观分区设计

太平洋城A区景观设计遵从主题构思原则，以木化石成因、演化、重现于世对应不同的景观分区，将整个园区景观贯穿在一起，形成整体风格。同时将其余区域运用同样设计手法，创造具有一定思想内涵和人文精神的景观环境。以下为分区说明。

北区入口区——造化

森林遭遇火山爆发，万物在瞬间融化——这是木化石的成因，也是园区景观的起点：北区入口区下沉广场，几块木化石伫立其中，流水从顶部缓缓流过。

北区溪流——等待

从广场往南，到达一处蜿蜒曲折的小溪，这里水清见底，鱼儿嬉戏，岸边依稀可见几块露出地面的木化石。这里溪流仿佛是长长的时间河流，带着我们走过漫长岁月。在这里我们设计了卵石浅溪，自然驳岸中穿插着水生植物。这里夏天是孩子们的天堂，冬天的卵石河床也可成为他们游戏的场所。岸边的木质凉亭，质朴清新，依亭而坐，水面微风荡漾，清风徐来。

南区溪流——重逢

经过亿万年演变和地球的变迁，沧海桑田，木化石终于重返人间。在溪流两侧，我们设计了一些形态优美的木化石，它们与溪流相伴，仿佛在夹道欢迎人们的到来。这里设计了一块开阔的水面，溪流在这里汇入水面。水面有喷泉，节日里是欢乐的海洋。此处的驳岸以硬质为主，环绕水面是铺装广场，曲线形矮墙可以成为座椅。

南区休息广场——感悟

正对水面的东西轴线东侧是A区主入口，往东是线性水系，窄长的水道铺以深色石材，形成镜池效果反射周围景物，轴线西侧为亲水平台，木质的铺装及栏杆。中心设置一处木化石雕刻，以点题形式介绍木化石的知识，并提示人们从中得到感悟——自然、超脱。广场后设计的林荫广场，提供居民交流沟通的场所。

1. 主入口
2. 次入口
3. 景观水道
4. 涌泉水池（冬季广场）
5. 廊架
6. 林下活动广场
7. 儿童活动区
8. 会所门前广场
9. 缓坡草地
10. 入口景观道
11. 活动广场
12. 临水方亭
13. 自然叠水
14. 散步道
15. 儿童活动广场
16. 幼儿园
17. 临街商业入口
18. 会所前广场
19. 售楼处
20. 沿河绿化带
21. 临时垃圾集散点

总平面图

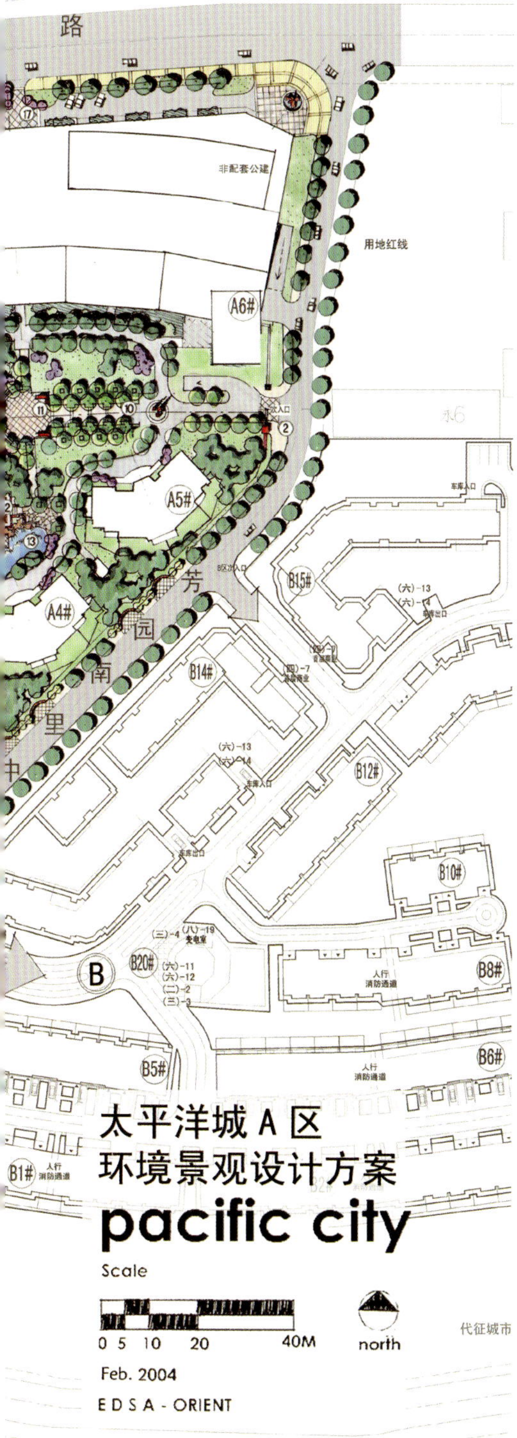

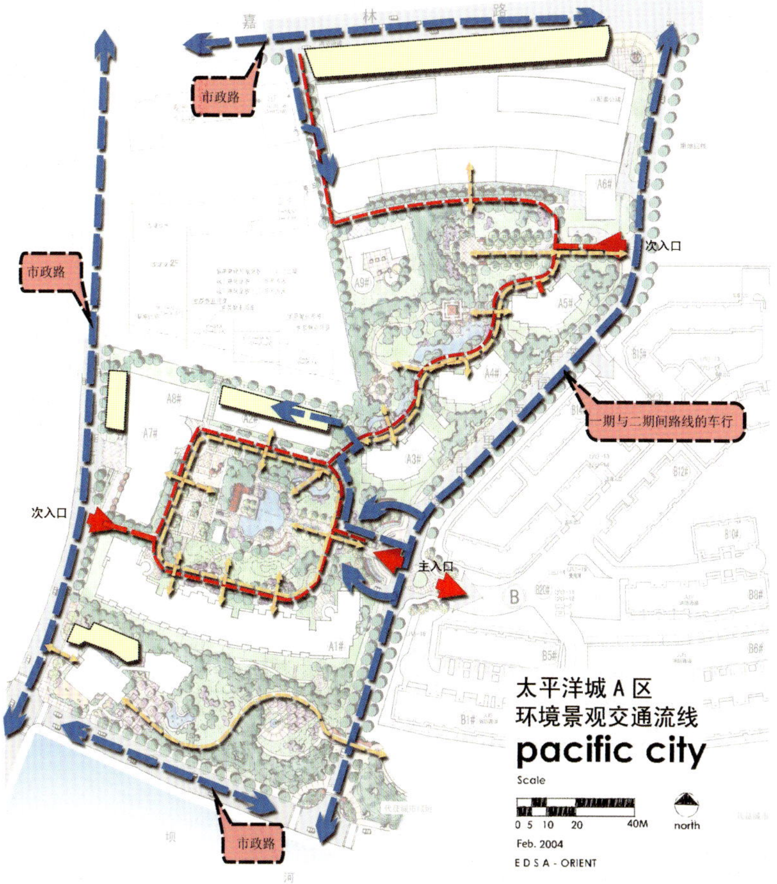

机动车路线
行人路线
消防车路线
地上停车场

总平面交通流线图

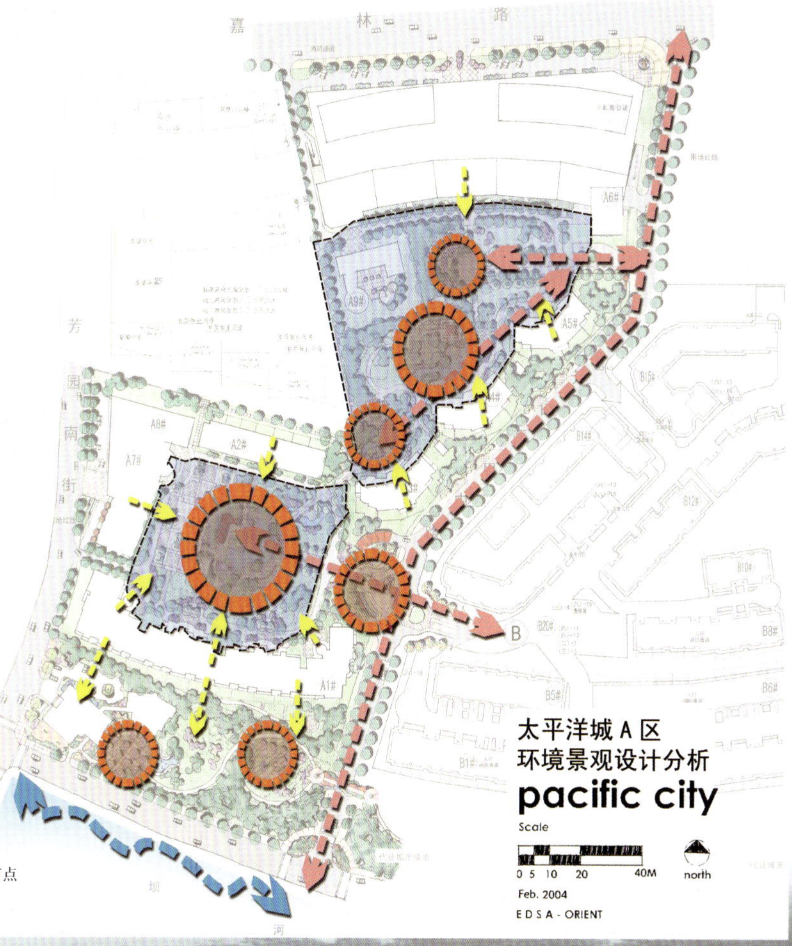

小区景观绿分区
主要景观轴线
主要景观视线
滨河自然景观
主要活动广场及景观节点

总平面景观视线图

北区平面图

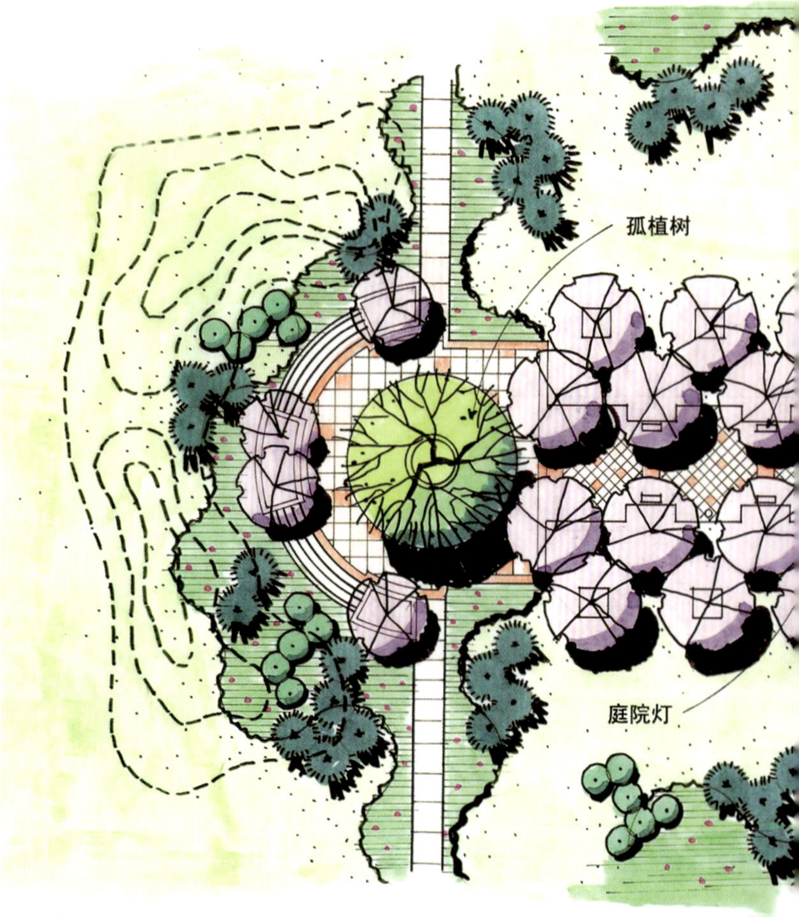

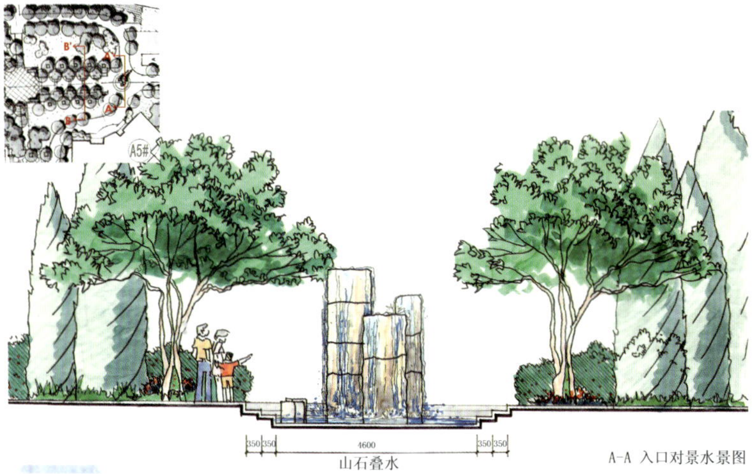

A-A 入口对景水景图

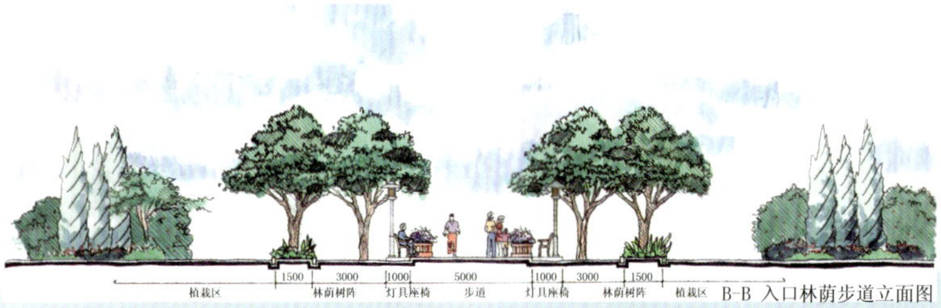

B-B 入口林荫步道立面图

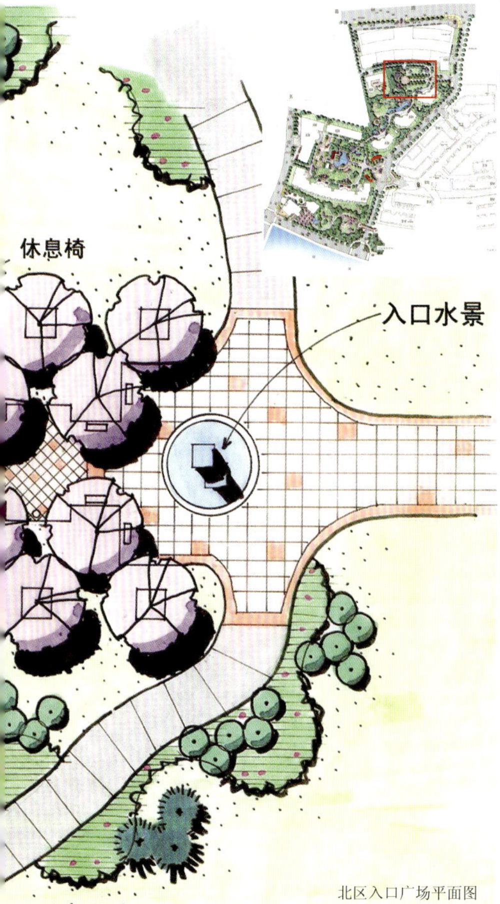

北区入口广场平面图

北区方亭平面

北区儿童活动广场平面图

北区活动广场立面图

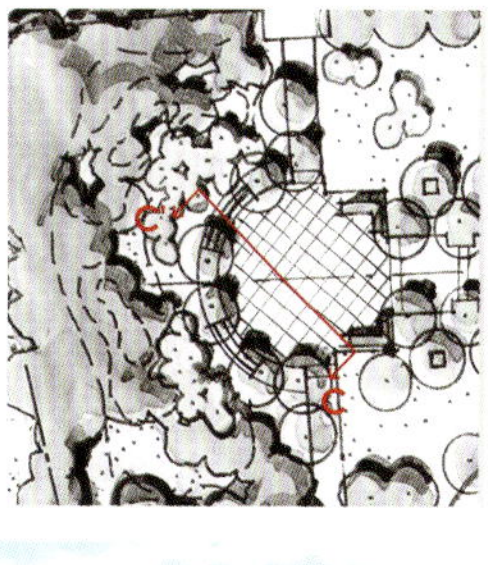

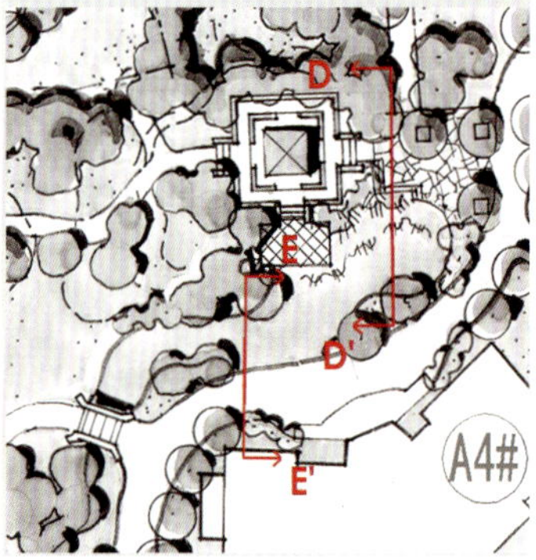

北区方亭立面图

E-E 道路水系剖面图

D-D 临水方亭立面图

北区图片示意图

1. 入口林下广场
2. 临水方亭
3. 入口山石叠水
4. 缓坡草地
5. 自然水系
6. 儿童趣味广场

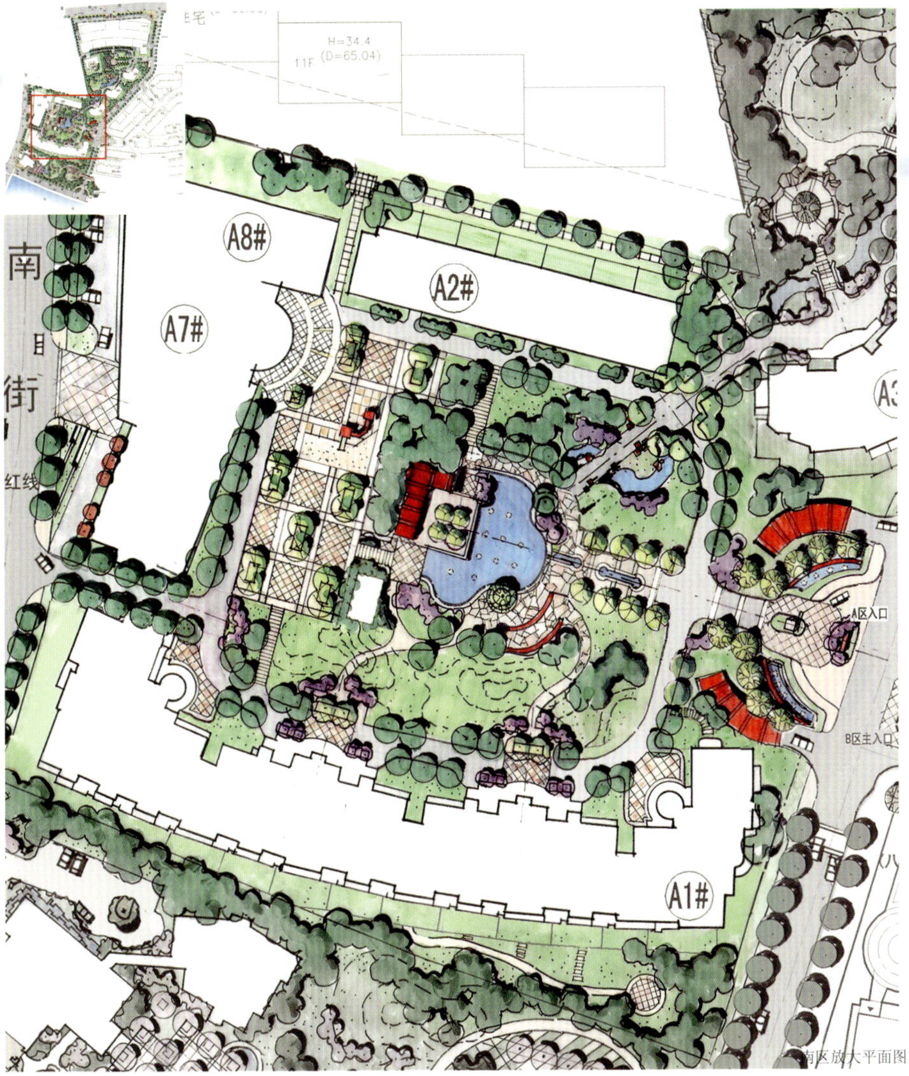

南区放大平面图

1. 特色廊架
2. 浅水池（冬季活动广场）
3. 水中喷泉
4. 水渠
5. 临水平台
6. 步行道
7. 煤气调压站
8. 挡土矮墙

南区廊架水池广场平面图

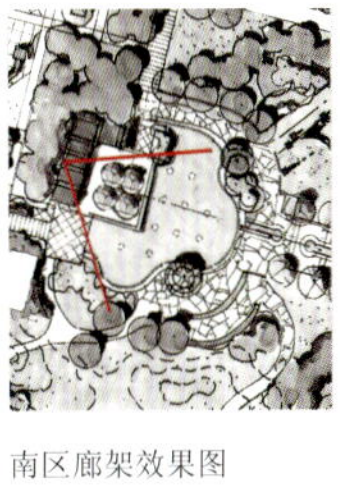

南区廊架效果图

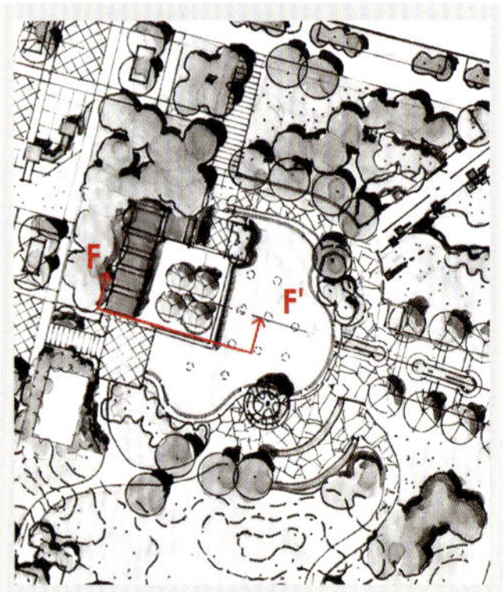

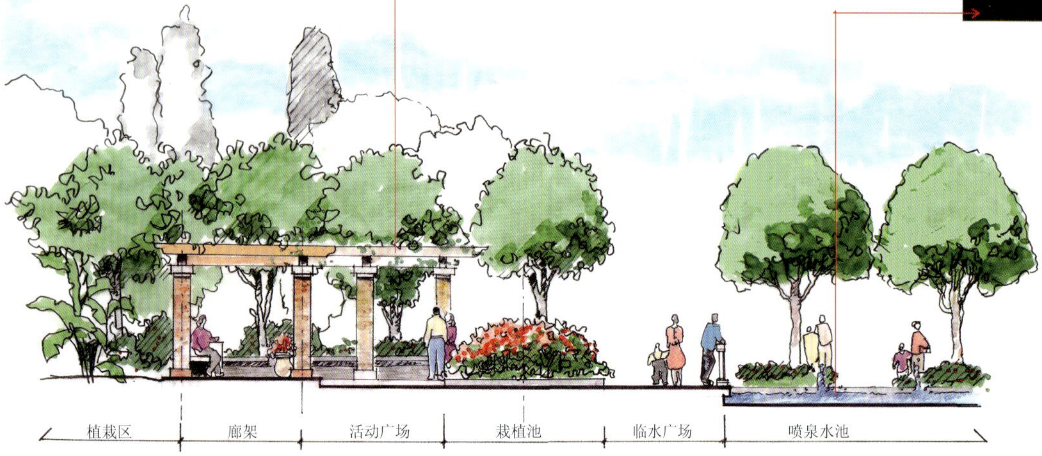

F-F廊架水池广场剖面图

1. 儿童游戏区
2. 林下活动广场
3. 中心浅水池
4. 邻里广场
5. 水边档土矮墙
6. 林下广场树池

南区图片示意图

售楼处及滨河绿化带平面图

K-K 售楼处林下广场立面图

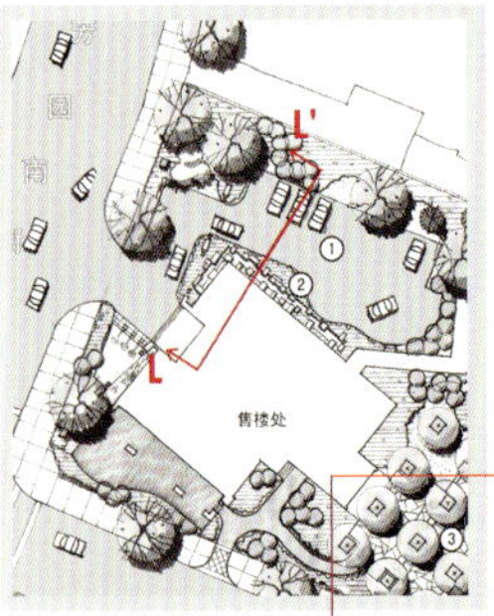

叠石水景示意图

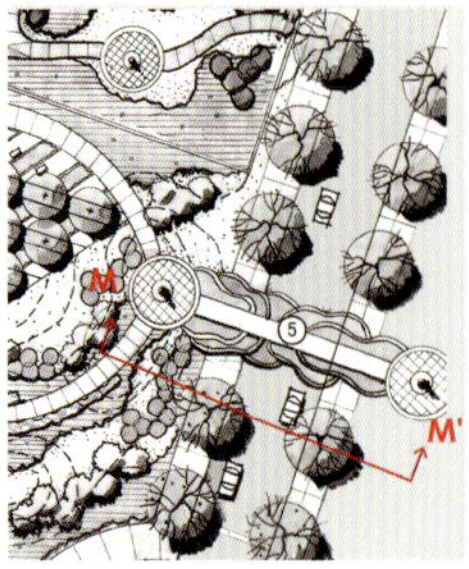

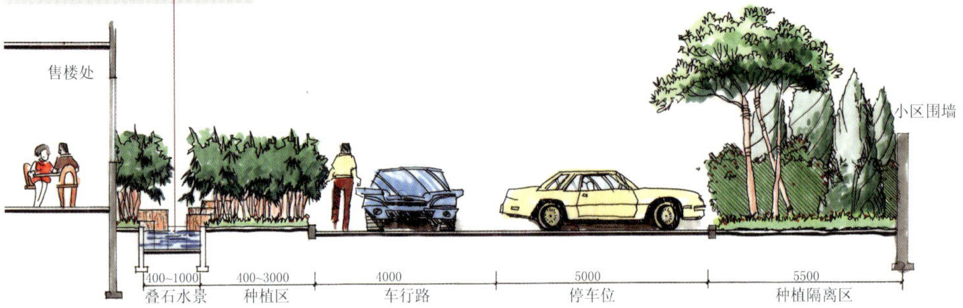

L-L售楼处楼前水景立面图

1. 滨河林荫步道
2. 售楼处林下广场
3. 售楼处水系
4. 绿化带小广场
5. 绿化带植栽示意

售楼处及绿化带图片示意图

M-M 步行桥立面图

主入口平面图

1. 入口标志矮墙
2. 机动车临时停靠环形路
3. 步行道
4. 保安亭
5. 入口水景
6. 车库玻璃顶棚
7. 小区围墙

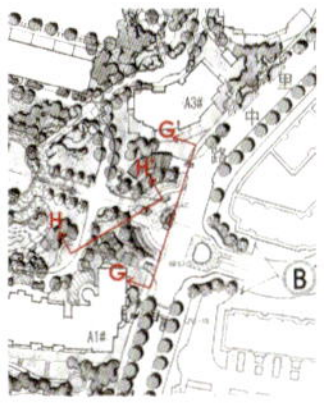

主入口立面图

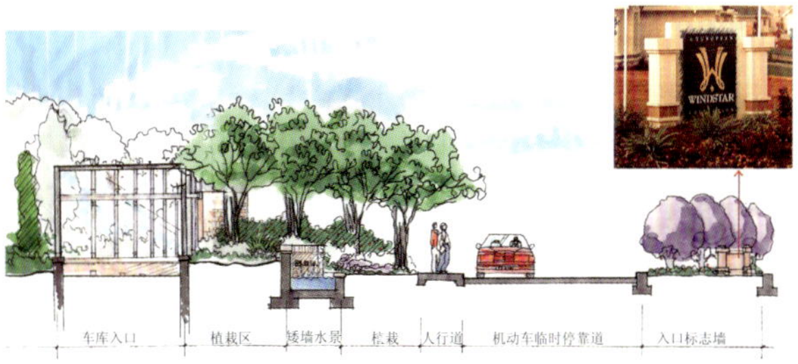

H-H 入口剖面图

G-G 入口剖面图

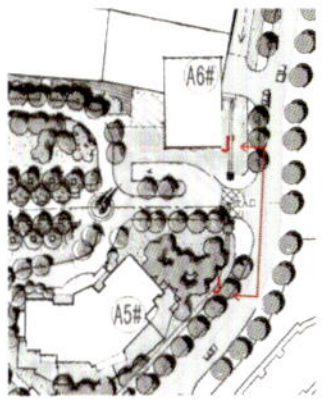

J-J 次入口剖面图

北京市北四环东路住宅及配套项目

北京在飞速的发展，高楼大厦的崛起让这个充满美丽的古都越来越拥挤。我们面对73号这块珍稀的土地，希望她展现出迷人的风采：

人们在公园的森林里漫步，在湖畔草坪上沐浴着阳光；公园边上的智能写字楼为忙碌的企业提供着高效舒适的办公室；最前沿的大型展览会议不间断的传递着行业的资讯并向市民开放；酒店为商务人士提供了休息交往的环境；京城中最时尚的文化娱乐城引领着地区的文化生活潮流，人们可以在一天的每一个时候来到这里聚会约会；这里有画廊书店，也有电影院迪厅，更有咖啡厅、酒吧街……永远欢迎每一个人，这里的生活永远那么灿烂有活力。街道两旁精美的小店吸引你的眼光，露天的午后咖啡让你惬意的不得了，两旁漂亮的梧桐林荫道为你撑起遮阳伞，让漫步街头也变得很美妙…… 居住社区里设施方便、公园似的大花园让空气清新、花团锦簇！家是人们居住的地方，这里温湿恒定、四季如春，现代的科技陪伴你的生活让她永远那么精彩！这就是未来的73号地块！

1. 规划目标

根据项目的开发理念和项目定位，联合投标体将把73号项目全力打造为新型的“城市绿色建筑综合体”！项目的规划设计将诠释“城市综合体”和“绿色建筑”两大主题，注重城市空间与宜居环境相协调，创建具有活力、新型的城市生活空间。

2. 规划主题

A. 开放空间—创建多样化的城市生活空间。

B. 城市综合体—充满活力的人性化建筑。

C. 生态住宅—绿色、健康、节能的“全寿命”宜居环境。

3. 规划结构——一轴三区加街区网络

73号地块由A、B、C、D四块地块组成，使项目形成典型的街区式布局。本规划设计在此街区网络的基础上将公建C地块的中心让出来，与城市绿带联成一体引入地块内部，A、B两地块形成完整的内向型组团。中心绿地与两个居住组团的内部绿化空间形成一个“L”形的绿化轴线。这条“绿轴”将三个地块功能区联系成一个整体，形成“一轴三区加街区网络”的规划结构。

4. 景观规划原则

A. 尊重原有地形、地貌，充分利用现场资源，体现立体景观特色。

B. 环境注重可持续发展性，保护生态平衡，维护正常的生态秩序，运用生态湿地技术。

C. 总体设计以人为本，充分考虑人在环境中的感受，景观及构筑物尺度合理，符合人体工学。

D. 植物配置丰富，保证各个空间层次景观效果的良好性。

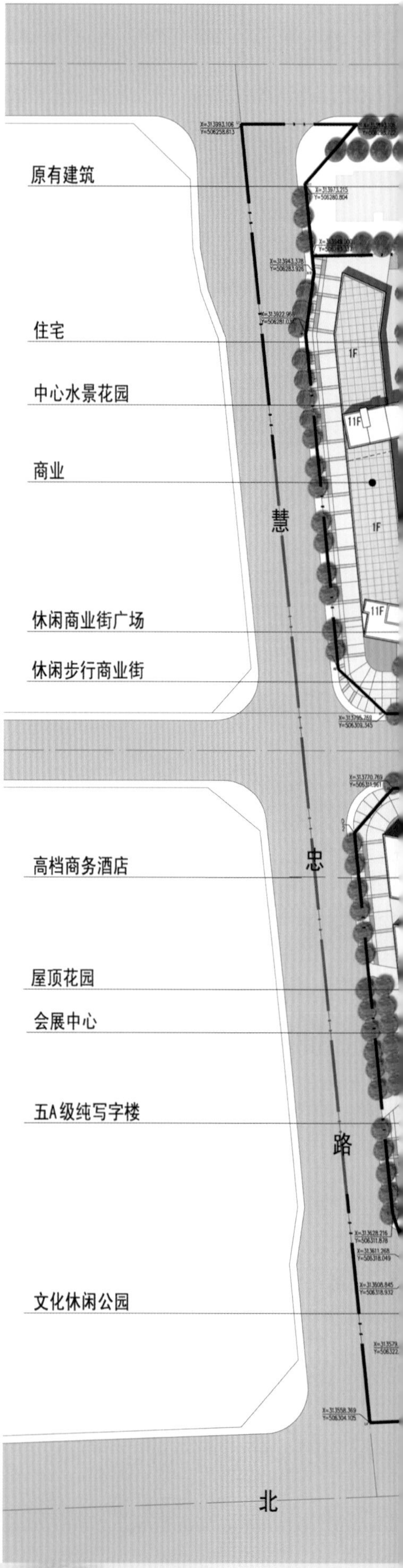

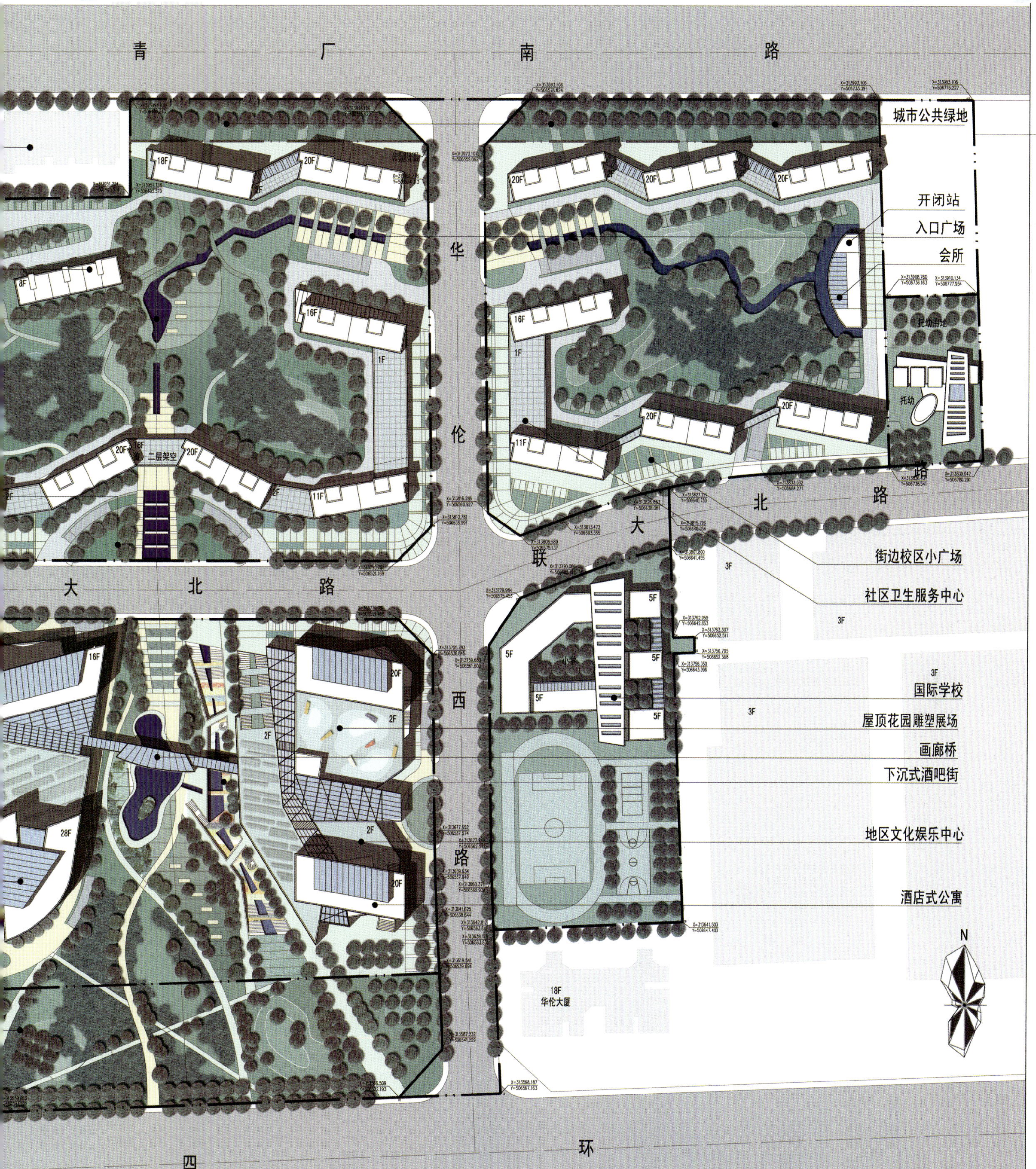

青厂南路
华伦西路
大联北路
大北路
四环
城市公共绿地
开闭站
入口广场
会所
托幼用地
托幼
二层架空
街边校区小广场
社区卫生服务中心
国际学校
屋顶花园雕塑展场
画廊桥
下沉式酒吧街
地区文化娱乐中心
酒店式公寓
18F
华伦大厦
N

总平面图

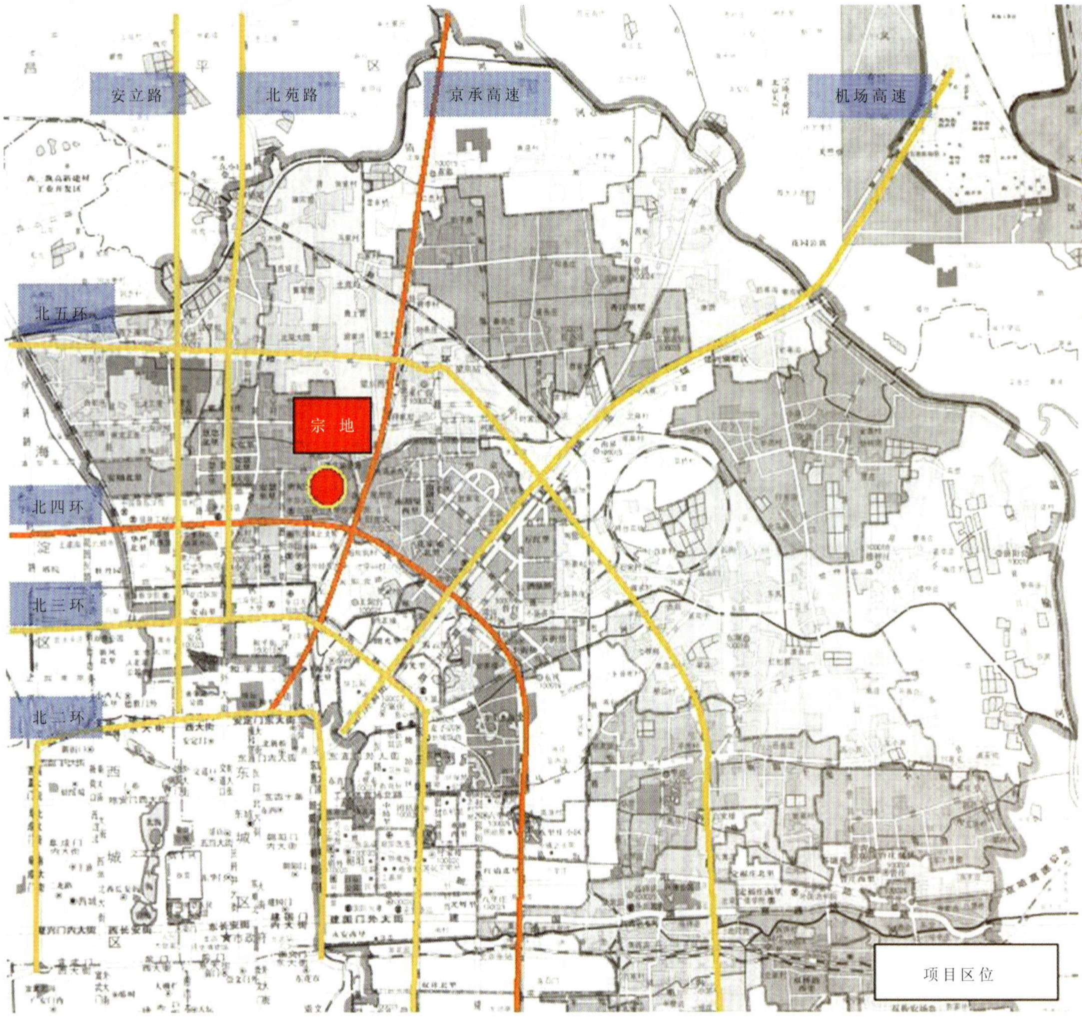

N

（北四环东路73#地）
位于朝阳区大屯地区小营
北四环东路与京承高速交汇西北角
紧临北四环东路北辅路；
约2km进入望京地区
约1.5km进入亚运村地区

区位分析图

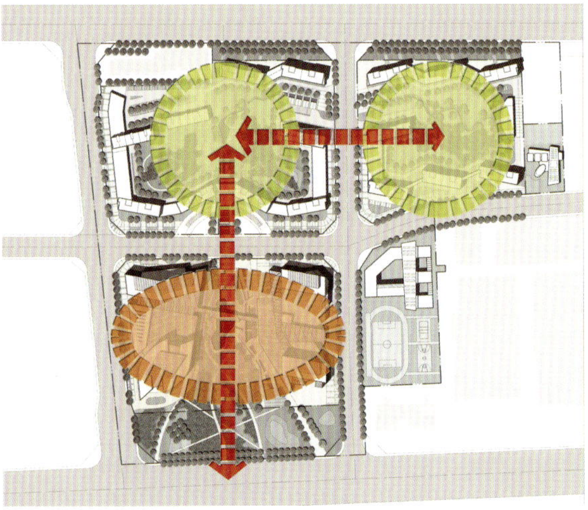

图例
居住区
公建区
空间轴线区

规划结构分析图

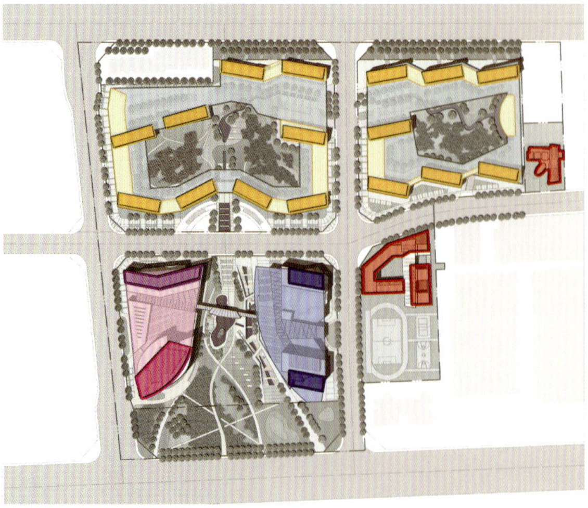

图例
居住建筑
街铺式商业及社区配套建筑
酒店式公寓
文化娱乐公寓中心
酒店
5A级办公楼
会展中心
教育配套
地下车库范围

功能分布图

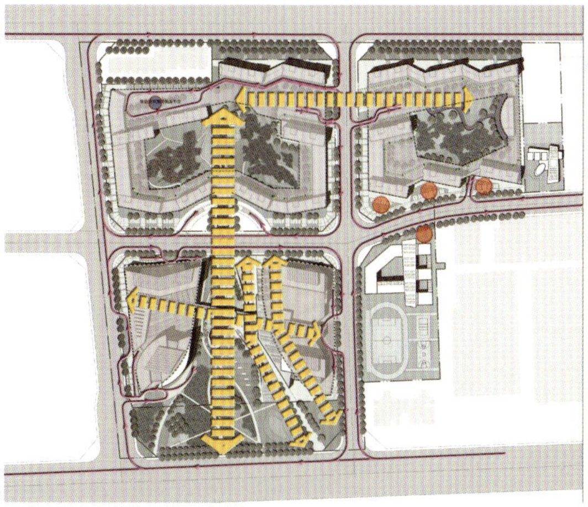

交通分析图

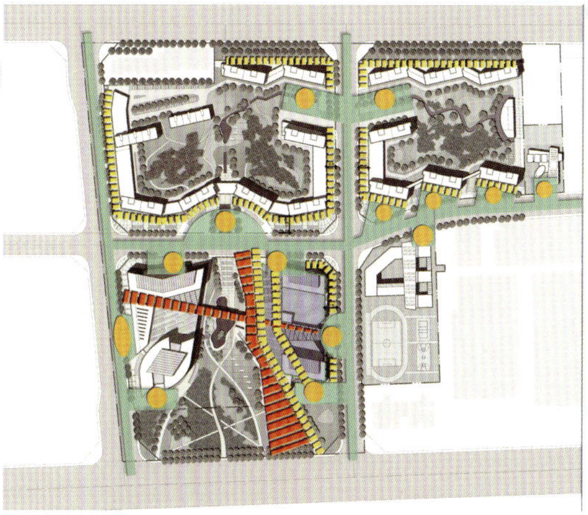

街区网络功能分析图

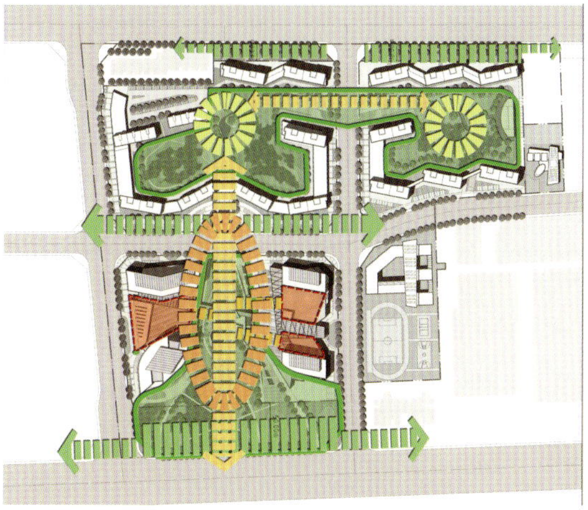

景观绿化结构分析图

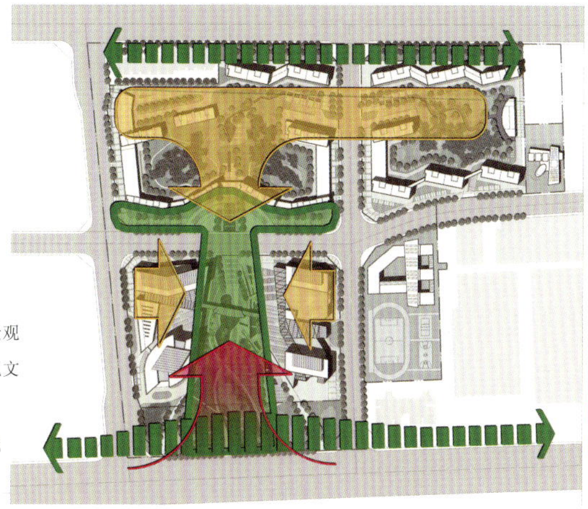

城市开放空间分析图

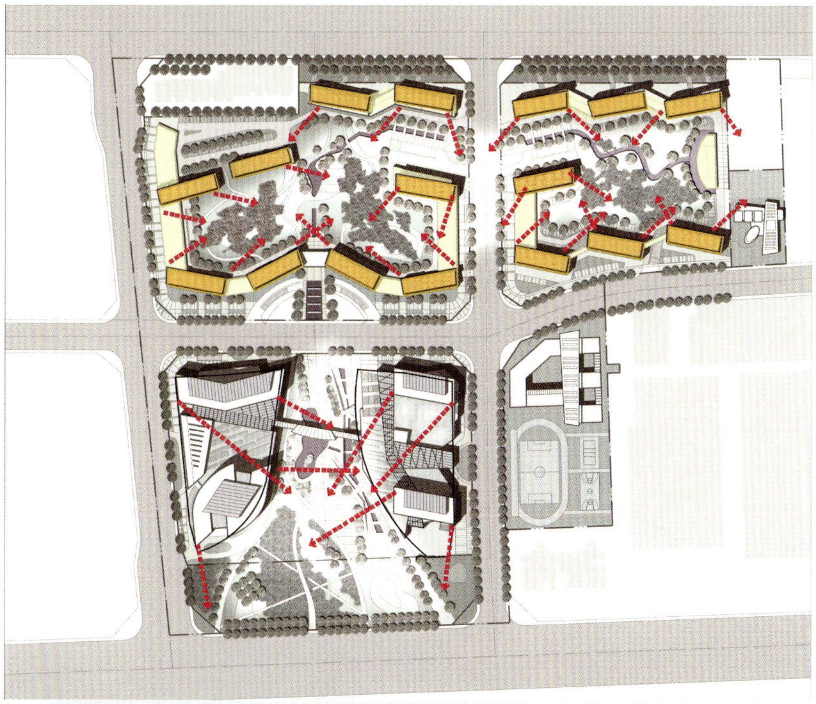

- 住宅均围绕中心庭院为双景住宅
- 公建均围绕中心开放空间，享受最大绿化资源

景观视线图

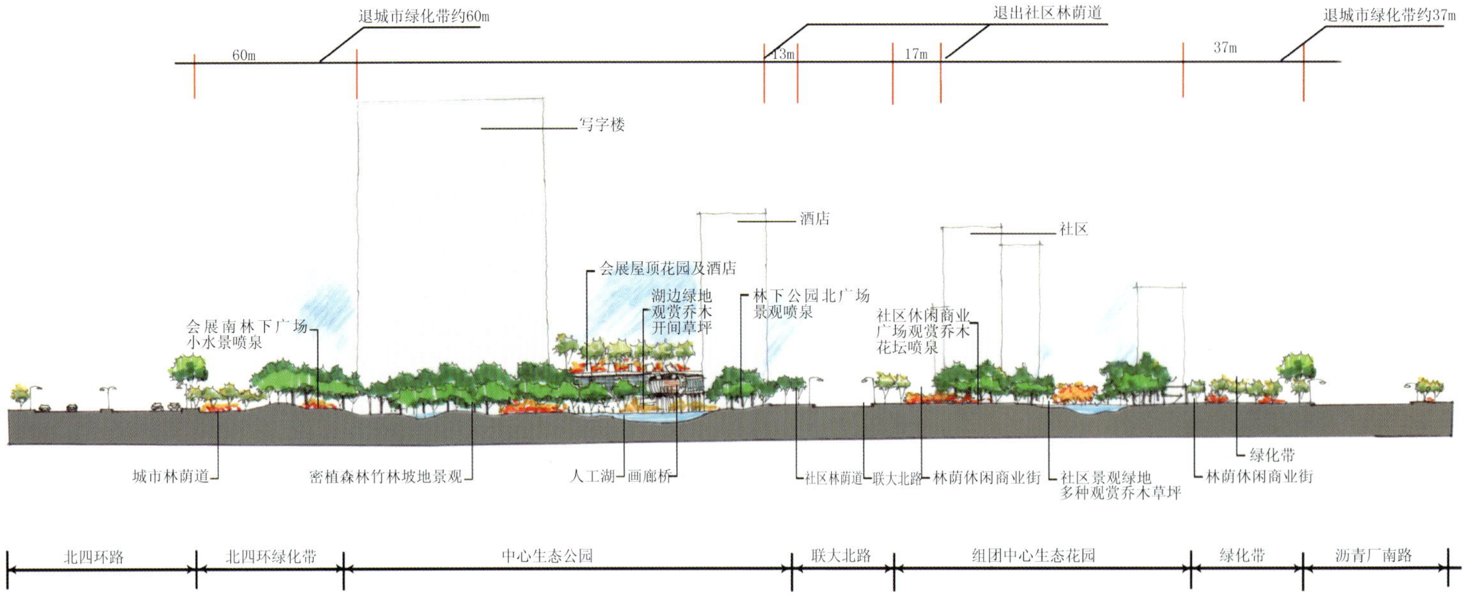

南北向C区景观剖面图

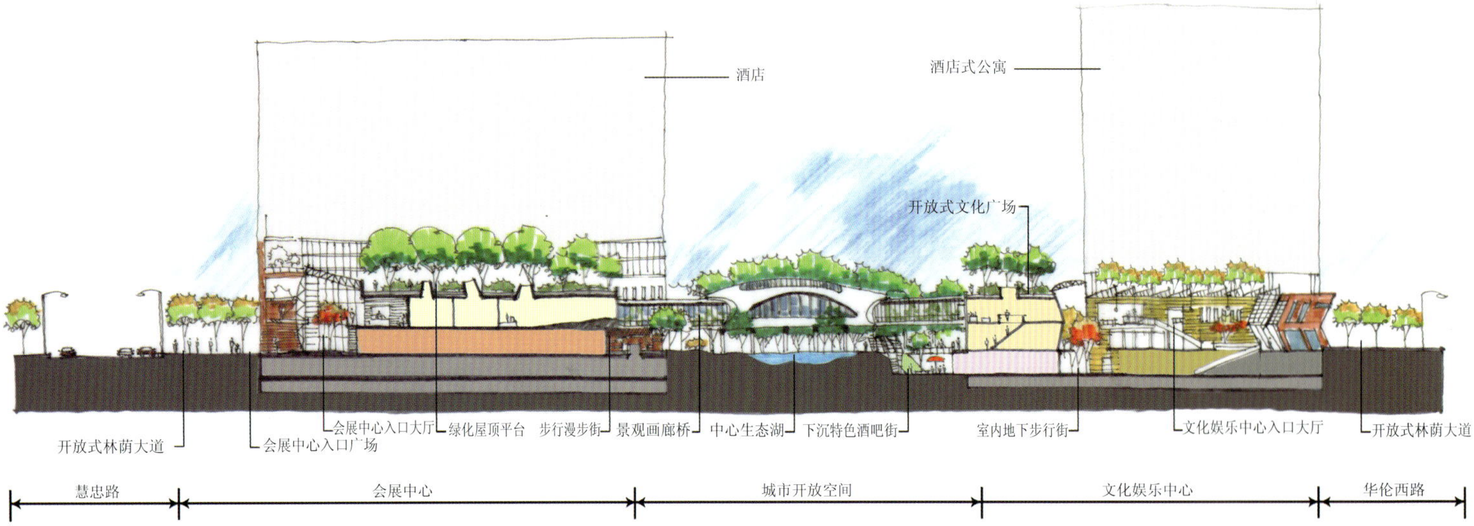

东西向C区景观剖面图

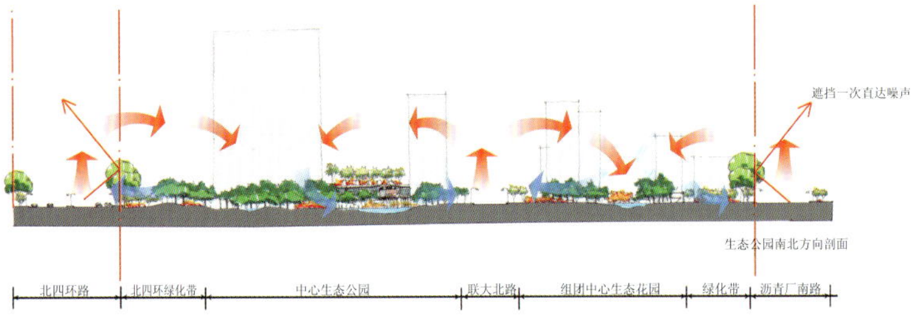

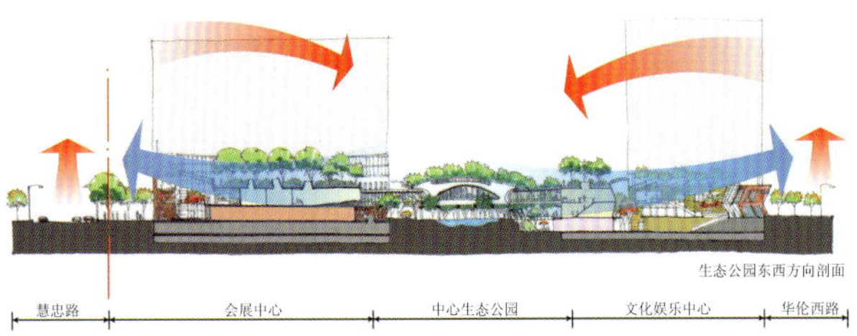

城市热岛效应使得生态公园周围的热空气向上走，形成负压区，吸引生态公园的气流向周围移动。空气在流动过程中经植物与水面的净化，形成温度较低的气流向其周边流动，生态公园由此可降低城市热岛效应，使得生态公园区域的温度降低3℃左右。

生态效应概念图

办公楼通风及生态中庭视线分析图

社区林荫道

中心湿地湖

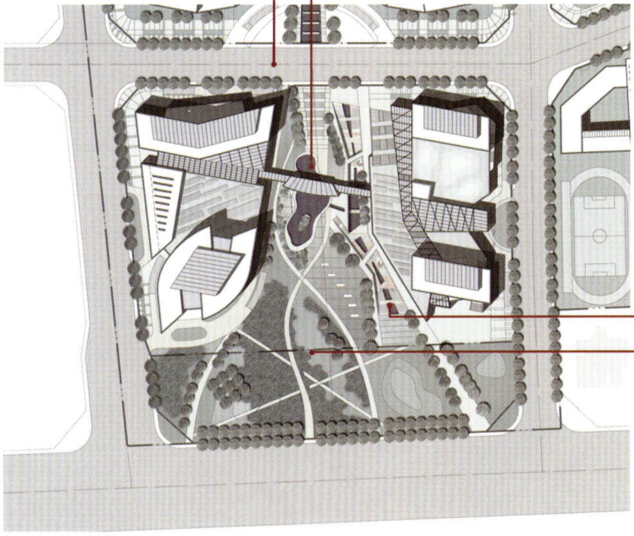

文化休闲公园

下沉休闲步行街

景观意向图

商务花园效果图

北京市玉泉新城

本项目位于北京市西四环外，地跨石景山和海淀两区，用地为阜石路以南，玉泉路以西。总体用地129万㎡，项目一期36.8万㎡。

场地北含田村山，南望八宝山北坡，西侧为200m城市绿化带，仅东面临近主要街道玉泉路。项目有着良好的自然地理条件和自然景观优势。

规划思路：规划中在基地内东南两侧营造反L形带状步行绿地系统，与基地西北C形城市绿地相呼应。

设计理念：玉泉新城的景观设计秉承“天人合一”的理念，以自然为蓝本，把现代都市闲情文化融入到灵性的自然景观中，重新诠释现代人对园林式居住文化的理解。

景观设计中把山谷、溪水、绿岛、沙滩、石涧、瀑布、丛林、草坡等自然界景物融入到小区景观中，如诗如画。生活在这里的人会领略到夕阳下金光耀眼的碧流浅池，鲜花漫布的石道，水花飞溅的瀑布，随风摇曳昏昏欲睡的垂柳，静谧优美的桃花源境等美景，给人无穷的遐思。

在长长的水景景观带中设置了九个泉，有飞流直下的“飞壑流泉”，有在石隙中潺潺流水的“石泉”，有掩映在绿丛中的“深股幽泉”，有水雾缭绕如仙境般的“云雾泉”，有如山中梯田的“梯泉”，有层层跌落的“叠泉”，有与荷花相伴的“荷泉”，有如满月般明净的“月亮泉”，有时喷时歇的“间歇泉”。以“泉”为点，步道为线，景区为面，实现点、线、面的有机组合。

“玉泉新城”的景观融入丰富的造园要素，采用现代的营造手法，期望塑造出一个别致的自然风情园。在这个社区里，人们可以挥洒汗水，放纵活力；可以点击时尚，把握潮流；可以品茗谈心，赏花观景。在“深谷”里或水岸边，可听蝉鸣蛙声，卵石也仿佛有了温润的生命，在这祥和的休憩之地，时光与回忆仿佛一同凝固，细细品味着诗意的主题。

主要景点

1. 邻里空间
2. 花台雕塑
3. 树荫广场
4. 蛙戏水池
5. 飞壑流泉
6. 咖啡休闲台
7. 健身广场
8. 曲水流觞
9. 白石曲径
10. 绿藤翠屏
11. 石阶跌泉
12. 儿童活动
13. 人行主入口
14. 流芳双亭
15. 深谷幽泉
16. 山谷水涧
17. 原生树林
18. 林中草廊
19. 慢跑道
20. 白石沙滩
21. 桃花源境
22. 儿童天地
23. 花簇圆亭
24. 桃花树
25. 活动场
26. 膜结构
27. 儿童戏水池
28. 绿岛
29. 木船
30. 网球场
31. 疏林草坡
32. 水榭
33. 云雾泉
34. 晨练场
35. 钟塔
36. 木台
37. 儿童戏水
38. 曲廊环翠
39. 羽毛球场
40. 健身场
41. 儿童活动
42. 柳林广场
43. 石泉
44. 画廊
45. 小广场
46. 浅水湾
47. 桂香廊
48. 垂钓台
49. 水岸休闲场
50. 云水别岸
51. 间歇泉
52. 月亮泉
53. 溪涧清音
54. 石阶跌水
55. 雨点浅水
56. 海棠春坞
57. 喷水池
58. 小广场
59. 碧梧画廊
60. 春满画廊
61. 静水紫藤
62. 儿童活动
63. 天鹅戏水
64. 休闲广场
65. 半月池
66. 曲院竹影
67. 儿童天地
68. 绿叶草坡
69. 花带
70. 休闲花架
71. 地下采光井
72. 雕塑广场
73. 清香廊
74. 奇石景观
75. 人行主入口
76. 水幕泉
77. 活动广场
78. 儿童游戏
79. 喷泉广场
80. 待月亭
81. 直流喷泉
82. 红枫广场
83. 红枫水湾
84. 五角花园
85. 商业休闲

▲ 总平面图

玉
泉
路
N
JUNE .2004
EDSA-ORIENT
0 10 20 50 100m

机动车路线
行人路线
消防车路线
回车场
市政路
车行入口
人行主入口
市政路
玉
泉
路
JUNE .2004
EDSA-ORIENT

▲ 交通分析

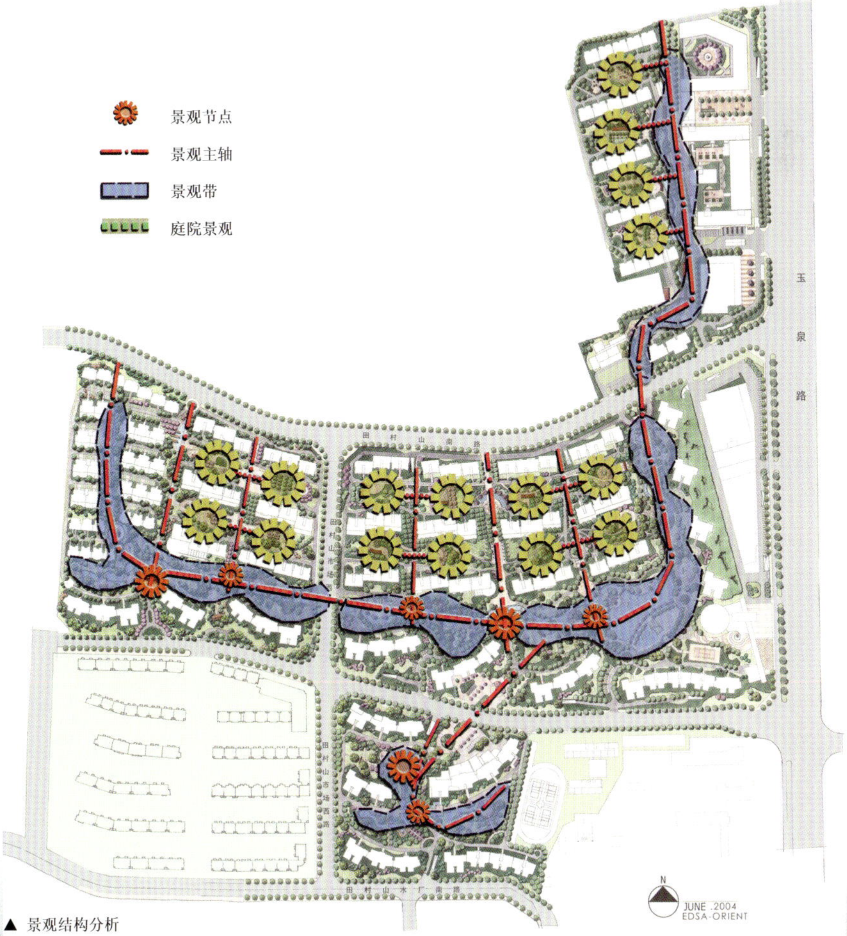
景观节点
景观主轴
景观带
庭院景观
玉
泉
路
JUNE .2004
EDSA-ORIENT

▲ 景观结构分析

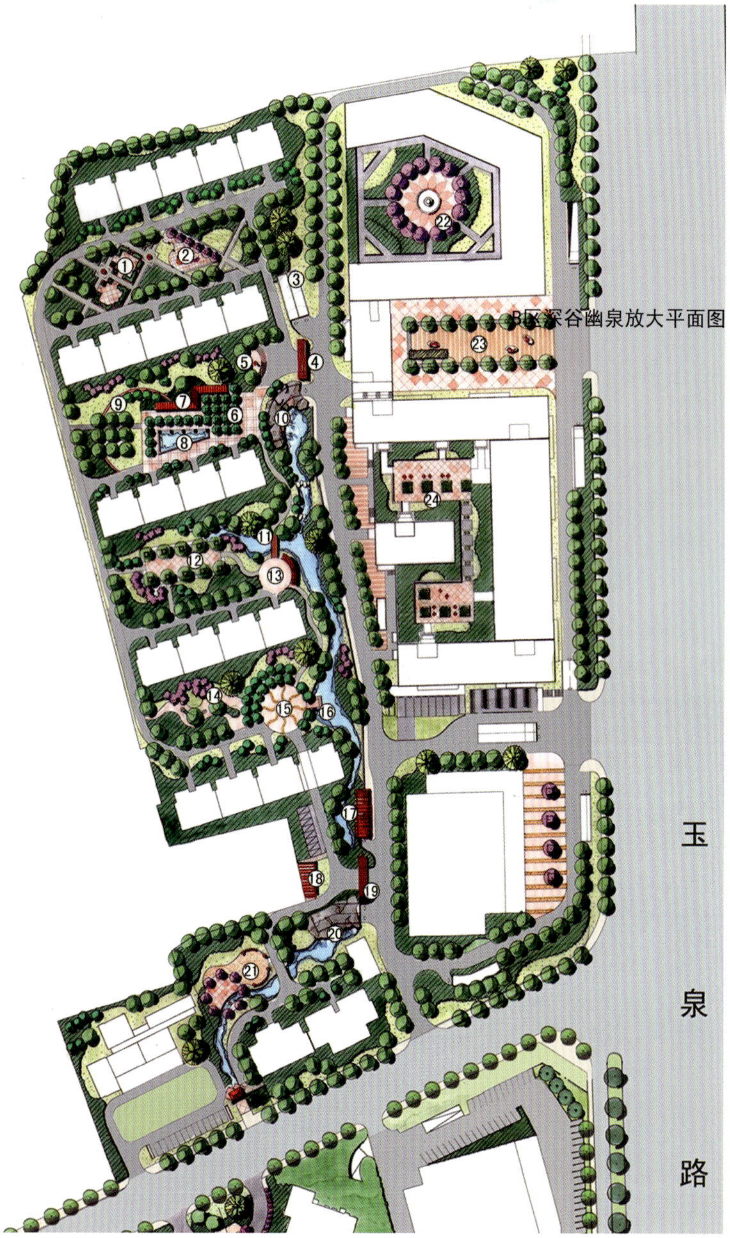

A区景观放大图

曲水流觞

A区通过水景观的贯通，使得居住区与商业隔离，同时给住户提供一个观赏水的场所。在车道入口处通过人造石的叠筑，形成一假山，水从假山顶部泻入到水池中，形成一流瀑。池岸蜿蜒，水边佳木葱茏，睡莲、荷花点缀其中，金色鲤鱼穿梭其间，得流觞之趣。

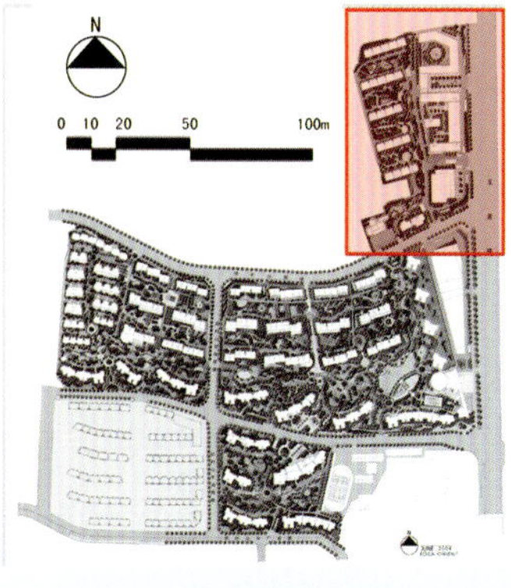

1. 邻里空间 2. 儿童活动场
3. 绿坡 4. 入口大门
5. 花台雕塑 6. 树荫广场
7. 休憩花架 8. 蛙戏水池
9. 小径 10. 飞壑流泉
11. 木桥 12. 咖啡休闲平台
13. 健身广场 14. 白石曲径
15. 五彩广场 16. 观鱼台
17. 停车场 18. 绿藤翠屏
19. 入口大门 20. 石阶跌泉
21. 儿童活动场 22. 五角花园
23. 商业休闲广场 24. 屋顶花园

幽谷深泉

B区北部人行入口进来，进入"山谷"，两侧绿坡叠翠，谷地中原生树自然分布，佳木如盖，遮荫蔽日，林下花草点缀数处。泉水从花木深处、石隙之中汩汩而出，掠过卵石，曲折跳跃于石间，激起朵朵水花。石阶道路蓦然被水溪隔断，水溪清浅，蹲在块石汀步上戏水，别有一番情趣。

1. 人行主入口 2. 门卫室
3. 流芳双亭 4. 深谷幽泉
5. 石桥 6. 清香廊
7. 原生树林 8. 山谷水涧
9. 绿坡 10. 水边草廊
11. 林中广场 12. 奇石景观

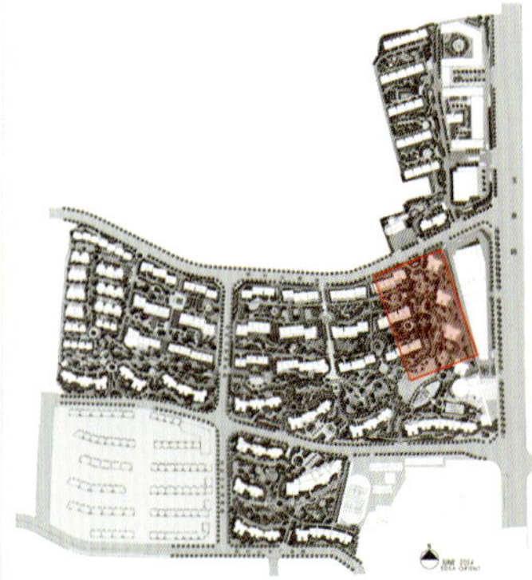

B区幽谷深泉放大平面图

B区桃花源境放大平面图

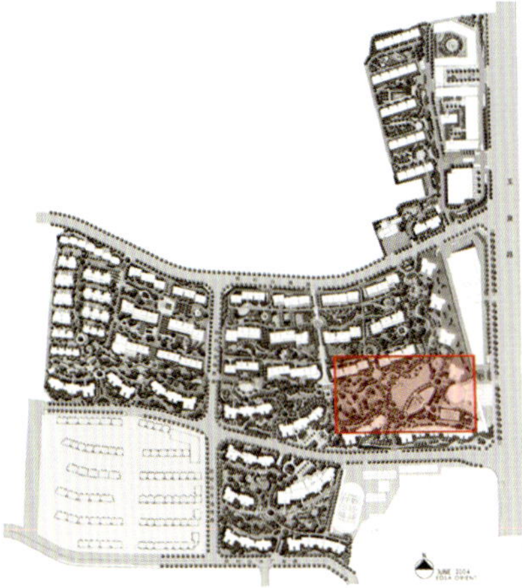

桃花源境

穿过山谷，眼前豁然开朗，来到桃花源境。开阔的水面边北侧设有水岸健康步道，白石沙滩，水面中一枫林绿岛，秋天来时，红叶似火，可在岛上观水，垂钓，岛边一雾泉，水雾缭绕，增添一份天上人间的感觉。水岸南侧是8株桃花树，立于水边，花开水漫时，花瓣随水流入下沉广场边的水池，形成水幕。桃花广场上设有儿童戏水池，风帆亭，表演广场，活动广场等。

1. 慢跑步道	2. 儿童活动场
3. 白石沙滩	4. 桃花池
5. 花簇圆亭	6. 桃花村
7. 活动广场	8. 儿童戏水池
9. 膜结构亭	10. 网球场
11. 会所	12. 绿岛
13. 水中小船	14. 观水亭
15. 云雾泉	16. 晨练广场
17. 石桥	18. 疏林草地
19. 水榭	20. 钟塔广场

1. 地下停车出入口
2. 雨点浅水
3. 槐林花语
4. 停车场
5. 石阶叠水
6. 溪涧清音
7. 月亮泉
8. 间歇泉
9. 云水别岸
10. 水岸活动场
11. 亲水木平台
12. 灯光小广场
13. 红杉水湾
14. 画廊
15. 净水紫藤
16. 休闲活动广场
17. 春满芳亭
18. 碧桐画廊
19. 休憩凉亭
20. 海棠春坞
21. 喷水池
22. 林下休憩草坪
23. 活动小广场
24. 桂香廊
25. 入口林荫道
N
0 10 20 50 100m
田村山市场西路

D区景观放大图

D区分区示意图

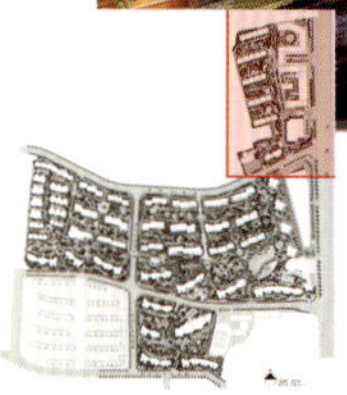

A区局部示意图

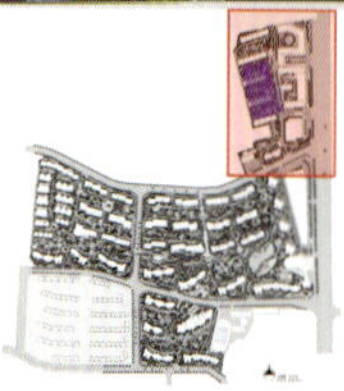

A区局部景观示意2

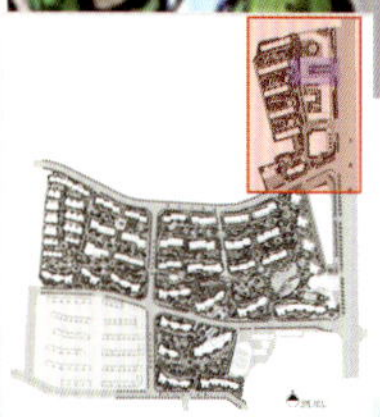

A区商业街局部示意图

B区桃花源境示意图片1

B区桃花源境示意图片2

B区桃花源境示意图片3

B区疏林草地示意图片

B区深谷幽泉效果图

桃花源境手绘效果图

石泉画廊手绘效果图

A区景观局部效果图

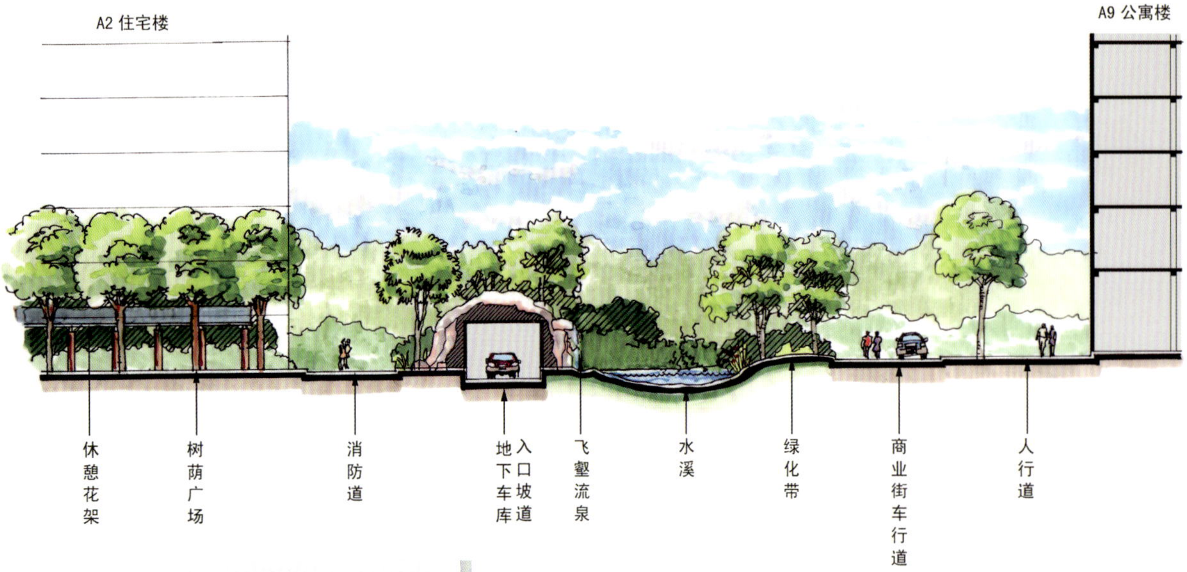

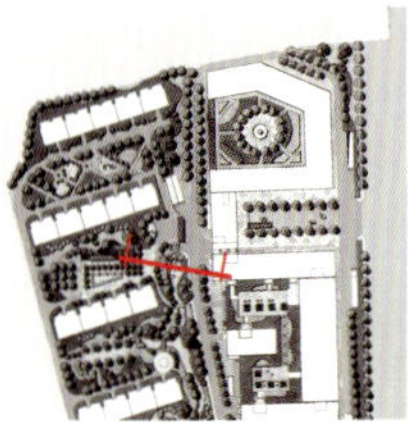

A区景观局部断面示意图

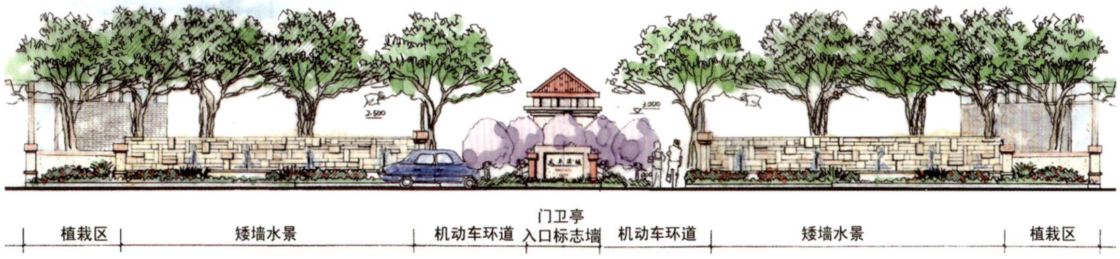

B区北人行入口展开立面图

B区北人行入口

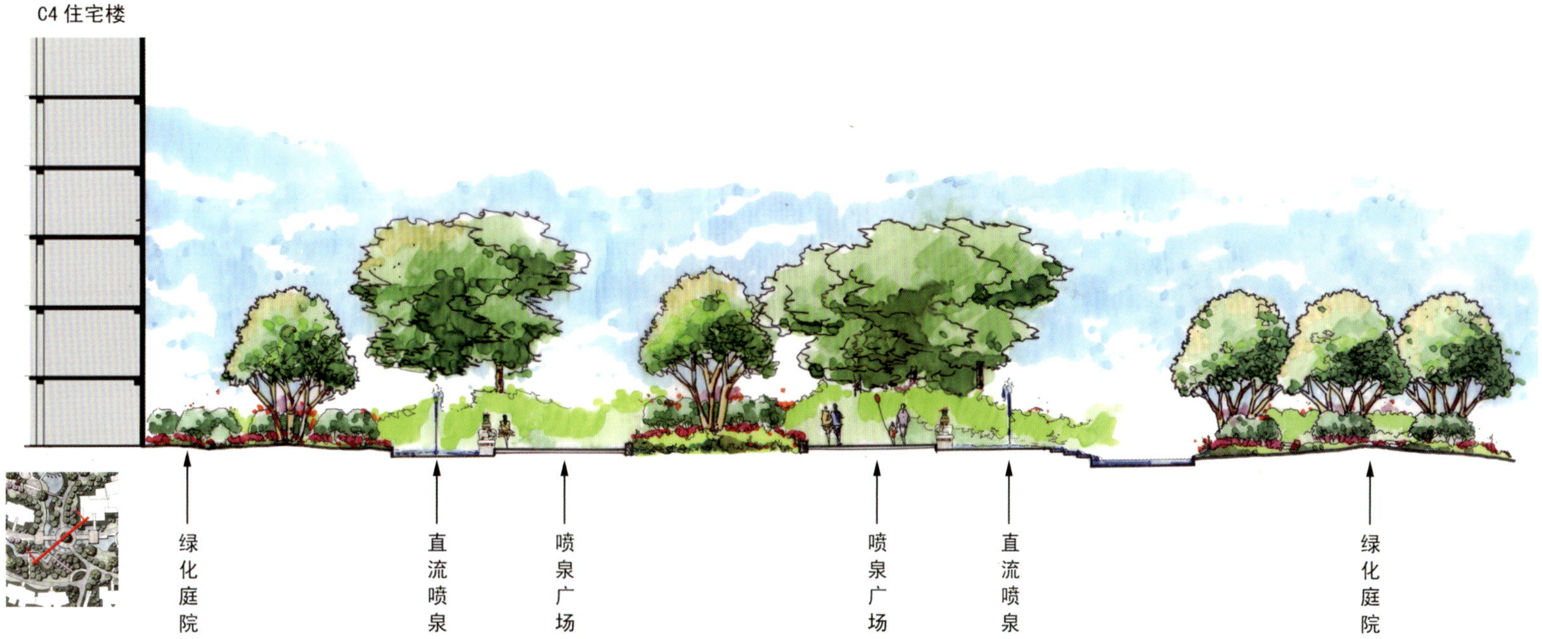

C区水岸花园喷泉广场断面图

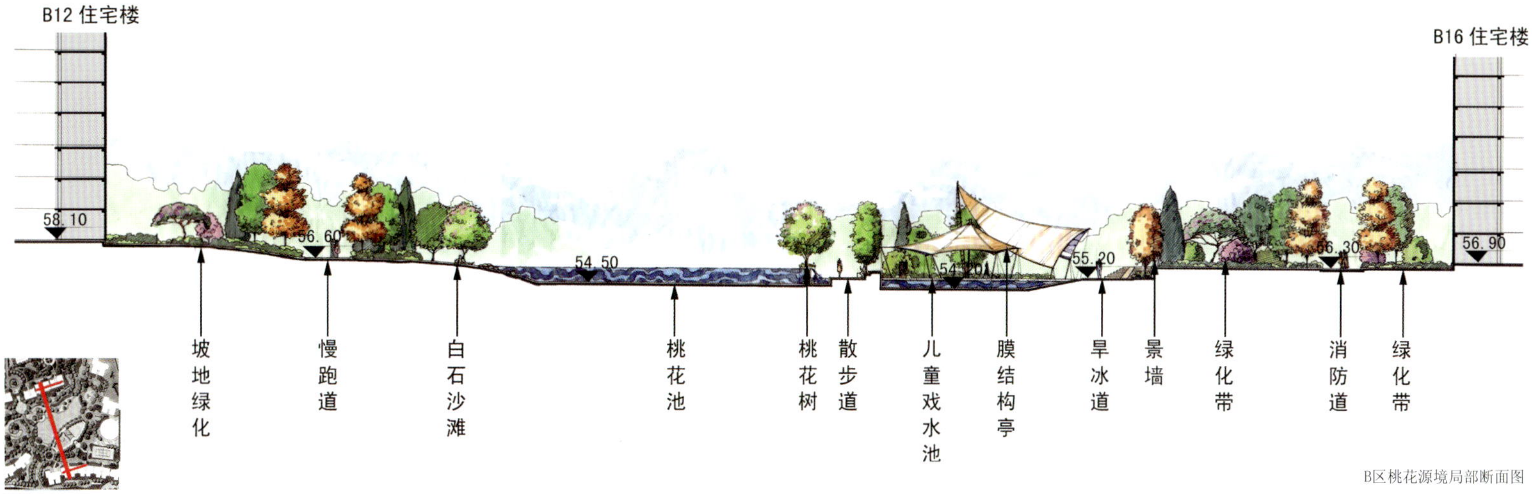

B区桃花源境局部断面图

北京市大屯西里四区板式住宅

项目用地位于北京大屯西里四区，总用地面积1.59万㎡，建筑基底总面积6936㎡，区内道路及绿化用地总面积共约1.47万㎡。小区南北两侧各有一条规划路连接大屯路和北苑路，交通方便，位置优越。建筑用地布局呈“U”字围合形，用地范围内地势平坦，现有可利用的植物资源很少。主要景观区域可分为被建筑环绕的中心庭院和用地东、西、南三侧的商业街及北侧的沿街绿化。

设计理念：渲染欧式城市生活气氛，创造色彩缤纷的绿色生态家园。

外部形象——商业步行街：将街道景观与建筑的沿街立面结合起来，聚集人气，营造热闹繁华的都市气氛，形成优雅舒适的商业街。

内部形象——绿色中庭：绿色、自然、轻松，以植物、地形组织空间，使小区居民出门既见花园。

总平面图

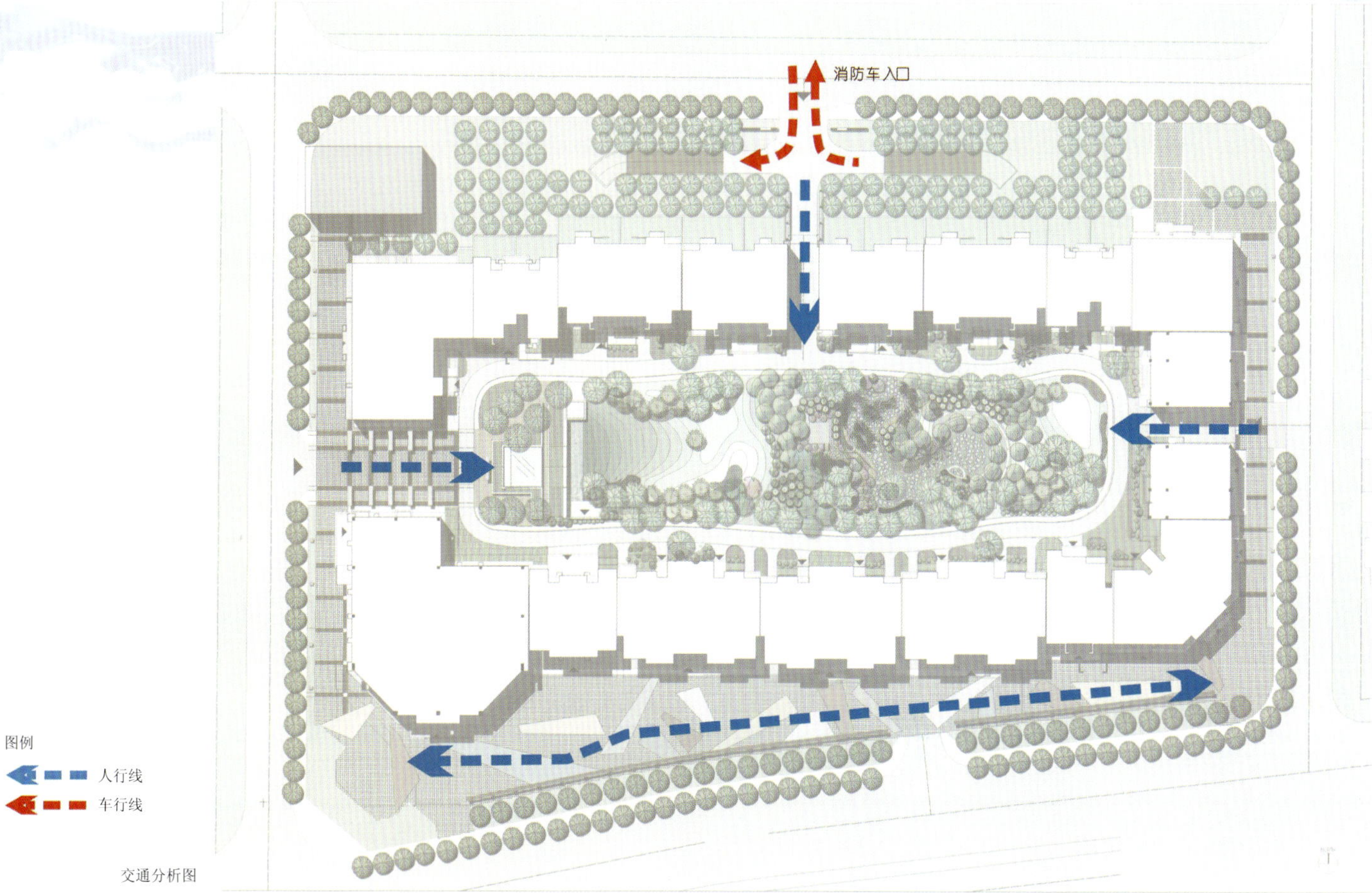

交通分析图

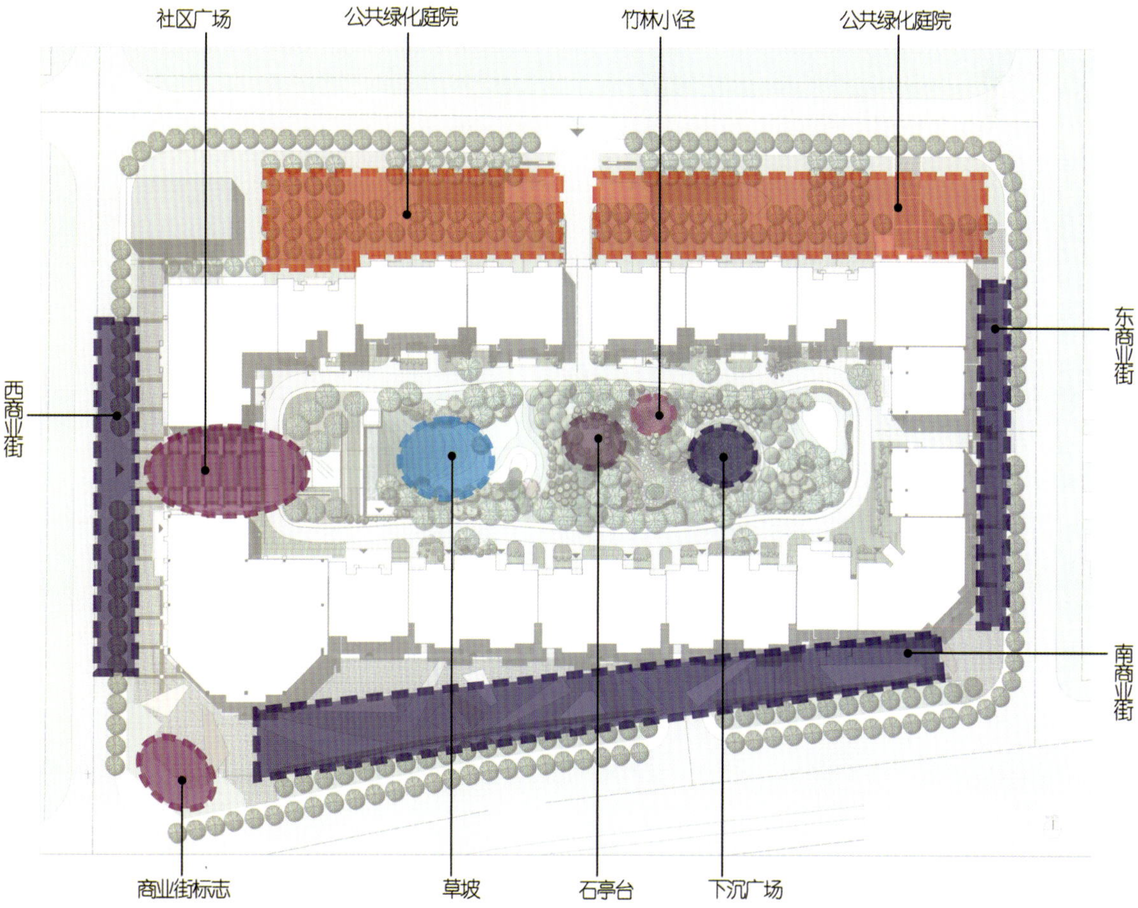

景观节点分析图

外夜景效果示意图

西广场入口效果图

北侧大门效果图

区内景观剖面效果图

步行街气氛示意图

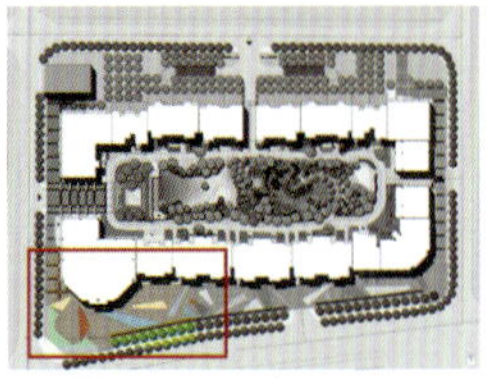

南小区南侧沿街景观图

下沉游泳池草坡图

游泳馆内向外跳望景观图

游泳馆内景观效果图

游泳馆内景观效果图

游泳馆内景观效果图

楼前花径效果图

楼前休闲场景图

常熟市湖畔•现代城

湖畔•现代城位于常熟东南经济开发区东南大道与新世纪大道交汇口湖滨地带，项目东临横泾塘河、西依昆承湖浩淼碧波，总占地51.13万m²，总建筑 面积约100多万平方米，拟建独立别墅、联体别墅、排屋、多层、花园洋房、 高层景观华庭等高尚物业。

贯穿整个项目的有三大动线

第一条动线，227省道右侧50m宽，近2km长的艺术公园；

第二条动线，贯穿项目入口至会所的南北向景观大道；

第三条动线，滨临张家港河的近2km长，30m宽的滨水长廊。

1、艺术公园

艺术公园处于227省道右侧，其用地是项目与城市主干道的一道绿色屏障，起到消除噪音、粉尘、阻挡视线干扰的屏障作用。但用地的这种净化功能在开发利用上是较初级的。设计师在对项目进行规划设计中，已充分认识到用地作为整个项目的门户作用，因此，在设计中，提升用地的使用功能，注入文化，充分利用用地的地理优势，打造一个文化脸。

2、加州大道

作为项目的第二条动线，加州大道所处的位置显得极其重要，它处于项目的主入口处至会所的项目“心脏地带”，而且，它还要配合会所的销售功能。从项目开始，到项目开发结束，都在扮演着“形象大使”。项目开发结束，会所开始它的配套功能，而与之呼应的景观大道——“加州大道”，又起到了休闲、观赏、互动的作用。

3. 滨水长廊

紧邻张家港河的项目滨水地带，30m宽，近2km长，充分结合水利部门的要求和场地特征，打造一条安全、休闲、运动的滨水特色长廊。滨水长廊，在设计中，充分考虑利用其地理优势：极佳的观景视野、优质的空气、足够的休闲、运动场地。设计方向——集休闲、观景、运动为一体的综合功能性的滨水长廊。长廊自北往南，第一个节点安排在湖畔明珠组团中，该节点主题为望远台，取“登高望远”之意，在节点中设计了休闲廊架、凉亭，为在此休闲、观景的人们提供方便。节点的设计，更考虑与明珠组团的连动，明珠组团中通过景观小径进入该节点，也进入滨水长廊，使得明珠组团的景观概念得到无限的放大。

1. 主入口
2. 商业街
3. 次入口
4. 迎宾广场
5. 景观大道
6. 特色广场
7. 特色雕塑
8. 中心广场
9. 阳光绿地
10. 绿洲小岛
11. 枫林露台
12. 健身场所
13. 美洲广场
14. 明月清泉
15. 水岸明珠
16. 观景平台

总平面图

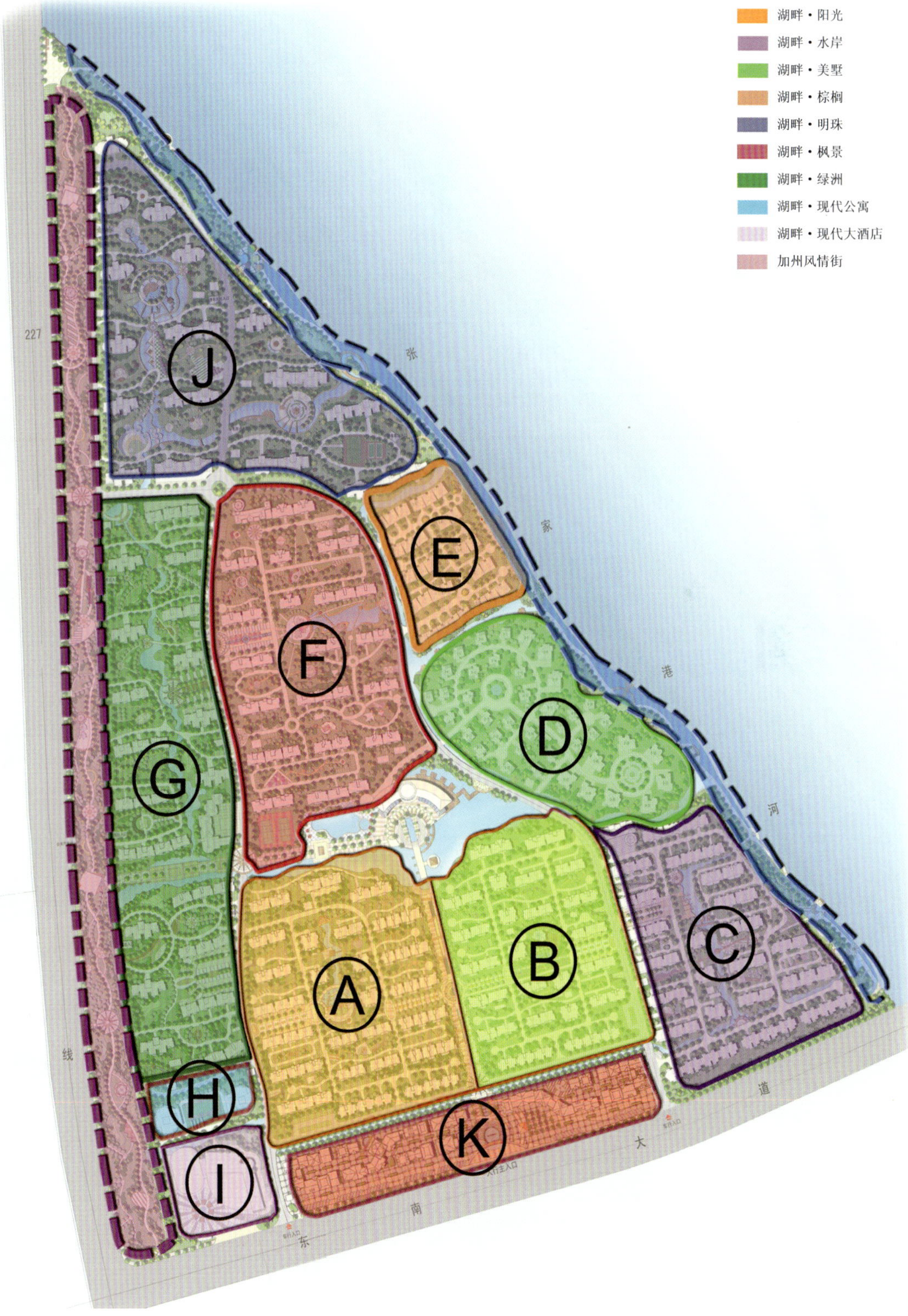

分区分析图

景观轴线分析图

绿地分析图

交通分析图

消防车道分析图

水景分析图

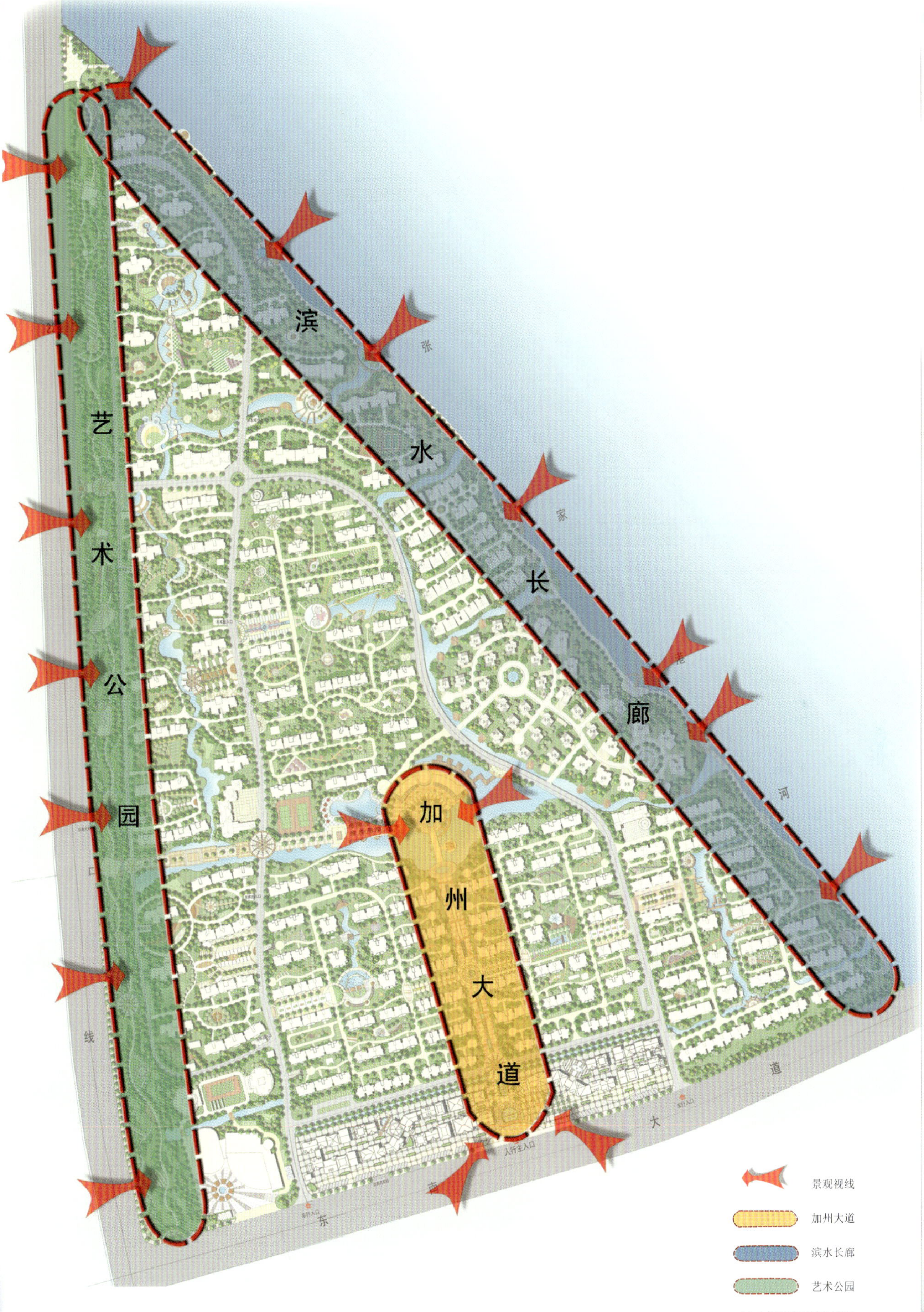

三大动线景观视线分析图

加州大道平面图

1. 加洲大道
2. 水清叠影
3. 欢乐走廊
4. 跌水泉
5. 框景走廊
6. 趣味字母水景
7. 印第安广场
8. 玩石泉
9. 韵律阁
10. 旋舞池
11. 奔腾广场
12. 月亮吧
13. 会所广场
14. 缤纷游泳池
15. 亲水平台
16. 网球场
17. 布朗栈桥

景观大道定位为加州大道，通过景观大道演绎加州的风情。设计师经过对加州元素进行剖析，“现代”、“简洁”、“大方”成为设计的方向；人与景的互动，景的趣味性、独有性、观赏性成为设计的宗旨。

标志入口效果图

欢乐走廊效果图

框景走廊效果图

印第安广场效果图

玩石泉效果图

韵律阁效果图

旋舞池效果图

会所广场效果图

湖畔·滨水长廊

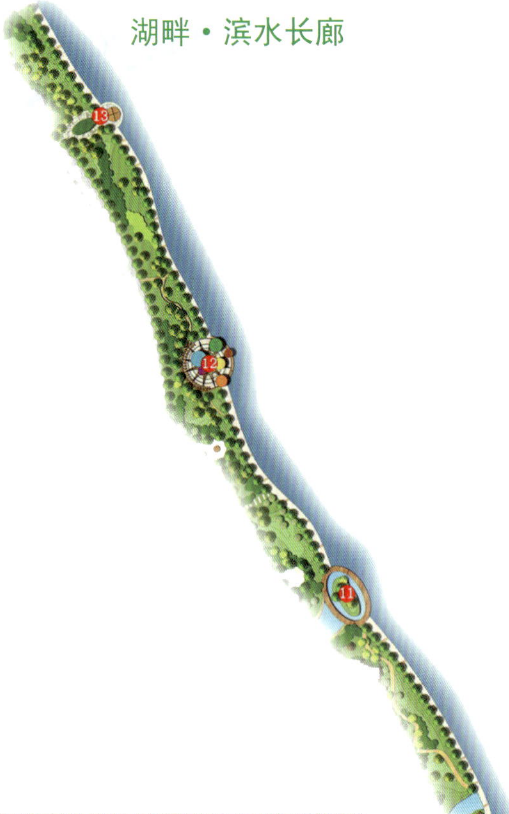

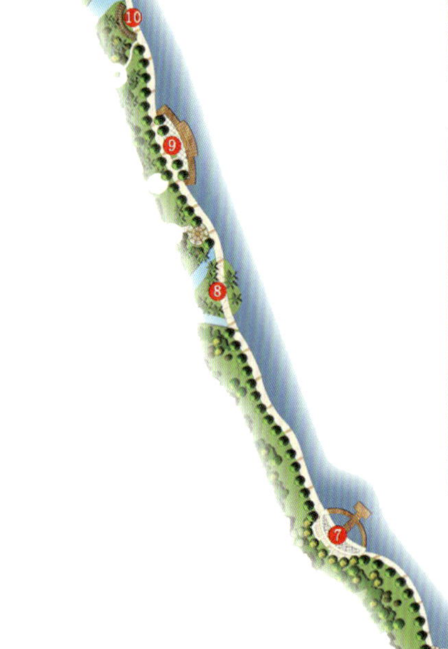

1. 怡然阁
2. 望江廊
3. 扬帆广场
4. 休憩台
5. 水车岭
6. 凌波栈道
7. 听雨阁
8. 沁心岛
9. 垂钓台
10. 寻源洲
11. 四季绿洲
12. 彩云轩
13. 望远台

扬帆广场效果图

听雨阁效果图

垂钓台效果图

彩云轩效果图

望远台效果图

滨水长廊，在设计中，充分考虑利用其地理优势：极佳的观景视野、优质的空气、足够的休闲、运动场地。设计方向——集休闲、观景、运动为一体的综合功能性的滨水长廊。长廊的设计以既统一又具个性化的设计手法，每个节点形式不同，使用的功能不同，相应的各个节点空间带来的趣味也不同。

湖畔·艺术公园

印第安凉亭效果图

舞蹈广场效果图

呵护效果图

欢乐广场效果图

艺术公园处于227省道右侧，其用地是项目与城市主干道的一道绿色屏障，起到消除噪声、粉尘、阻挡视线干扰的屏障作用。但用地的这种净化功能在开发利用上是较初级的。设计师在对项目进行规划设计中，已充分认识到用地作为整个项目的门户作用，因此，在设计中，提升用地的使用功能，注入文化，充分利用用地的地理优势，打造一个文化脸。

1. 童戏园
2. 呵护
3. 欢乐广场
4. 透景园
5. 印第安凉亭
6. 舞蹈广场
7. 韵
8. 雕塑广场
9. 自由园
10. 运动草坡
11. 康健园

雕塑广场效果图

自由园效果效果图图

运动草坡效果图

韵效果图

透景园效果图效果图

湖畔·阳光

阳光港口效果图

肯特水郡效果图效果图

漫步道效果图

1. 入口广场
2. 阳光港口
3. 蓝色水岸
4. 维利兹花径
5. 棋艺庭院
6. 游乐园
7. 假日步道
8. 肯特水郡
9. 方亭廊翠
10. 漫步道
11. 花卉廊

游乐园效果图

湖畔·阳光分A、B区，湖畔阳光组团在景观设计中，设计的述求点是如何通过景观的手段体现加州的阳光风情。阳光：热情、奔放、炽热，在景观语言中，通过色彩对人产生的心理作用。

蓝色水岸效果图

方亭廊翠效果图

幸福湾效果图

湖畔·水岸

湖畔·水岸中以两条水景来体现水岸风情，一是社区内的中心绿地中南北向的水轴线，景观上以造景为手法；而另一条水景，则是借景，借张家港河的水景营造水岸风情。

月半湾效果图

1. 月半湾
2. 古木蕴翠
3. 漫步道
4. 落英缤纷
5. 自由园
6. 湖心广场
7. 沁芳园
8. 幸福湾
9. 锦绣广场
10. 风铃湾
11. 倒影广场
12. 叠翠廊

倒影广场效果图

自由园效果图

锦绣广场效果图

漫步道效果图

湖畔美野

金滩流翠景观效果图

美镇小桥景观效果图

湖畔美野的楼型特点，作为公共绿地的场所不是太多。所以，设计中以做精、做细、做精品的态度为设计原则，尽可能地利用主干道两侧的绿地，进行细致的设计，通过软景（名贵树种、观赏性强的树种）、硬景（精致小品、别致水景）的巧妙结合，高品质的干道铺装等，塑造出项目中的精华。

1. 金海岸喷泉
2. 棕榈广场
3. 美镇小桥
4. 金滩流翠
5. 乡村步道
6. 湖畔墅影

湖畔墅影景观效果图

乡村步道景观效果图

回旋岛景观效果图

棕榈大道景观效果图

1. 回旋岛
2. 棕榈大道
3. 棕榈岛
4. 棕榈滩

棕榈滩景观效果图

棕榈岛景观效果图

湖畔·枫景

金叶广场景观效果图

枫情谷景观效果图

1. 风情滩
2. 香枫广场
3. 枫情谷
4. 金叶广场
5. 跃水池
6. 枫丹花廊
7. 枫林步道
8. 合枫亭
9. 枫荫广场
10. 枫林花径
11. 望枫广场
12. 浮壁枫廊
13. 驻音亭
14. 棋弈天地

枫廊大道景观效果图

在枫景组团中，软景的语言中会较多的选择槭树科植物，如红枫、三角枫、五角枫、羽毛枫、鸡爪槭、元宝枫等，三五一丛，或组团种植，或单植，或做主景，或衬托一石灯。一年四季随着季节的变化，枫叶类植物的叶片也会随之产生变化，叶片或黄，或红，在绿叶的衬托中，总是会给你一点意外的惊喜，同时，它们也时刻在提醒着你季节的更替，枫景，总是令人心醉；枫叶，使得多愁善感的你在这里多了一份诗情。

浮壁枫廊景观效果图

湖畔·绿洲

漾日广场景观效果图

水幕咖啡广场景观效果图

湖畔·绿洲是一片世外桃源，宛如水边的香格里拉，大面积的绿化用地，为设计师提供了营造一块城市桃源的基础。在湖畔绿洲组团中，设计师以水景及植物为主要造景语言，通过地形的塑造，在组团中形成丰富的地貌空间，通过植物的组合、种植，空间变得层次丰富，组团中的道路以曲线为主，营造的是“曲径通幽”的优美园林意境，是“山穷水尽疑无路，柳暗花明又一村”的诗意境界，在湖畔绿洲中通过起伏的地形、曲折的小径、茂密的植物和涓涓细流得以展现。

香提雅境景观效果图

1. 花香回廊
2. 嬉草坡
3. 绅士广场
4. 树影乐园
5. 台地花园
6. 水幕咖啡广场
7. 林涧小径
8. 露天剧场
9. 漾日坪
10. 绿野仙踪
11. 香堤雅境
12. 花卉谷
13. 漫步道
14. 第五大道

绿野仙踪景观效果图

林涧小径景观效果图

湖畔·明珠

湖畔·明珠中的建筑为高层建筑，星星点点地分布在张家港河一侧，组团中的水景如一条线形优美的珠串，将这些建筑串联起来，就像一条置放在张家港河边的美丽珍珠项链。唐朝白居易《琵琶行》中，“大弦嘈嘈如急雨，小弦切切如私语，嘈嘈切切错杂弹，大珠小珠落玉盘”。诗句中的比喻之贴切，音节之跳跃，使得文字如同灌注了生命，跳跃起来在明珠组团中，围绕着水景轴线设计的几个节点，又何尝不是“大珠小珠落玉盘”，明珠广场、海贝广场、海螺广场，每个广场主题各有不同，在营造手法上也各不相同。

明珠广场3D模拟图

1. 回车广场
2. 海贝广场
3. 叠级流水
4. 亲子乐园
5. 趣石涧
6. 邻里之域
7. 五彩花圃
8. 金海岸
9. 明珠广场
10. 在水中央
11. 幻彩喷泉
12. 篮球场
13. 羽毛球场
14. 海螺广场
15. 风雨埠
16. 康乐广场

海螺广场景观效果图

滨水平台景观效果图

小桥效果图

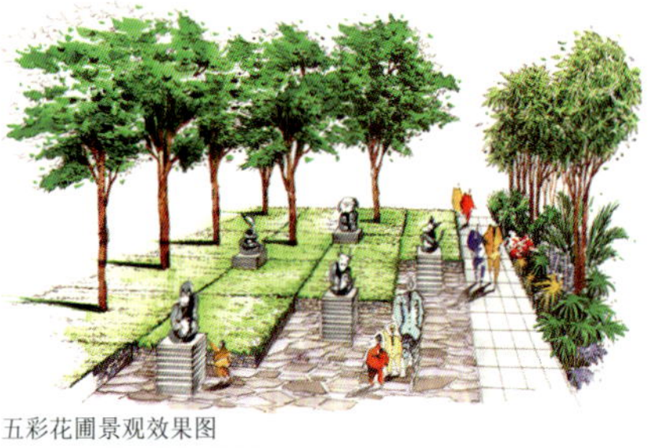

五彩花圃景观效果图

海贝广场景观效果图

商业街“加洲风情街”

人行主入口处，设计了一个水景雕塑，雕塑的主题为“龙珠”，取意为“双龙戏珠”，双龙即左、右两条商业建筑，“龙珠”在形的设计上，又如一轮红日，放射着光芒，水景寓意着海洋，衬托着红日，同时又暗喻商业街及整个项目的发展红红火火。在水景中设计了抽象的彩色飘带造型。飘带的方向是由低往高走，即由南向北流动，设计的灵感来源于“鲤鱼跳龙门”，造型的方向同时又具备极强的对人的引导性。

龙珠广场景观效果图

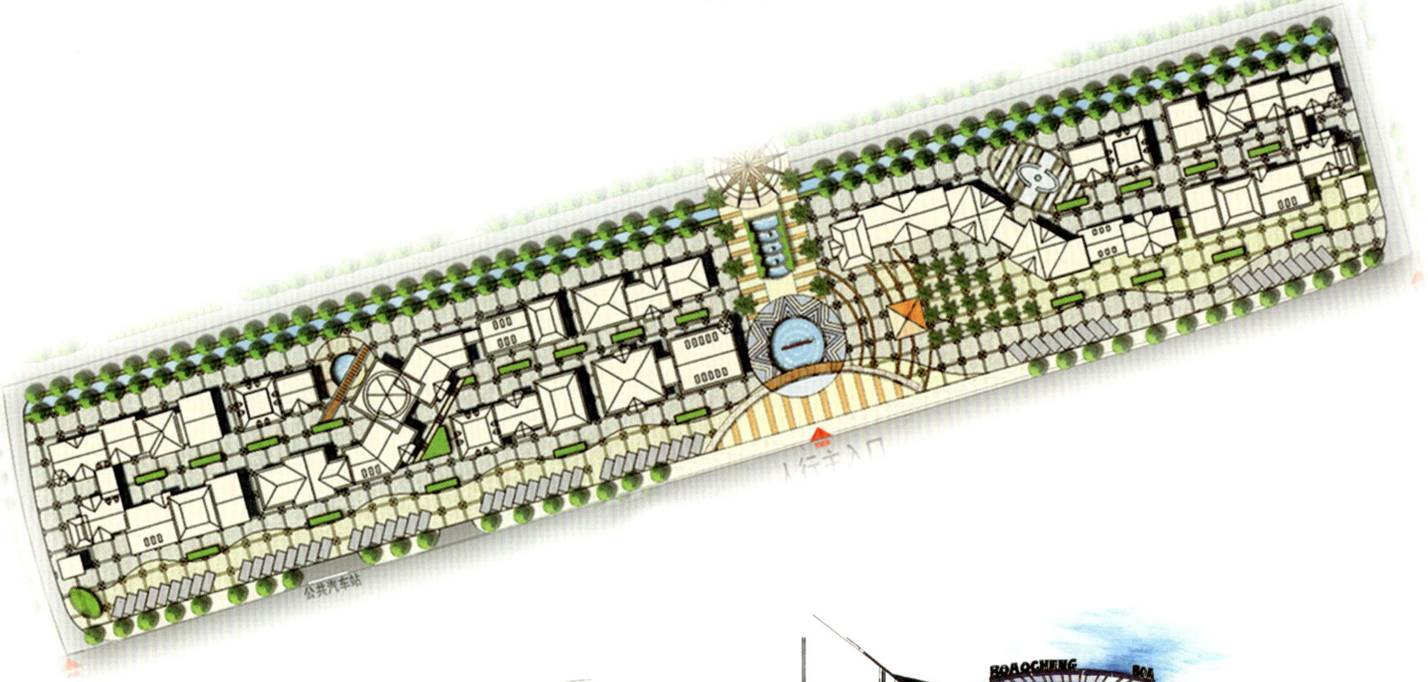

咖啡酒廊景观效果图

商业街内街景观效果图

长沙市汇城上筑

项目位于长沙市雅塘村将军岭，北临雨新路，东临洞进路。建设用地内有6栋住宅楼须保留。用地面积约3.67万m²。小区地势呈东低西高，北低南高的走势。小区所处位置交通便利，周围环境良好。

园林规划设计原则

景观的实用性：运用景观设计的基本元素，从整体规划的高度进行设计，将方案的各个部分融合在一起，使空间的形式和功能与环境相互协调，能容纳多种公共活动，注重景观形态对人心理感觉的影响，从而引导人们的日常生活。

景观的多样性：在保护环境健康发展的前提下，提供多样化的环境，开敞空间和各种功能设施，为公众提供多种体验和选择。

景观的艺术性：运用各种景观要素和材料，用艺术的手法构成独特的人文景观，在满足景观实用性的同时，使居民获得艺术的享受。

景观的永续性：一个没有时间限制的设计理念，不单单地只是局限于某一特定时间，同样适合现在与未来的要求。

景观的经济性：在营造一个美好的景观环境的同时，尽可能地从经济性角度出发考虑，多运用原有地形，本地材料，乡土树种进行造景，充分发挥景观设计的能动性，以最节约的成本营造出最适合的景观。

总平面图

设计主题分析图

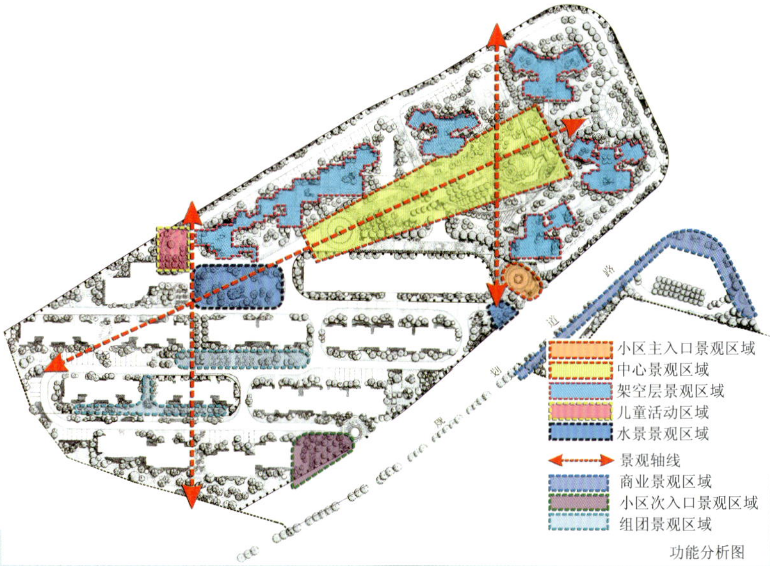

功能分析图

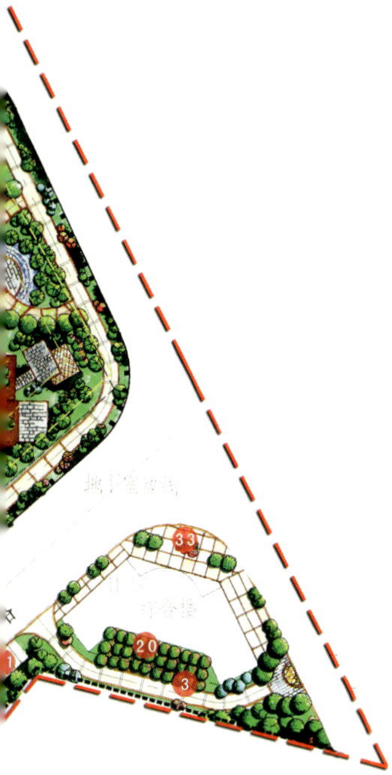

1. 主入口广场
2. 喷泉
3. 消防通道
4. 架空层
5. 嵌草汀步
6. 微地形草坡
7. 弧形台阶
8. 滑滑梯
9. 景观花架
10. 休闲木平台
11. 木栈道
12. 风荷亭
13. 景观树
14. 跌水拱架
15. 涌泉
16. 景观台阶
17. 休闲广场
18. 竹石台阶
19. 地下车库出入口
20. 景观树阵
21. 回车场地
22. 邀月亭
23. 特色座凳
24. 木拱桥
25. 沙坑
26. 亲子种植园
27. 木亭
28. 组团休闲场所
29. 次入口广场
30. 次入口广场树阵
31. 生态停车位
32. 商业步行街
33. 景墙

1. 曲岸风荷
2. 烟柳锁绿
3. 梧竹揽翠
4. 月湖松风
5. 小山丛桂
6. 浮峦暖翠
7. 雪香云蔚
8. 采菊东篱
9. 桃源深处
10. 碧涛松声
11. 暗香疏影

景点命名图

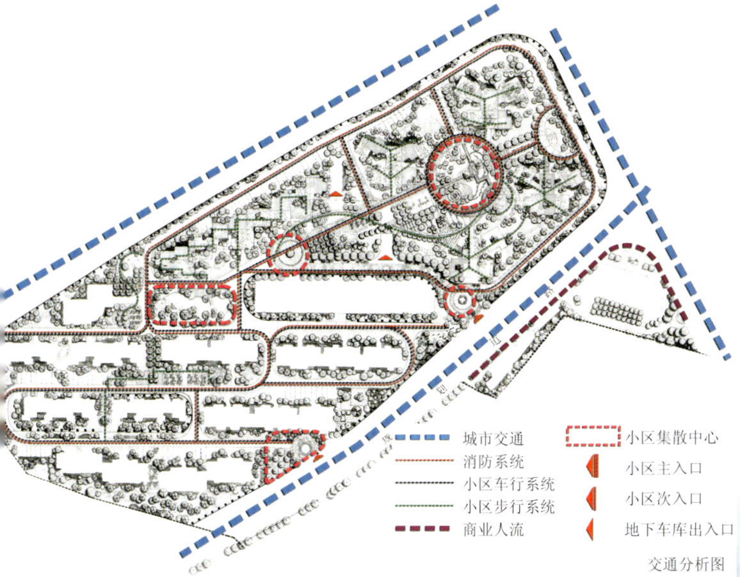

交通分析图

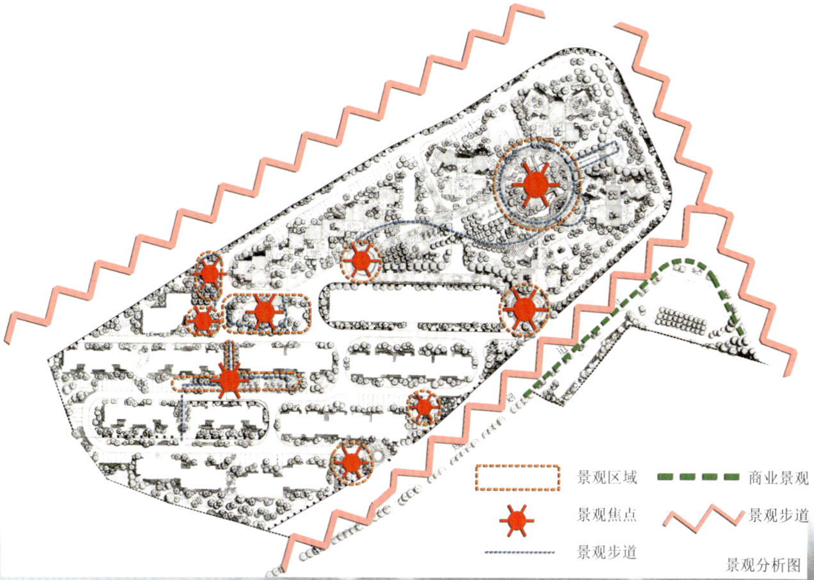

景观分析图

1. 主入口岗亭　2. 主入口通道　3. 主入口广场
4. 休闲平台　5. 主入口水景　6. 主入口生态种植

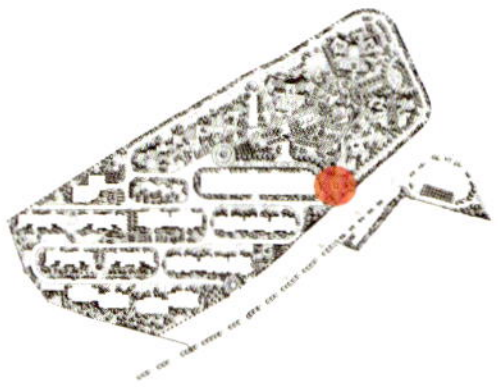

主入口平面图

主入口剖面图

主入口正立面图

主入口鸟瞰效果图

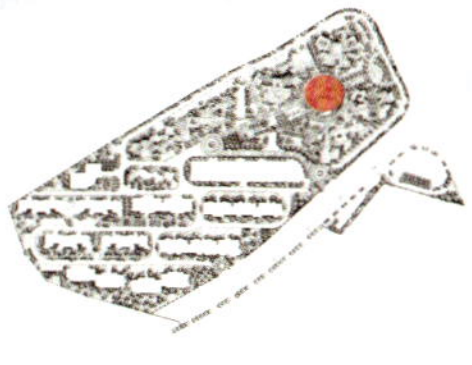

中心水景平面图

1. 景观树　　2. 风荷亭　　3. 特色草阶
4. 木栈道　　5. 休闲小广场　　6. 休闲木平台

中心水景效果图

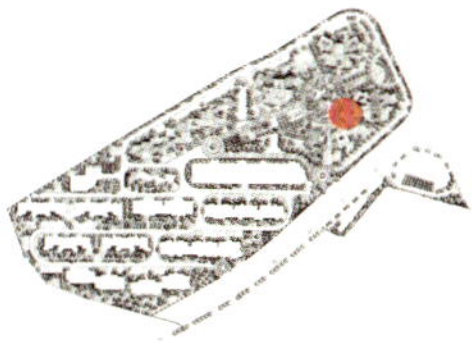

儿童游乐园平面图

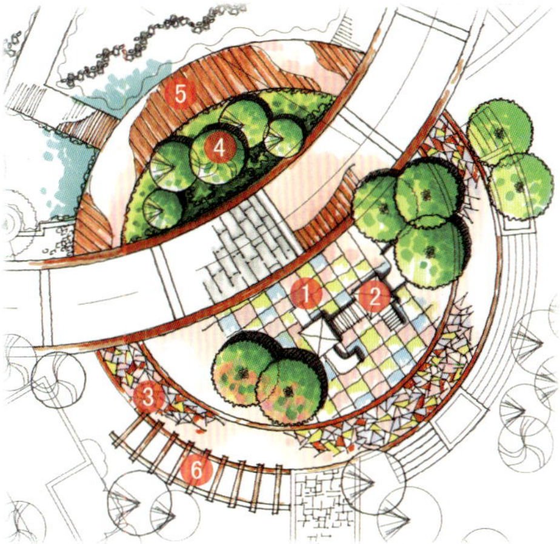

1. 儿童游乐场　　2. 滑梯　　3. 特色童趣铺装
4. 种植景观树　　5. 观景平台　　6. 景观花架

儿童游乐效果图

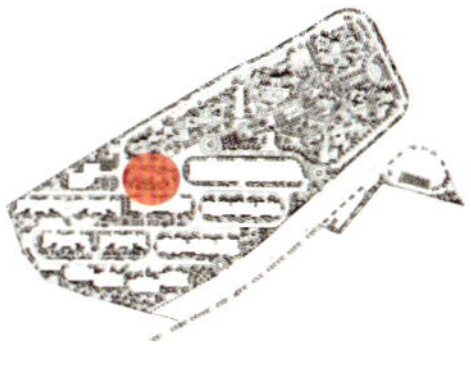

老人休闲场地平面图

1. 休闲木平台　　2. 木拱桥　　3. 邀月亭　　4. 特色坐凳
5. 景观树阵　　6. 微地形草坡　　7. 漫步小道

老人休闲效果图

童趣天地平面图

1. 景观花架　2. 滑梯　3. 特色模纹
4. 亲子种植园　5. 生态种植

童趣天地效果图

健身休闲平面图

1. 特色铺装　2. 嵌草汀步
3. 休闲小广场　4. 消防通道

健身休闲效果图

次入口平面图

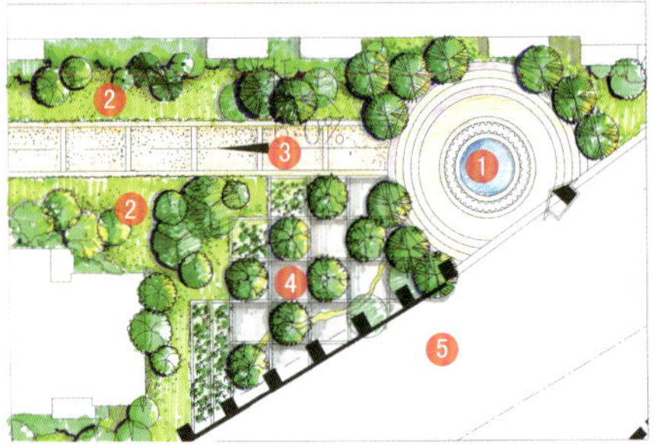

1. 次入口广场　2. 生态草甸　3. 消防车道/机动车道
4. 次入口广场景观树阵　5. 城市车道

次入口效果图

商业街平面图

1. 特色铺装
2. 生态停车位
3. 景墙
4. 景观树阵
5. 消防通道
6. 入口小广场

跌水喷泉平面图

1. 观景广场
2. 景观树
3. 景观大道
4. 跌水景观

商业街效果图

组团景观剖面图

成都市青城根园

成都·青城根园是力迅投资房地产开发业务全国性扩张的一个重要标志，同时也是力迅投资“力迅·上筑”品牌产品走向全国的标志。项目位于道教名山、号称中国“第四城”的成都之青城山下，力迅投资以特有的根植地域文化的虔诚和独到的人居理念视觉精心打造这个容积率仅为0.4的度假居住空间。青城根园以川西民宅建筑为元素，以现代建筑内部空间和园林、建筑群落空间的关系为表现手法，再造中国当代建筑。

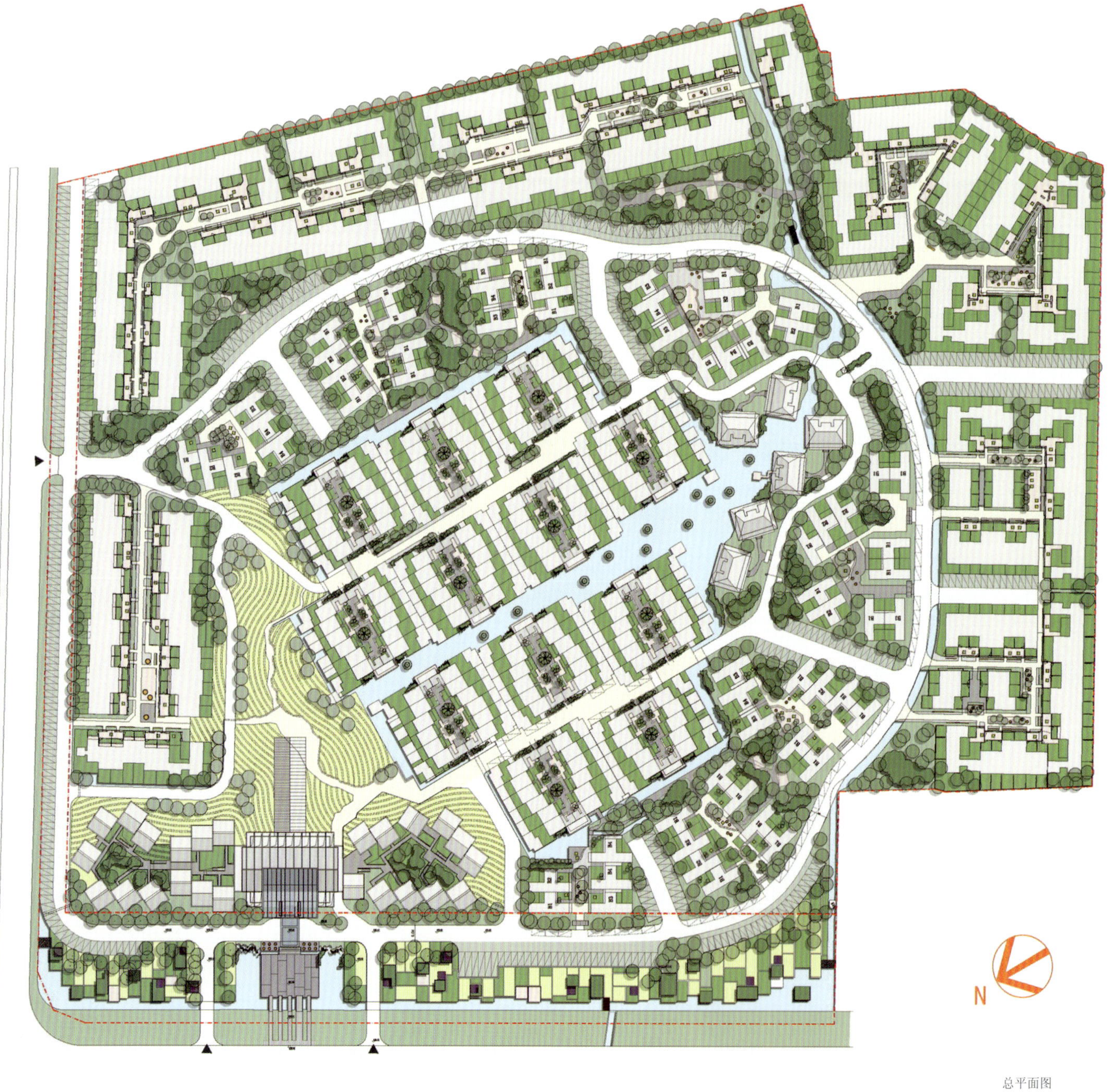

总平面图

空间分析图

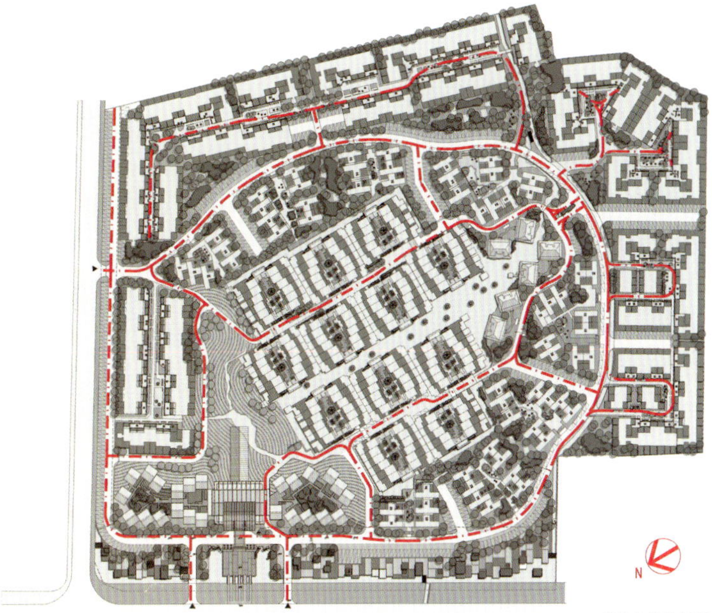

消防车道分析图

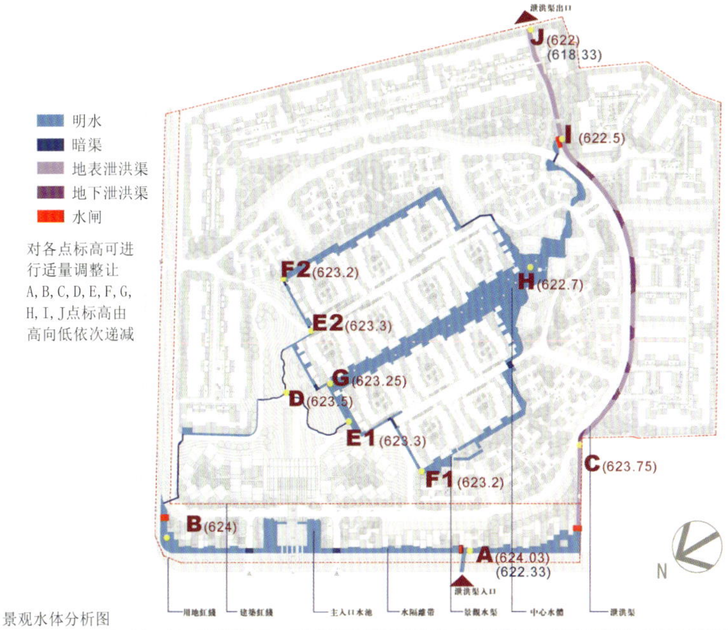

景观水体分析图

主入口效果图

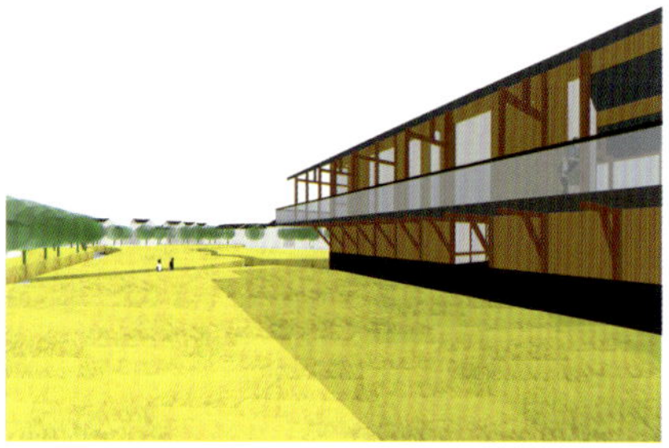

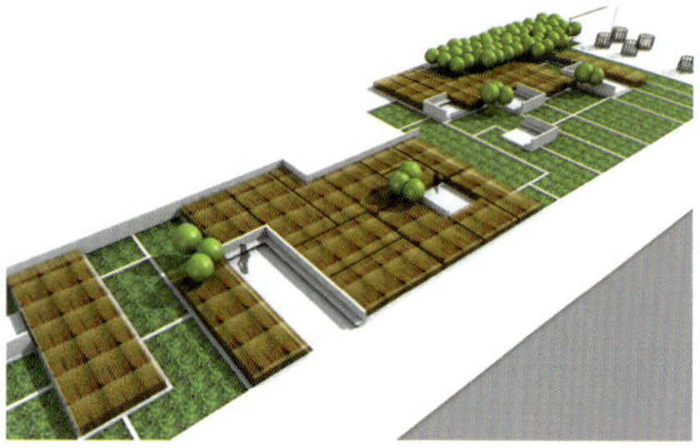

城市文明下的新乡村生活效果图

主水体效果图

城市文明下的新乡村生活效果图

A区组团空间平面图

硬质活动空间（组团路）

软质活动空间（组团活动场地）

入户庭院空间（入户前院）

绿化

室内空间

钢格网

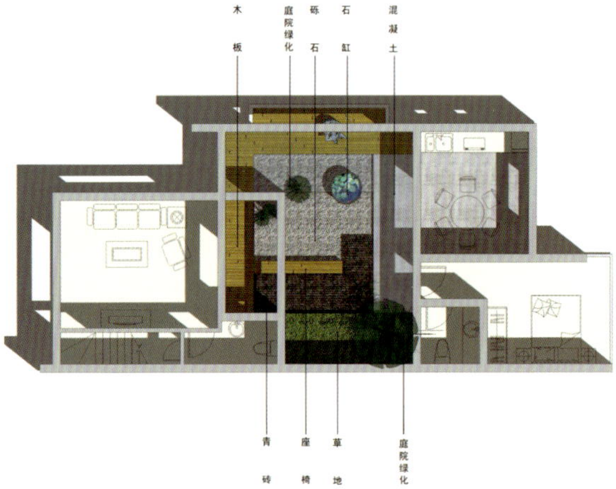

A区庭院（一）平面图图

A区庭院（一）效果图

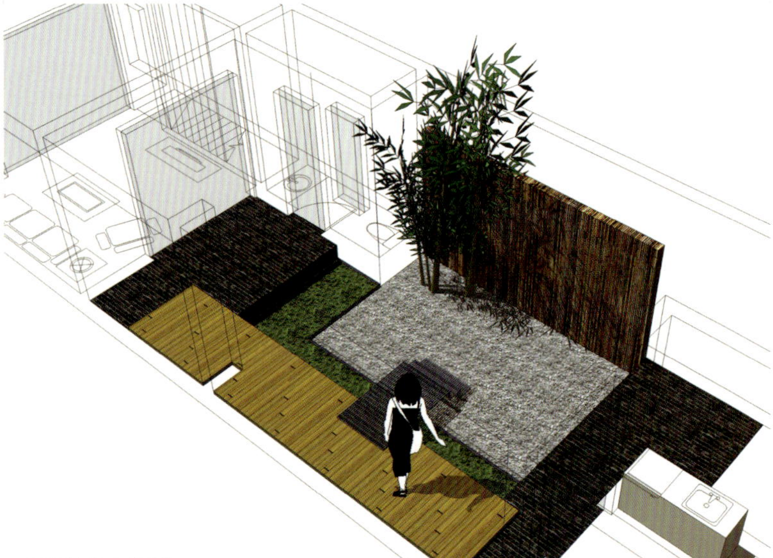

A区庭院（二）效果图

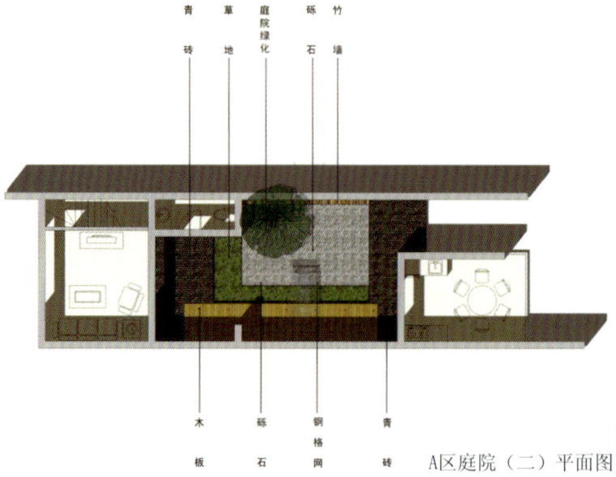

A区庭院（二）平面图

B区组团空间平面图

- 硬质活动空间
- 绿化
- 硬质活动空间（组团路）
- 室内空间
- 软质活动空间（组团活动场地）
- 入户庭院空间

B组团效果图

B组团效果图

B区庭院平面图

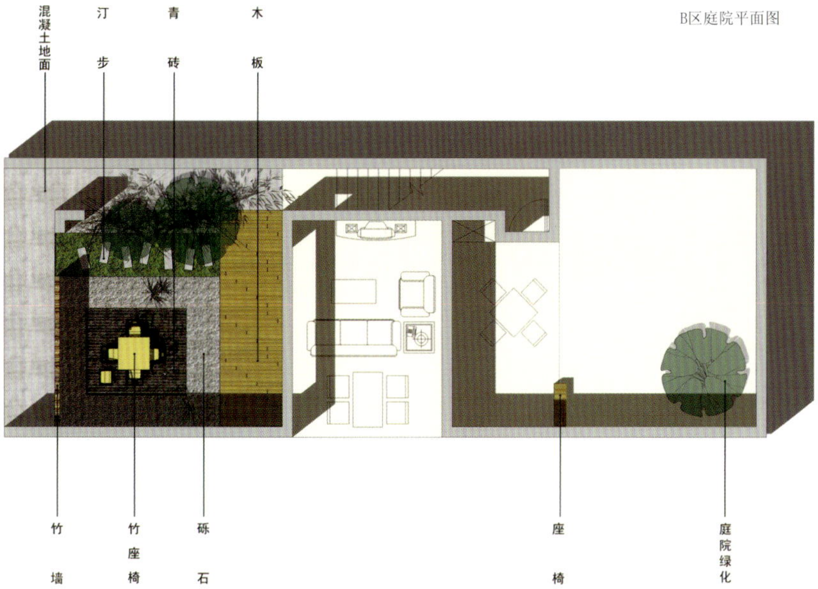

B区庭院效果

D6组团空间平面图

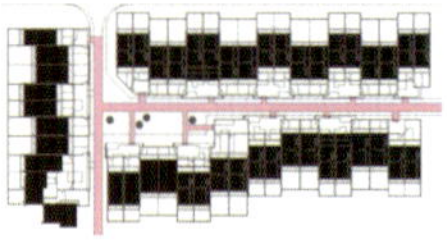

硬质活动空间（组团路）

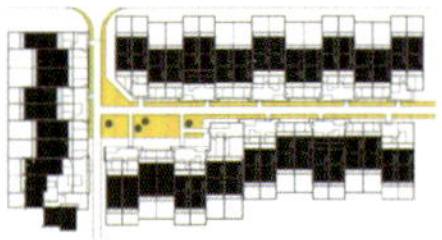

软质活动空间（组团活动场地）

庭院空间

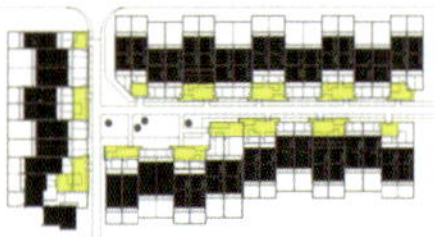

入户庭院空间（入户前院）

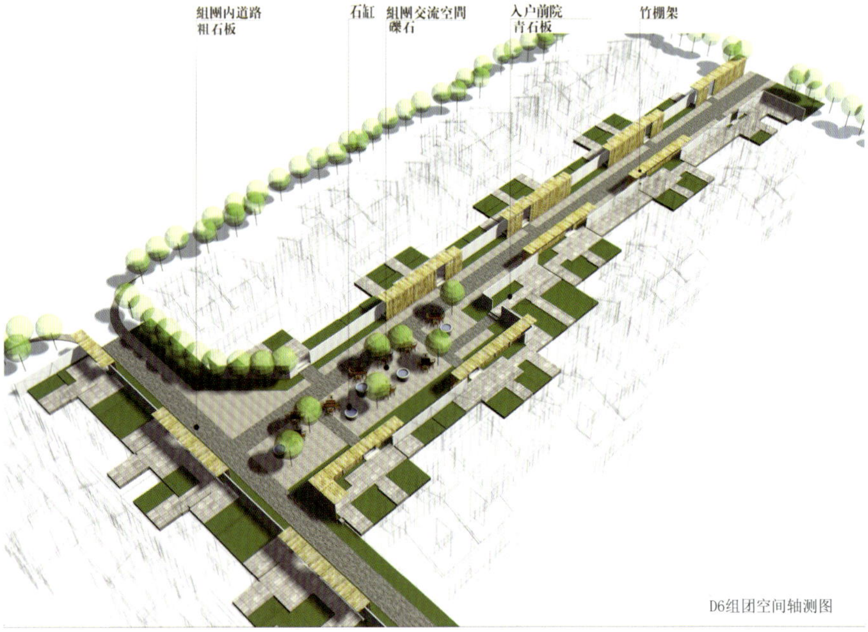

D6组团空间轴测图

D6组团效果图（二）

D6组团效果图（一）

D6组团效果图（三）

D区庭院平面

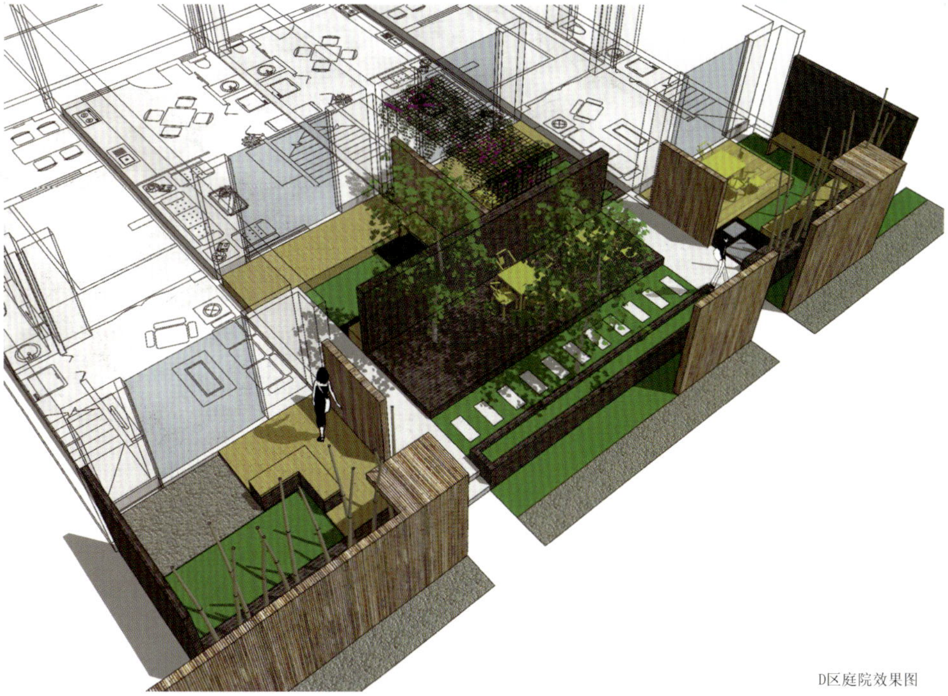
D区庭院效果图

D区庭院效果图

成都市北湖龙郡小区

本项目位于成都三环路龙潭立交，并于牛龙路与三环路交界处，南侧、西侧毗邻市政绿化带和街头绿地，东侧、北侧为相邻用地。

建设规模：规划净用地面积约：2.10万m²

项目组成：高层住宅主楼、一层地下室及局部二层商业裙房。

景观空间：在总体规划上充分考虑了与相邻城市道路和三环路立交桥之间的关系，尽量避免噪声对小区内部的干扰，又力求向三环路绿化带开放，有利于绿化景观的渗透和视线的通透，最终形成了建筑沿东、北边界布置，向西南方向围合出集中绿化庭园的布局。创造出小区的向心性和汇聚感。

设计理念

根据本项目现代时尚的建筑立面和最终形成的集中的绿化庭园布局所创造出具有向心性和汇聚感的中庭空间。

在设计上力求运用现代时尚的元素和特有的地中海西班牙风情加以整合和变化组合，采用国际领先的景观规划理念，创造出以“龙”为背景，现代、大气、典雅、温馨的高品质住宅区，在有限的空间内创造最优的景观效果，提升本案的形象与品质。

总平图图

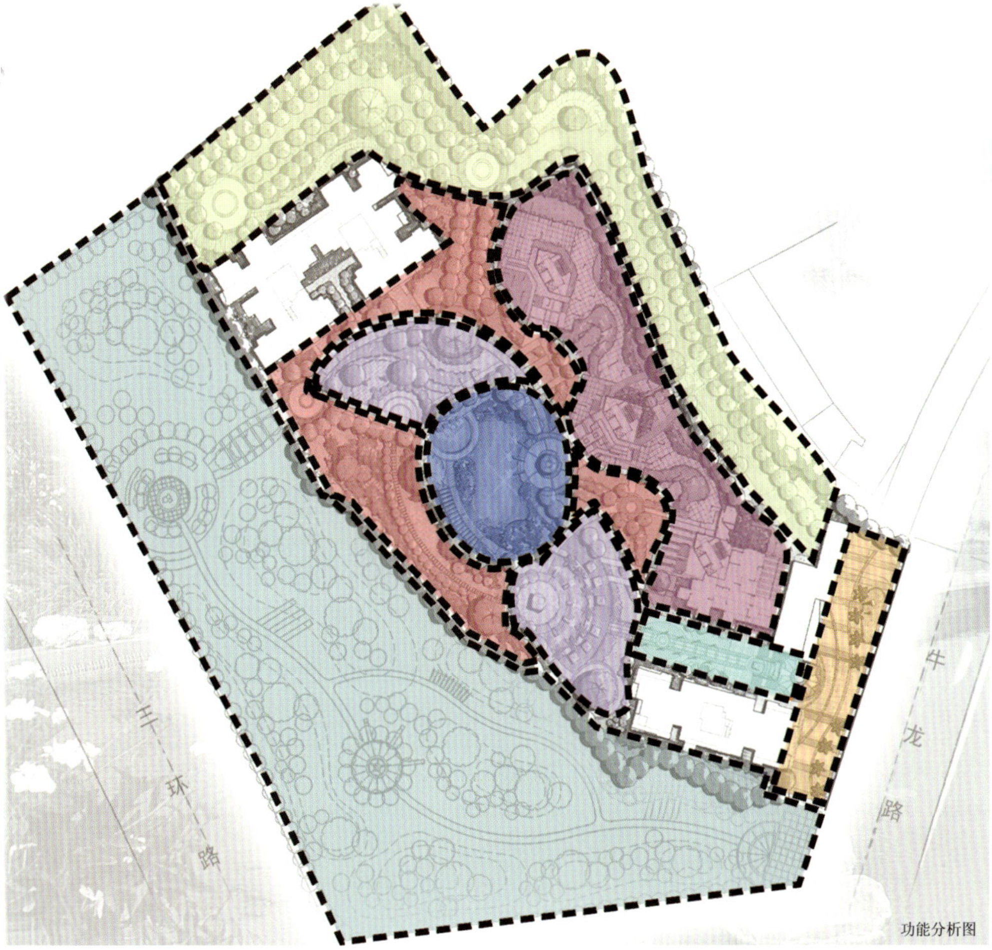

商业景观区
主入口景观区
景观漫步区
休闲区
游泳区
架空层景区
景观停车区
市政绿化区

消防道
隐形消防道
登高面

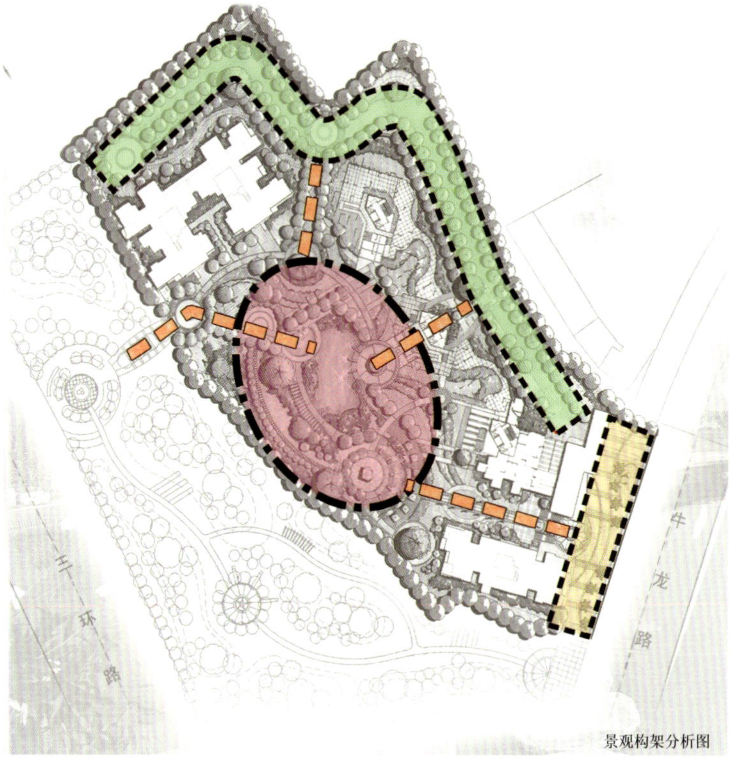

商业带
中央景观区
室外停车区
四轴线

小区主入口效果图

观景塔效果图

景观游泳池效果图

商业广场效果图

室外车位效果图

重庆市丰都•恒安世纪花城

基地为丘陵地貌，内有一条山沟和两个单向坡，全部呈南—北走向。地块东西长约650m，南北最宽处约573m。地块地势较大，最高点位于地块西南，标高为344.80m，最低点位于地块东南侧，标高为244.70m，区内最大高差约100.10m，整体地势东西两面高，中间低，地质条件较好。用地现状为农田，土地肥沃，水热充足，植被生长良好，生态环境较为优越。

充分结合重庆丰都新城总体规划，结合基地地形条件及周边城市环境，合理规划布局，使小区有机地融入新城肌理中，丰富城市风貌；

充分研究地形地貌之山水关系，运用生态轴线手法，将景观与交通有机结合，设计生态型景观系统，创造具有现代化、生态化居住环境；

建筑群体组合充分考虑居住空间的丰富性、舒适性及城市天际线的美观；

人车分流的交通体系，结合业主使用特点，创造便捷的、功能分区明确的合理化交通系统；

考虑到丰都的具体市场情况与整体社区的定位，整个社区的住宅类型设计有联排别墅、花园洋房、多层、小高层及高层等，类型全面多样化，以充分满足各种客户群体的使用需要。

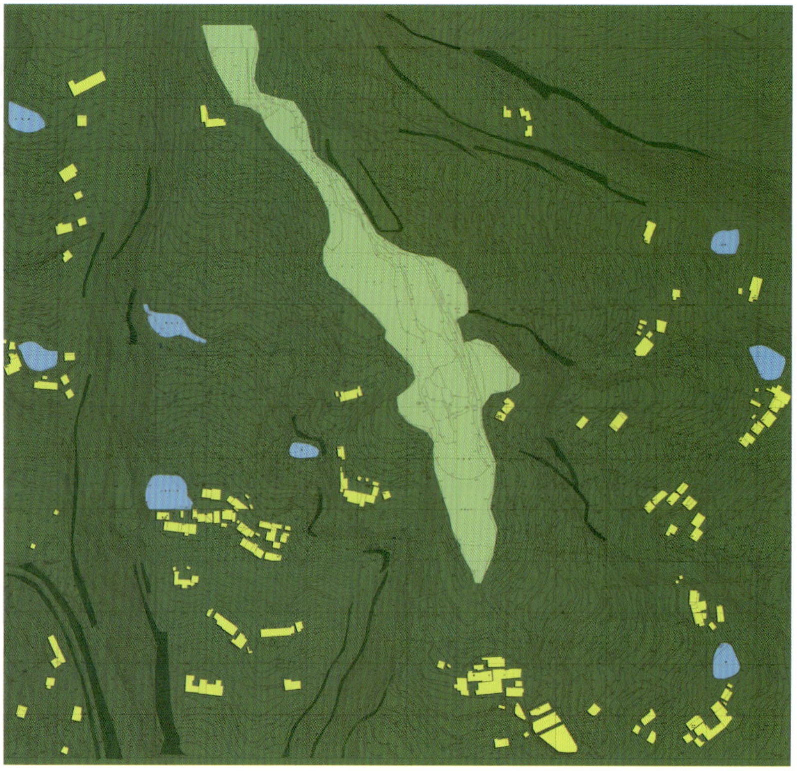

现状分析图

技术经济指标
建设用地面积：28.09万m²
总建筑面积：72.53万m²
建筑密度：16.13%
容积率：2.58

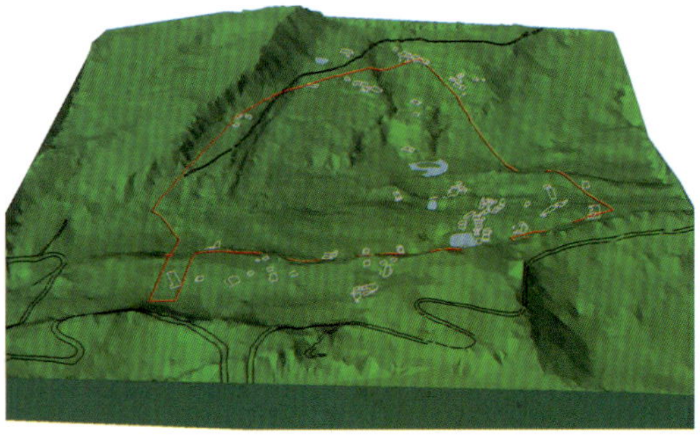

西向

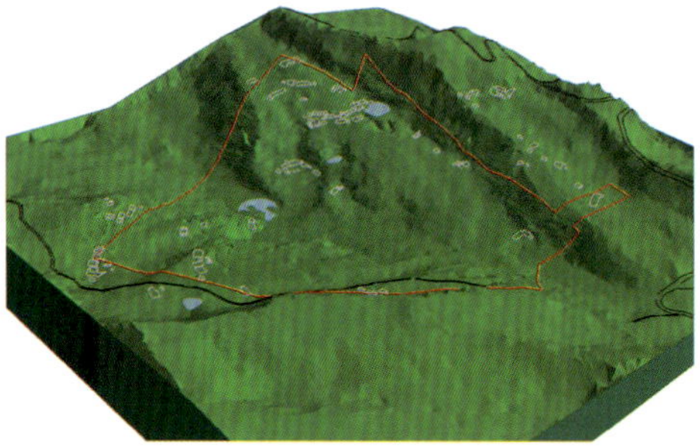

东北向

东向

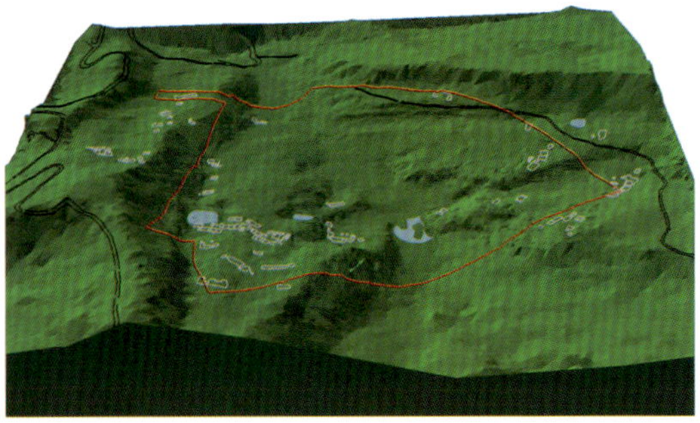

南向

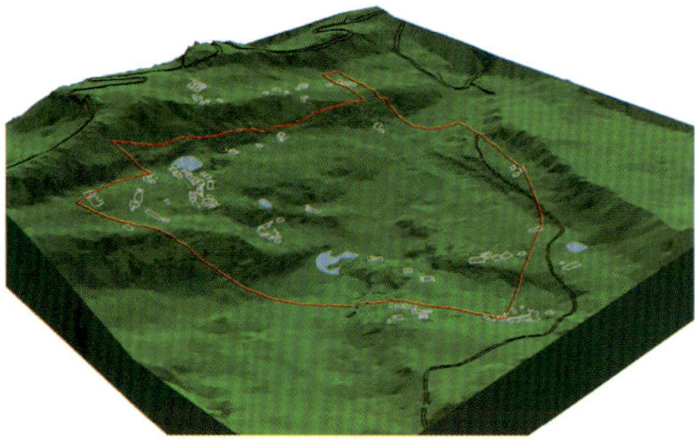

东南向

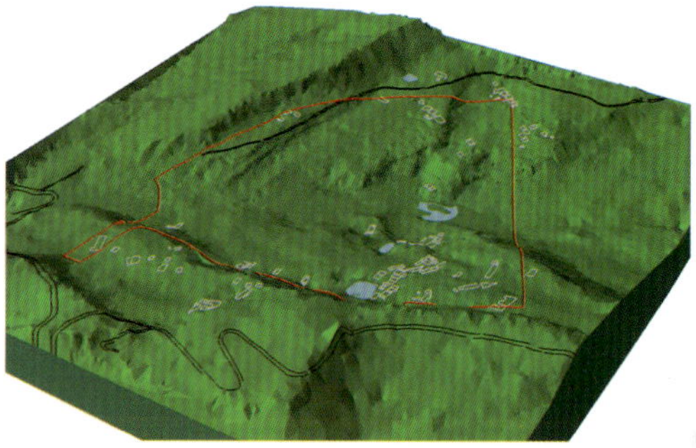

西南向

现状地形图

名山大道南延线
四环路
车行出口
车行入口
入口广场
多层商住
超市
会所
游泳池
幼儿园
高层住宅区
双拼别墅
高层住宅区
湖
中心花园
双拼别墅
次入口
多层住宅区
花园洋房
溪流
湿地公园
花园洋房
溪流
幼儿园
多层住宅区
次入口
N
总平面图

整体鸟瞰图

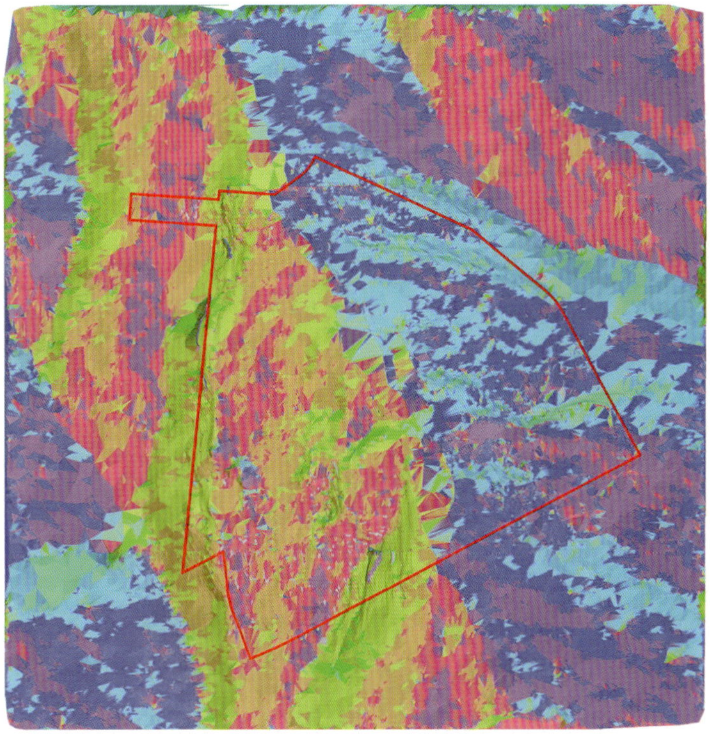

坡向现状图

图例

红线

坡向

- 平(-1)
- 北 (0-22.5)
- 东北 (22.5-67.5)
- 东(67.5-112.5)
- 东南(112.5-157.5)
- 南(157.5-202.5)
- 西南 (202.5-247.5)
- 西(247.5-292.5)
- 西北(292.5-337.5)
- 北 (337.5-360)

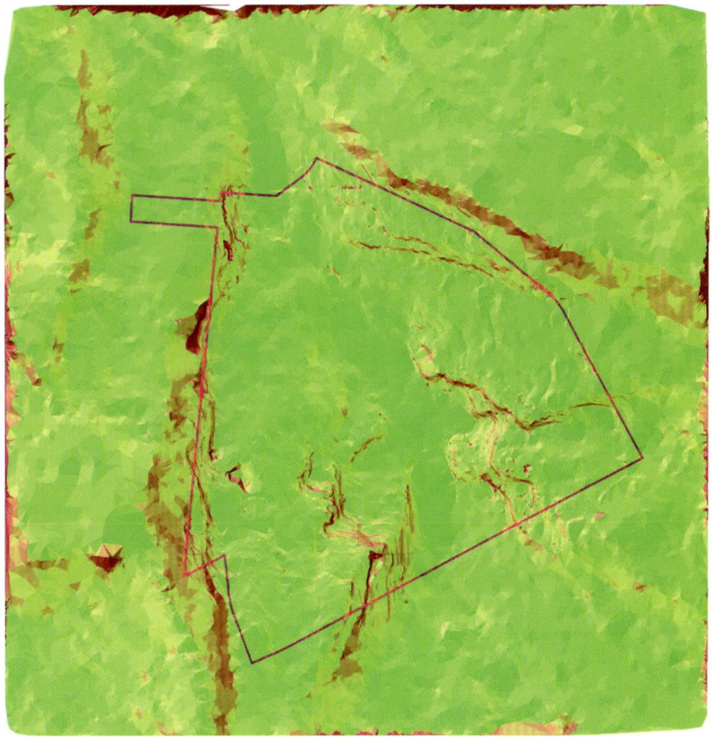

坡度现状图

图例

红线

坡度（度）

- 0 - 7.76
- 7.77 - 13.40
- 13.41 - 19.39
- 19.40 - 26.09
- 26.10 - 33.14
- 33.15 - 41.24
- 41.25 - 52.53
- 52.54 - 67.68
- 67.69 - 89.89

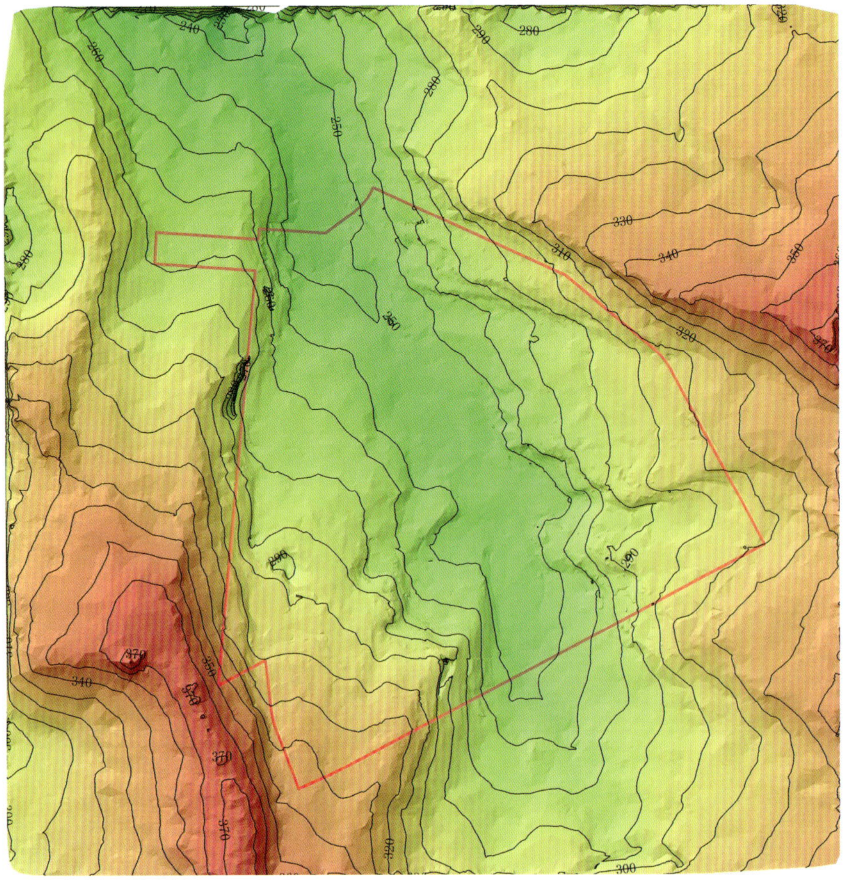

高程分析图

图　例

- 红线
- 等高线

高程（m）

高：380.90

低：224.75

地块优势：

（1）地处临近丰都新城中心，相交丰都四环路，交通便捷，公共设施配套齐全；

（2）北观长江，西邻移民公园，自然环境优美；

（3）山清水秀，视野开阔，环境优美，空气质量好，适宜居住。

地块劣势：

（1）地形复杂，高差大，建设成本较高；

（2）除北面新城建设完善之外，东、南、西各面市政道路未开始建设。

景观空间分析图

图例

- 主要景观轴线
- 主要交通流线
- 主要交通节点
- 主要景观节点
- 景观轴线主要节点

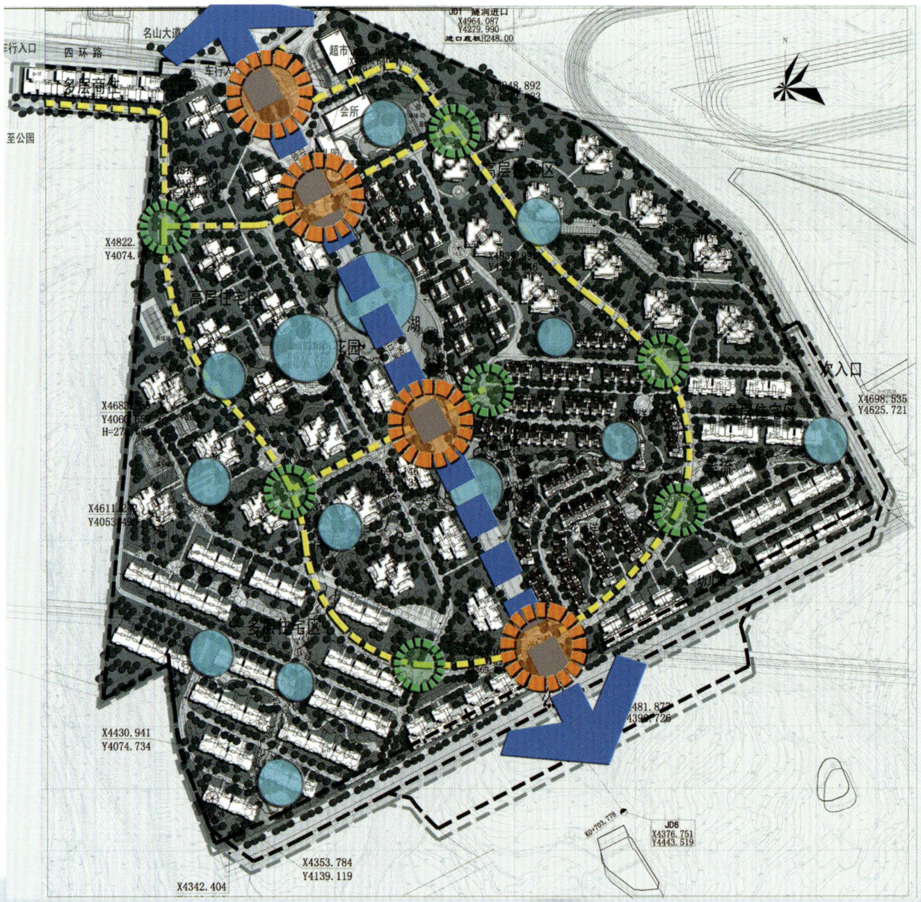

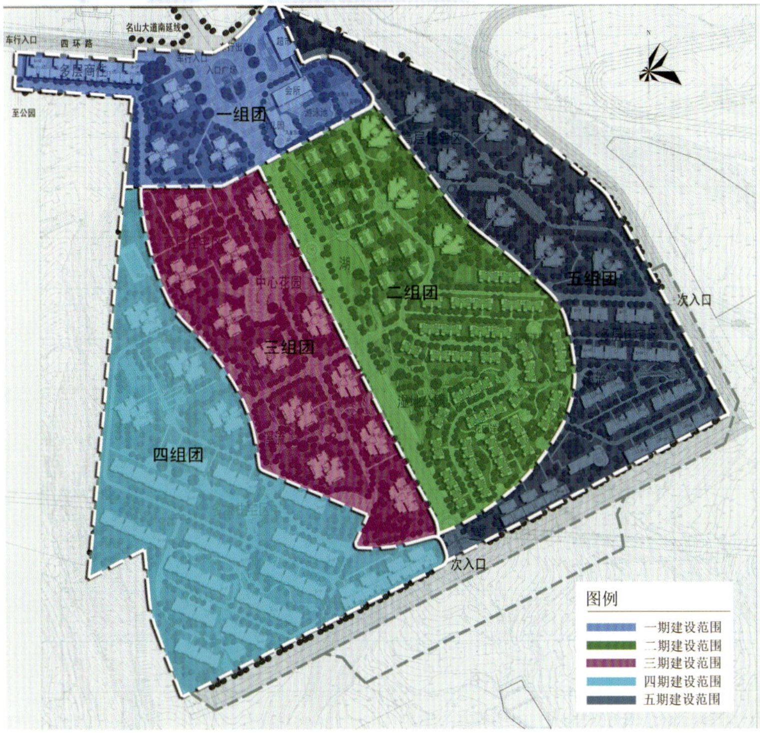

分期建设分析图

功能结构分析图

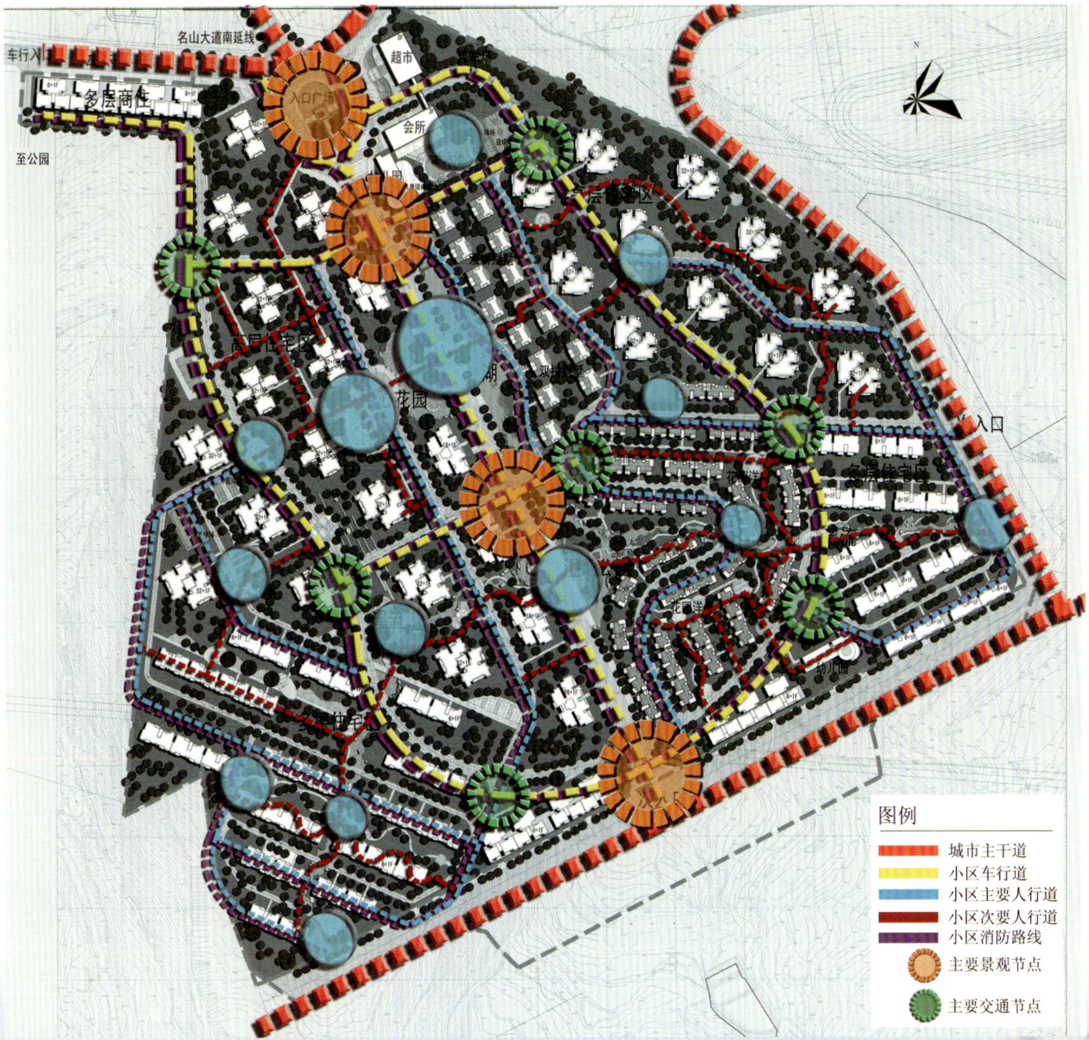

流线分析图

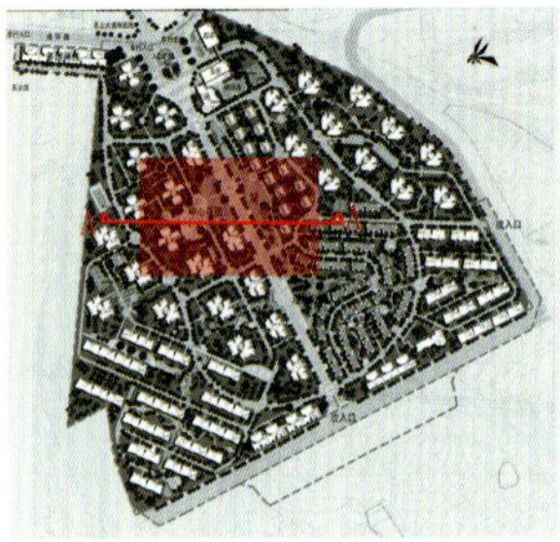

节点剖面图1

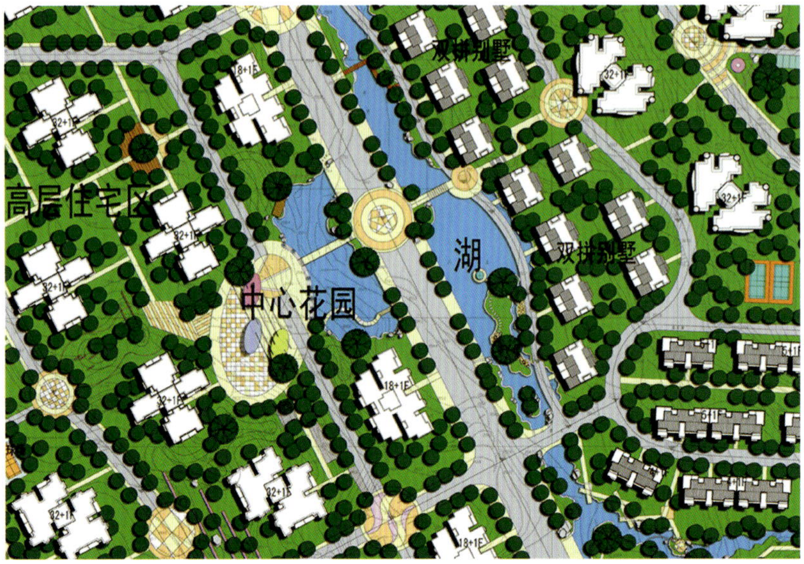

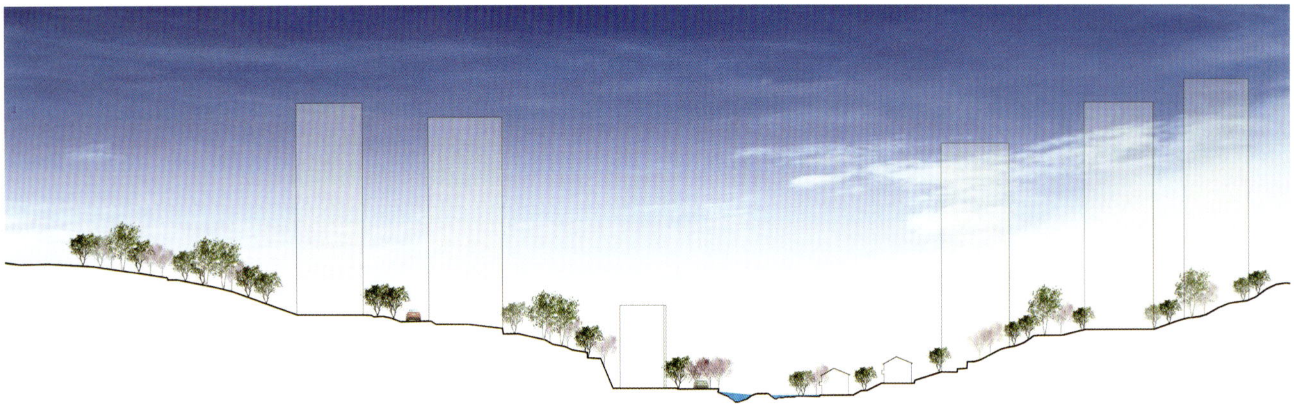

A-A剖面图

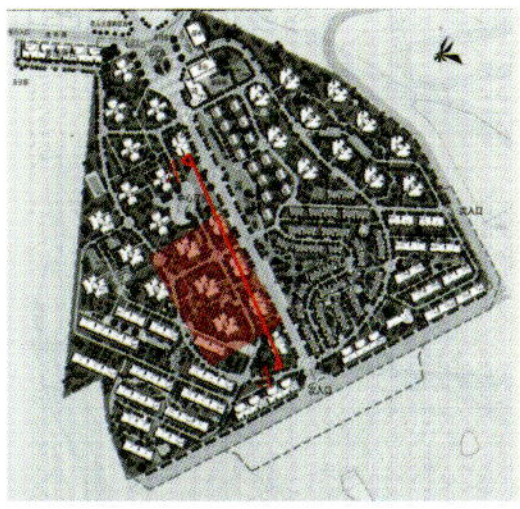

节点剖面图2

重庆市龙景理想城

目标：达到园林审美的最高精髓：一步一景、三步一观、九步一感的精神内涵！

设计构思：邂逅新加坡——打造具有浓郁新加坡风情，品质情调小区。

设计主题——“绿”色龙景

设计以“绿”作为龙景华府的主题。凸显热带风情的特色，处处绿色交融、四季常绿、四季有花，体现出本案追求居住生态式景观的崇高目标。

从居民大众的角度出发，我们提倡享受型景观：软质景观（包括水系）和硬质景观（不包括道路）尽量做到8:2的比例，相比之下，软景比硬景造价低，有利于生态效应的营造的生态功能的发挥，同时也是构建宜居住区不可或缺的景观因素，打造多层次的植物景观效果，给人们一个生态、和谐、健康的家园。

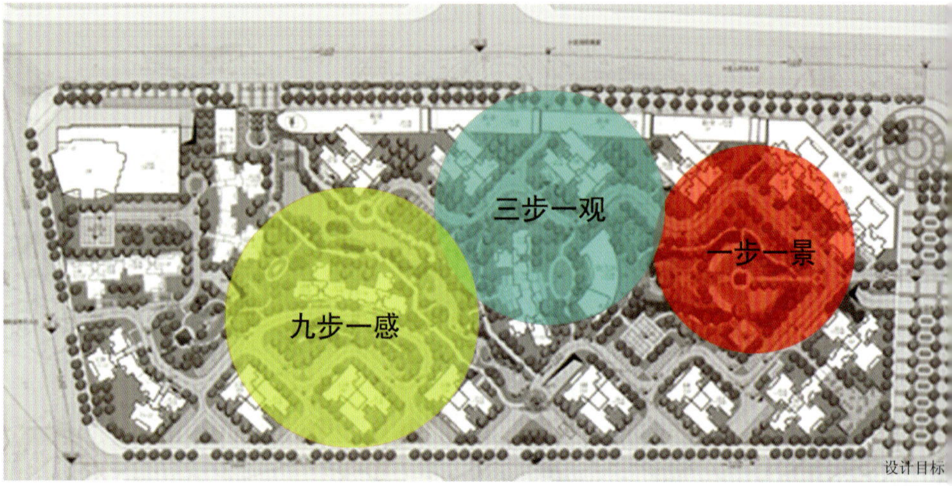

设计目标

经济技术指标
总占地面积：8.08万m²
景观用地面积：5.31万m²
软质面积：2.50万m²
其中
绿地面积：2.37万m²
水景面积：1284.41m²
绿地率：30.91%

1. 生化池
2. 消防回车场
3. 地下车入口
4. 景观小品
5. 生态岛
6. 交流空间
7. 景观大树
8. 规划停车位
9. 休憩空间
10. 健身步道
11. 休闲散步道
12. 东南亚亭子
13. 景观草坪
14. 景观草坪
15. 景观廊架
16. 景观亭
17. 羽毛球场
18. 消防回车场
19. 跌水景墙
20. 人行主入口
21. 亲水平台
22. 景观喷泉
23. 水生植物
24. 消防回车场
25. 亲水空间
26. 景观廊架
27. 亲水空间
28. 休憩空间
29. 老人活动区
30. 入户通道
31. 休闲散步道
32. 亲水健康道
33. 景观古树
34. 儿童活动区
35. 社区活动区
36. 羽毛球场
37. 景观大草坪
38. 半个篮球场
39. 社区活动区
40. 东南亚风格亭
41. 健身活动区
42. 景观绿化带
43. 入口景观对景
44. 小区车行入口景

总平面图

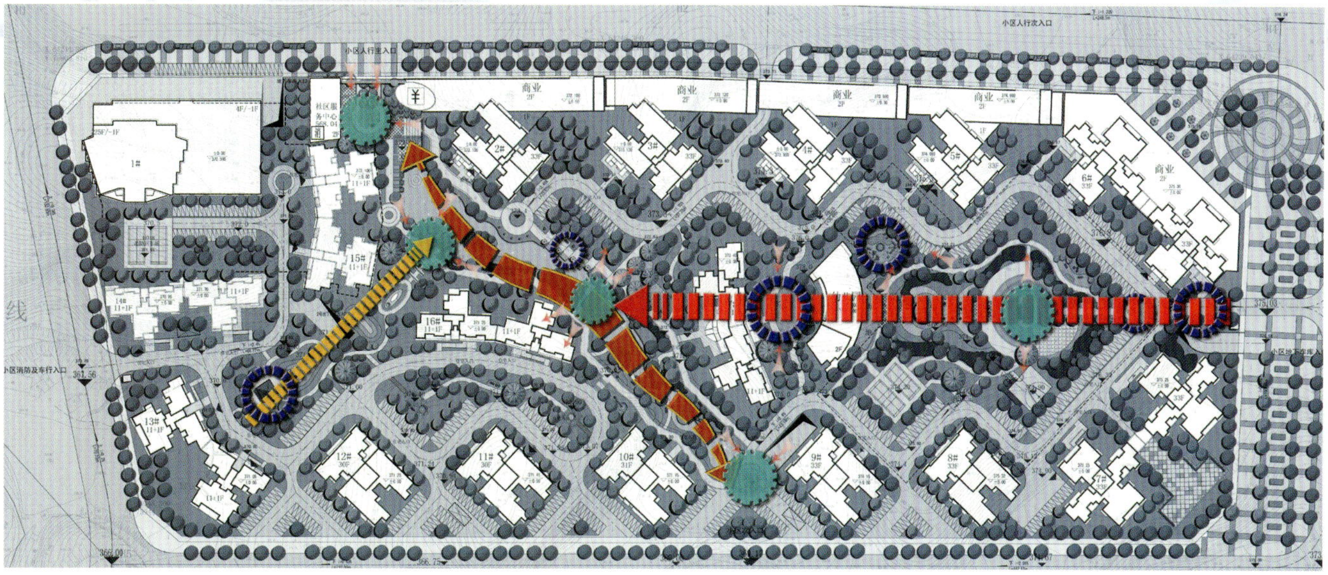
景观分析图
主要景观视点
次要景观节点
景观视线
东区景观轴线
西区景观轴线
水体景观轴线

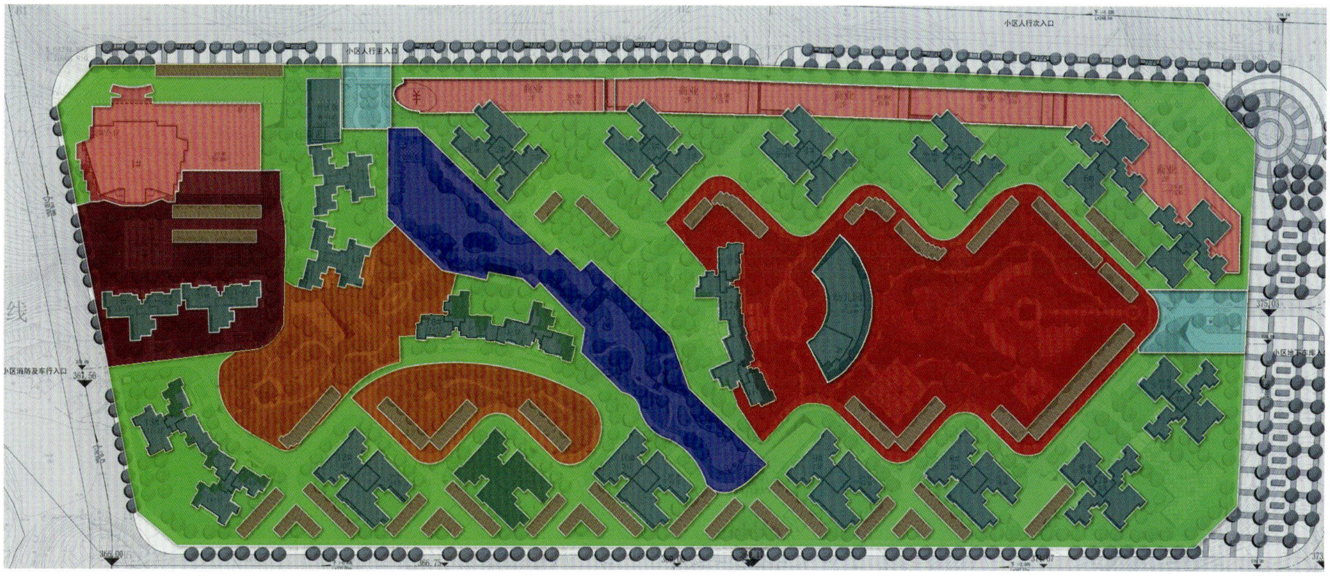
功能分析图
居住用房
商业建筑区
地面停车位
中心水体景观区
东区主景区
入口景观区
东区主景区
绿化配景区

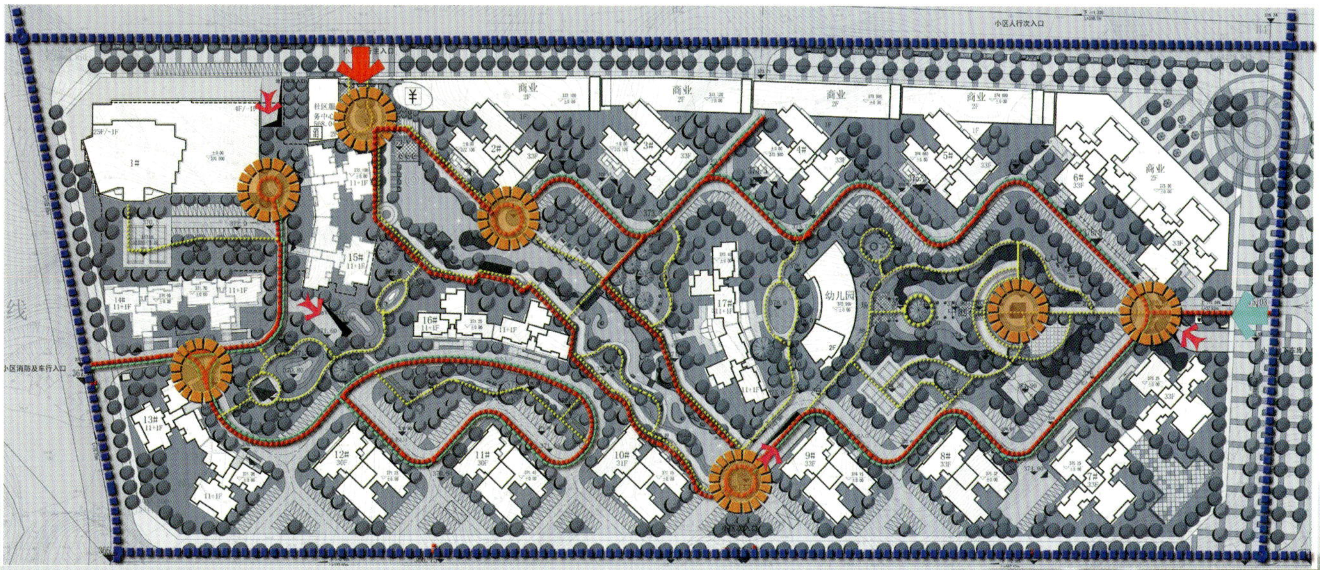
流线分析图
城市干道
小区消防道
小区主要人行道
小区步行道
地下车库入口
小区主入口
小区次入口
主要交通节点

规划建筑 规划车位 中心水体
硬质景观区 软质景观区

软硬景分析图

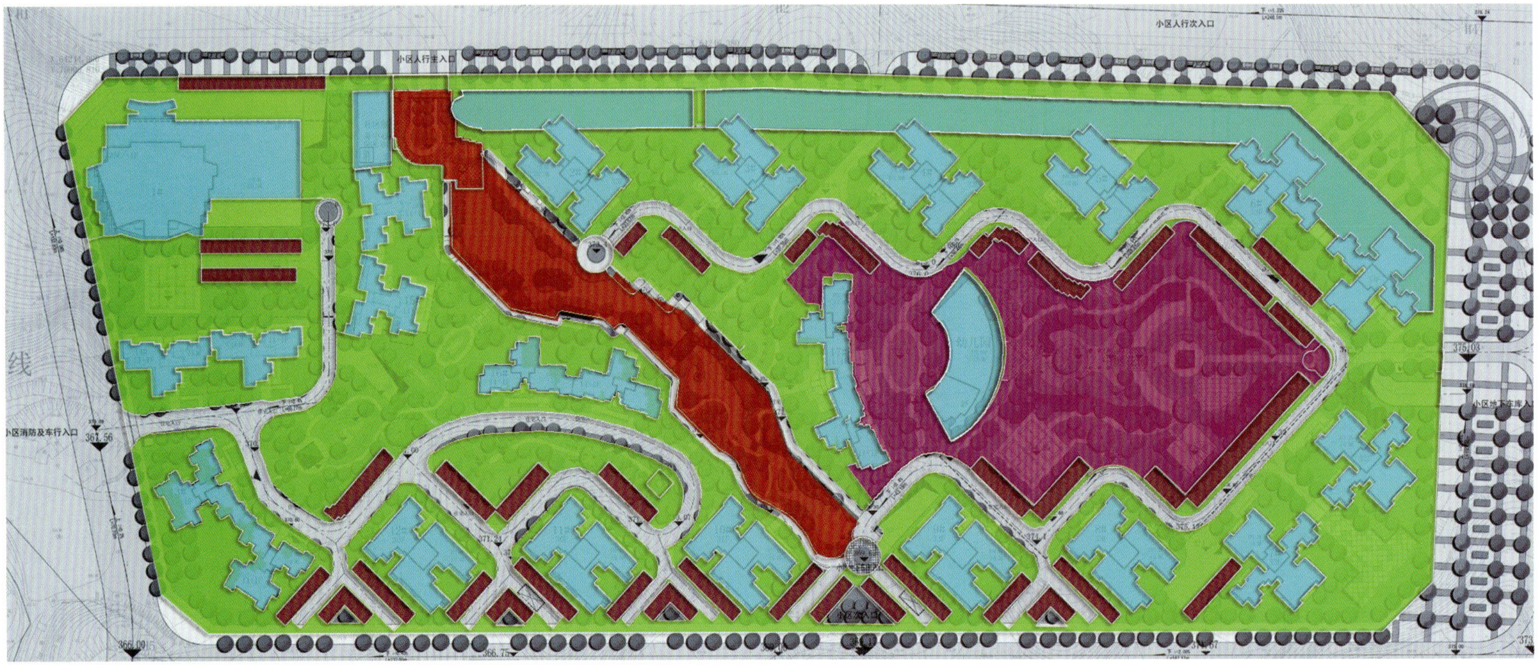

规划建筑 规划车位 成本较高区
成本中档区 成本控制区

成本控制分析图

主入口放大平面及剖面图

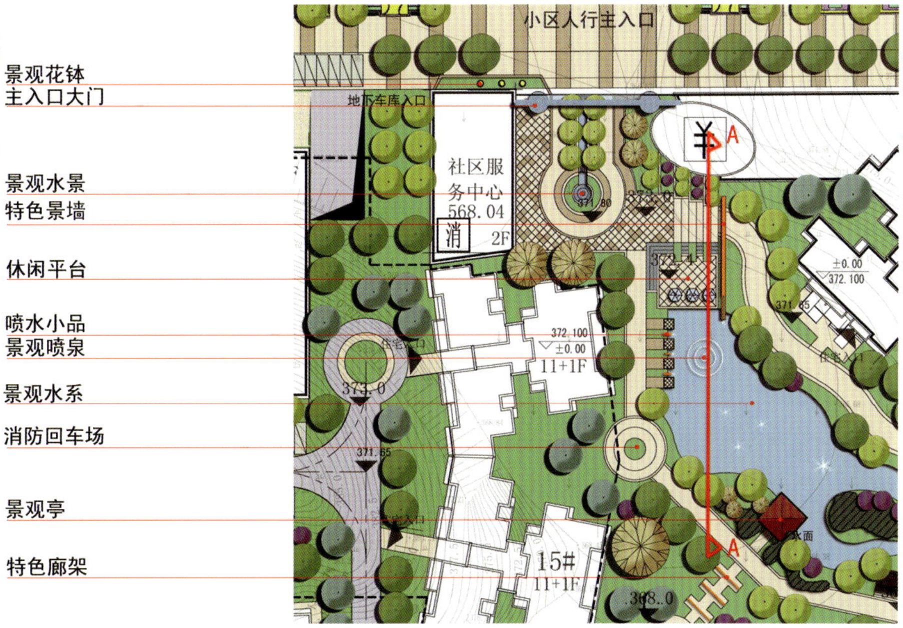

A-A剖面图

中轴水系放大平面及剖面图

B-B剖面图

西区放大平面及剖面图

D-D剖面图

东区放大平面及剖面图

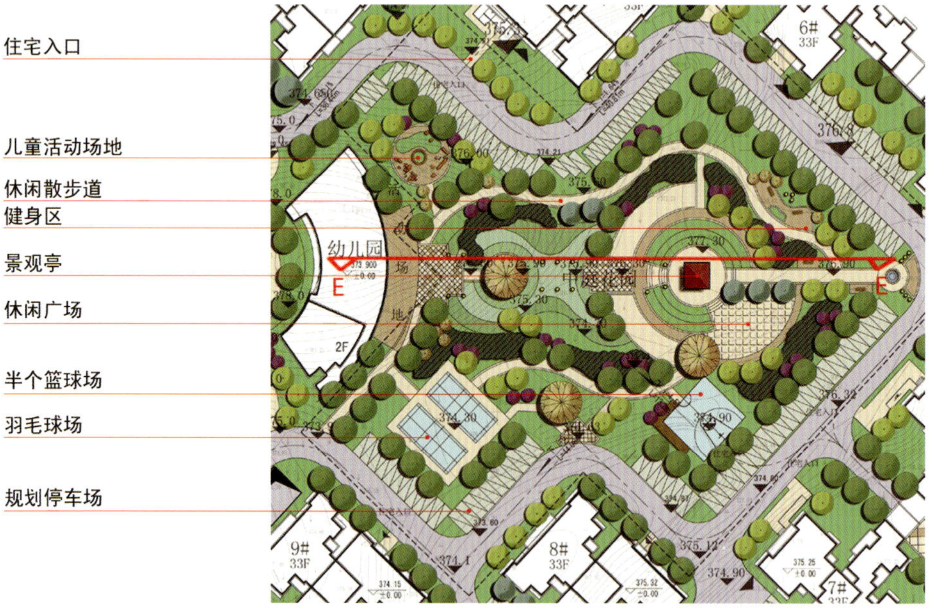

E-E剖面图

商业街设计效果图

噪声被植物减弱示意图

驳岸处理方式一

驳岸处理方式二

驳岸处理方式三

亲水木平台设计

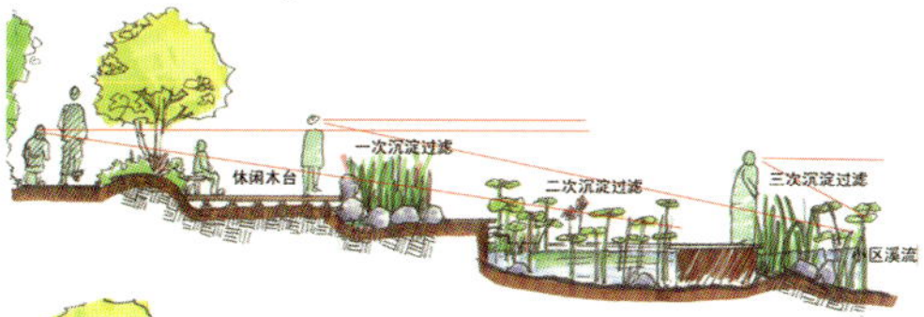

噪声逐渐减弱示意图

整体鸟瞰图

景观亭效果图

儿童活动区效果图

休闲散步道效果图

重庆市紫金星城

项目地块位于重庆市巴南区，由东西两地块组成，两地块中部为一条16m宽的城市规划道路，南临花溪河。地块交通便利，自然景观优越，为本项目开发提供了有力的保障。

设计宗旨

1. 紫金星城小区的景观设计以提升生活环境，构建和谐健康、持续发展的多元化生态小区园林景观为基点，创造具有山水园林特色，尊重自然山水之格局，强化山地之肌理的高质量小区文化生活。遵循以人为本的规划设计原则，借鉴后现代流派之精华，创造一个生态健全、景色秀美、适应现代人生活节奏与文娱需求的生态游憩境域。

2. 创造丰富有序的、多层次的安全舒适的小区空间环境，提高空间环境质量，提供满足人们需求的休息、娱乐、工作、交流、交往的动态空间，和谐、健康、舒适、宁静、开放的山水生存静态空间，构建充满活力并极富人情味的小区公共空间环境。

3. 设计以打造绿色生活、健康生活为设计目标，秉承生态、自然、可持续的发展观，将小区景观与周围建筑环境充分融合，将人与自然、城市与自然、景观与情感交融统一。

设计原则

1. 贯彻以人为本的人文原则

在小区空间环境的创造上，充分认识和确定人的主体地位及人与环境的双向互动关系，强调把关心人、尊重人的宗旨具体体现于空间环境的创造中。提供人们进行交往、观赏、娱乐、休憩等活动的重要公共空间，目的是使人们更方便舒适地休闲活动，注重对人在环境心理和行为特征进行研究，创造出以适应不同年龄、不同阶层、不同人群的多样化需求。

2. 经济、美观、适用三结合

在保证环境美观的前提下，尽量就地取材，运用本土植物。在景观元素搭配上讲求精致而非大气，宜人且节约造价。在水景建造上摒弃大而深的做法，采取池底铺卵石的做法，使得在没水的时候也可以形成很好的景观。尽量在设计上尊重原始地形，遵循设计围绕地形，减少挖土方量。利用地形高差和现有人工河道进行区内排水。停车场设计利用桥下空地，从而减少了对小区绿化面积的占用。

3. 体现可持续发展的生态原则

用生态原理，既考虑近期景观效果，又照顾远期景观和维护费用。强调其生态小环境的合理性，既有充足的阳光，又要有足够的绿化，冬暖夏凉、趋利避害，为人们创造宜人的空间环境。

功能分析图

1. 主入口水景幕
2. 景观大道小型喷泉
3. 景观廊架
4. 入户景观道
5. 广场景观构架
6. 多彩广场
7. 老人活动场
8. 游泳池
9. 儿童活动场地
10. 亲水平台
11. 羽毛球场
12. 枯山水
13. 日式草坡
14. 花卉带
15. 节点特色铺装
16. 阳光树阵
17. 璀璨入口
18. 残疾人道
19. 入户花卉带
20. 沙地休息区
21. 休息广场

22. 日式草坡
23. 应急消防道
24. 入口景观涌泉
25. 树影花香
26. 日式水景
27. 景观木廊架
28. 应急消防道
29. 景观水景
30. 幼儿园活动场所
31. 儿童活动场所
32. 半个篮球场
33. 入户木构架
34. 日式湿地
35. 七彩池
36. 主入口景观构架
37. 滨河观景广场
38. 观景亭
39. 滨河步行道
40. 景观草坡
41. 多彩树阵
42. 滨河亲水平台

总平面图

流线分析图

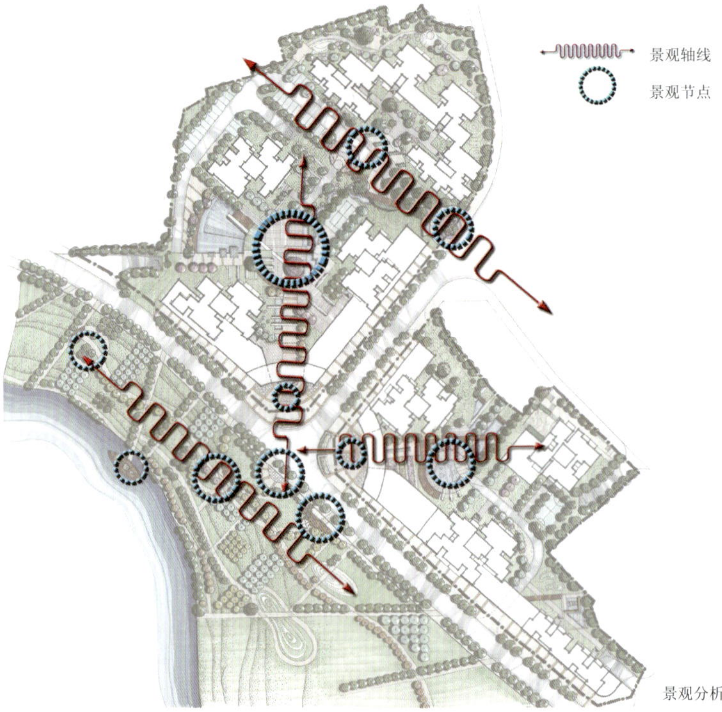

景观分析图

软硬景分析图

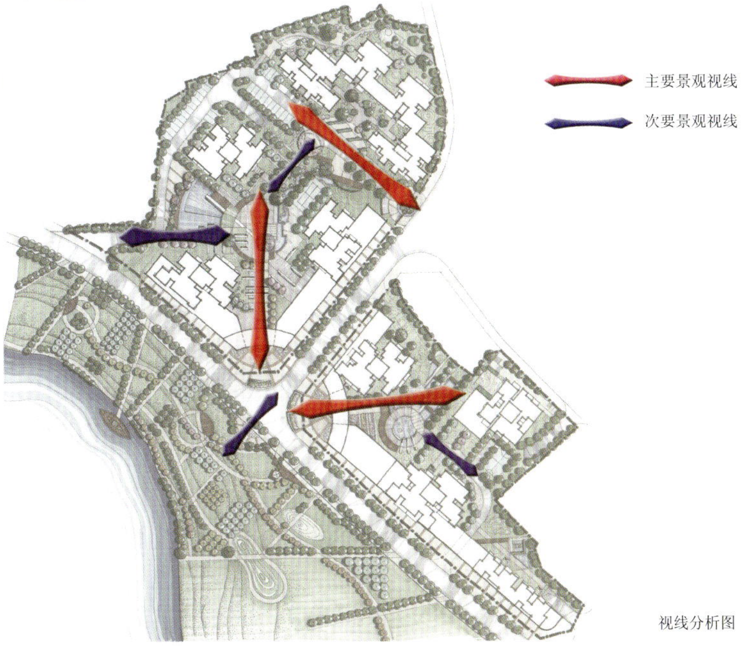

视线分析图

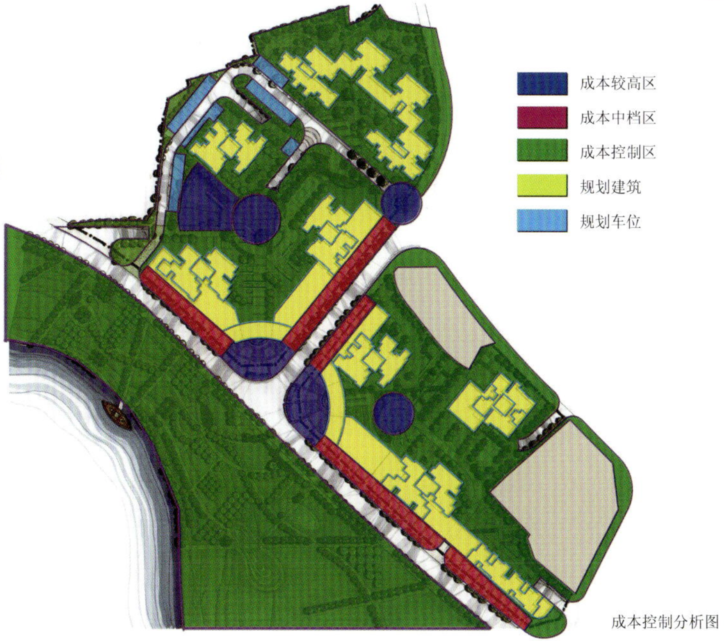

成本控制分析图

主入口大门透视图

入口景观道透视图

道路节点透视图

花镜营造透视图

景观节点透视图

散步道透视图

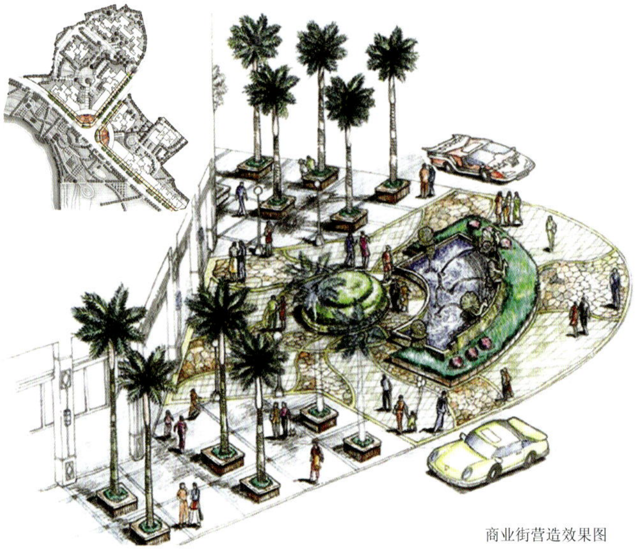

商业街营造效果图

围墙平面图

围墙立面图

休闲区透视图

景观节点透视图

矮墙照明

泛光灯向下照明

冬季树叶凋落，阳光透过树枝，使人温暖

小径照明

夏季绿荫遮挡烈日，人们可以在树下纳凉

环境分析图

重庆市华宇•北城中央高级住宅区

该项目为住宅、公寓、酒店、物流服务、商业配套、休闲娱乐等综合设计项目。18，19，26地块为高层住宅小区，17地块为集中商业和高层公寓区，16-1地块为高级酒店，项目为二类高层住宅，一类酒店和高层公寓，耐火等级一级。

项目位于重庆市北部新区，北面与重庆江北火车站及规划长途汽车站、城市公交站总站隔街相望，南临新建住宅小区，分列火车站前广场对应80m宽景观大道两侧，含18，19，17，16-1，26共五块用地，东西长700m，南北最长420m，场地北高南低，总占地约10.7万m²。总绿化率为30.03%。

设计原则“绿色、文化、时尚”和谐共生的社区

1．原生资源最大化：充分利用原生的地形，设计具有山城特色的居住景观。

2．绿化覆盖率最大化：通过丛植组团方式，形成收放有致轻重结合的主空间；在建筑间距较开放处，适当配置横向常绿和落叶的主景大树；

3．文化：居住者对生活空间的感受是多元化的。这与人类的价值观有紧密关联，在不同时代、不同地域，会有不同的侧重点。景观设计将地域特色的表达赋予文化的深层含义。

4．时尚：时代的元素、空间与时间，构成了设计的生命。生活是无形的，人们获得有形的居住空间的同时，住户们构筑了一个无形空间。在无形的空间中把时尚与时代融合，这是区别一个杰出与平庸的关键。

设计目标：高贵而不媚俗！

向往高贵，必须注入高贵的品质与血液。在不同的层面随时展现与众不同的典雅与气质。对人的行为引导的同时，把沉淀的意境在不经意间流露。高贵而不张扬，典雅而不媚俗。

时代的品质观＝艺术理想+人文情怀+地域精神+财富积累+创意+知性。提取的“印象元素”：多元化的景观空间；文化的基因，在山城文明中物化凝聚，于这世界上独一无二的山水之间。

本案拟继承沉淀的智慧，珍视承载这智慧的山城大地，重视现代人的生活方式，诠释人与自然惺惺相惜。

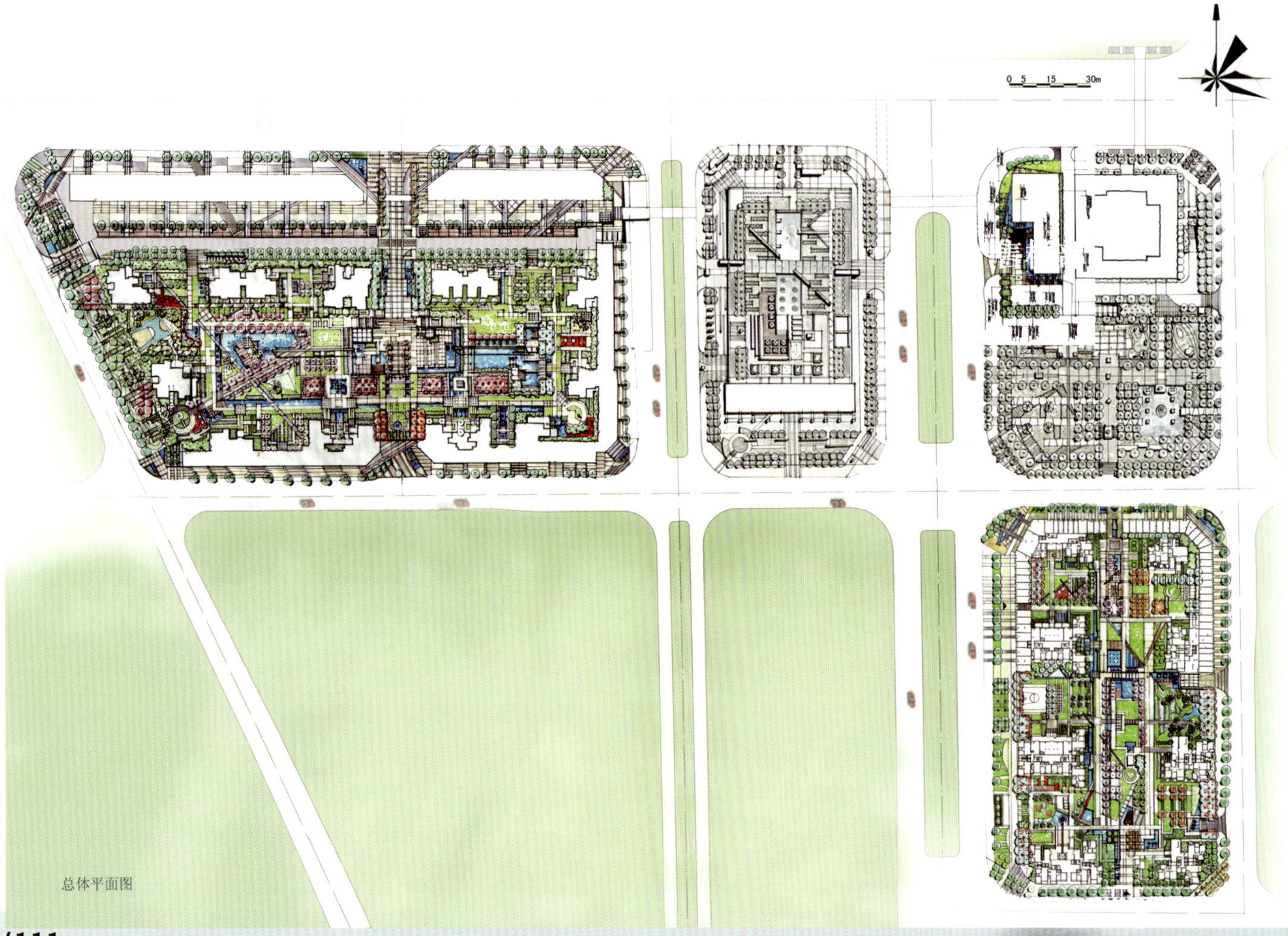

总体平面图

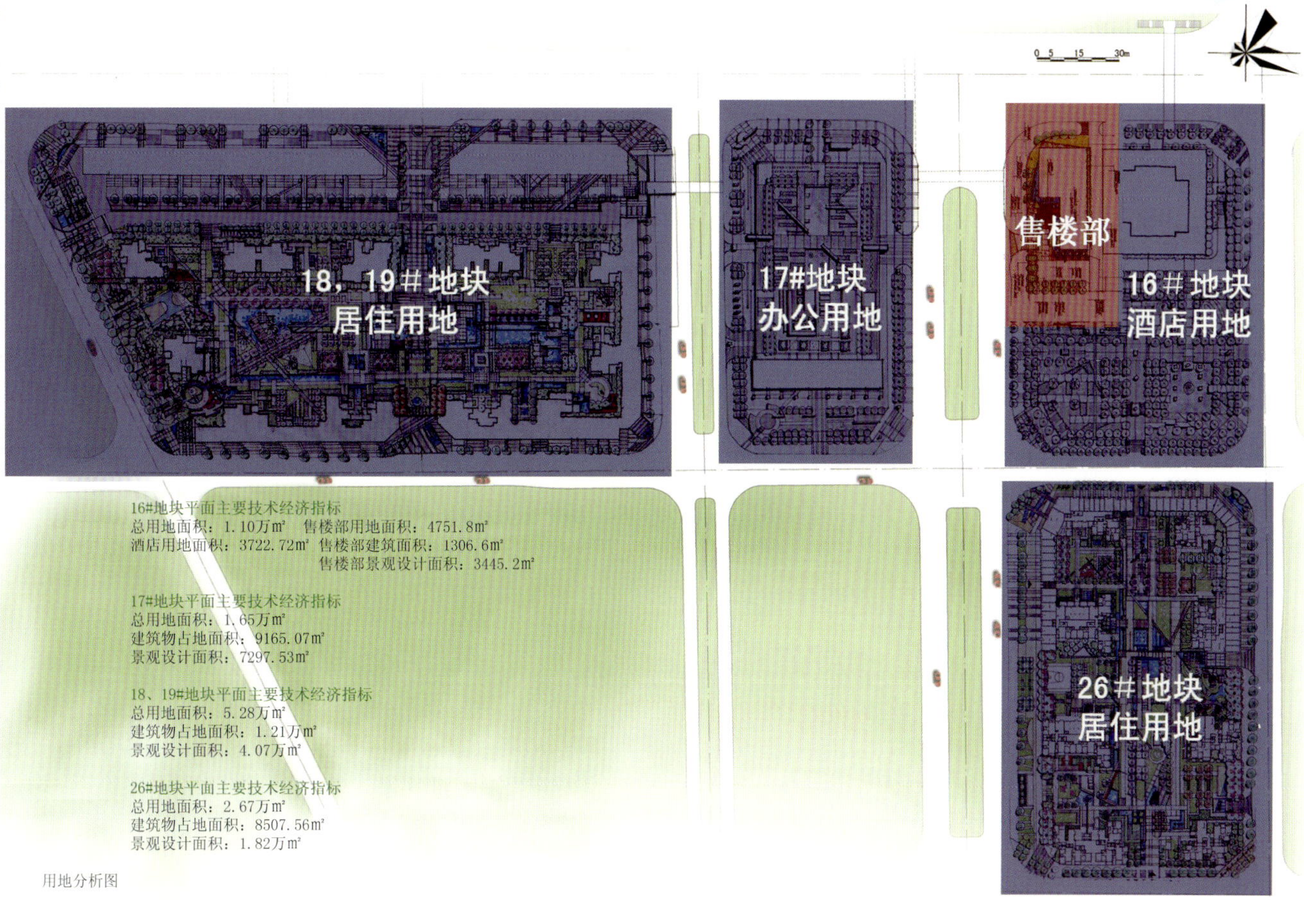

16#地块平面主要技术经济指标
总用地面积：1.10万m²　售楼部用地面积：4751.8m²
酒店用地面积：3722.72m²　售楼部建筑面积：1306.6m²
售楼部景观设计面积：3445.2m²

17#地块平面主要技术经济指标
总用地面积：1.65万m²
建筑物占地面积：9165.07m²
景观设计面积：7297.53m²

18、19#地块平面主要技术经济指标
总用地面积：5.28万m²
建筑物占地面积：1.21万m²
景观设计面积：4.07万m²

26#地块平面主要技术经济指标
总用地面积：2.67万m²
建筑物占地面积：8507.56m²
景观设计面积：1.82万m²

用地分析图

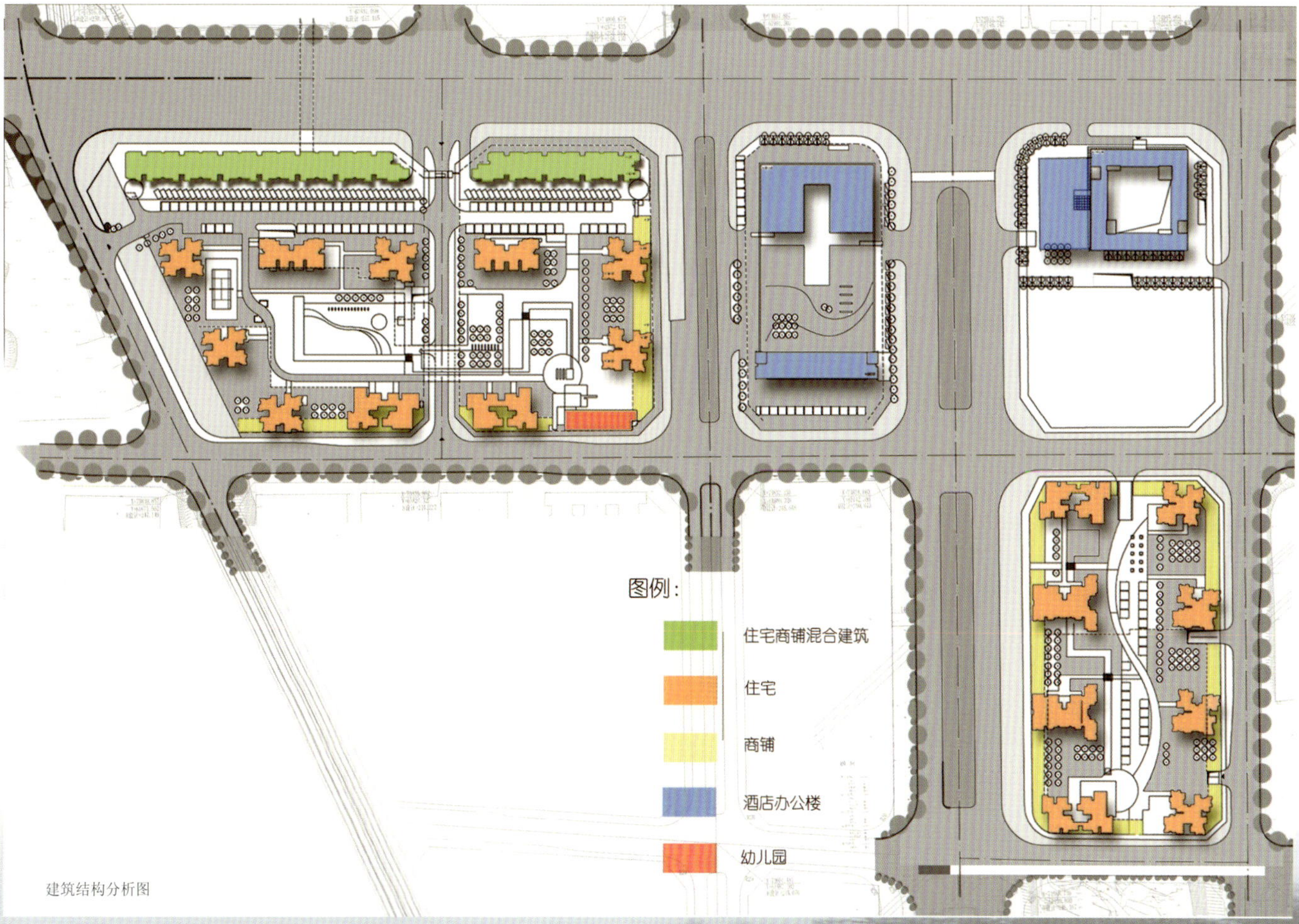

建筑结构分析图

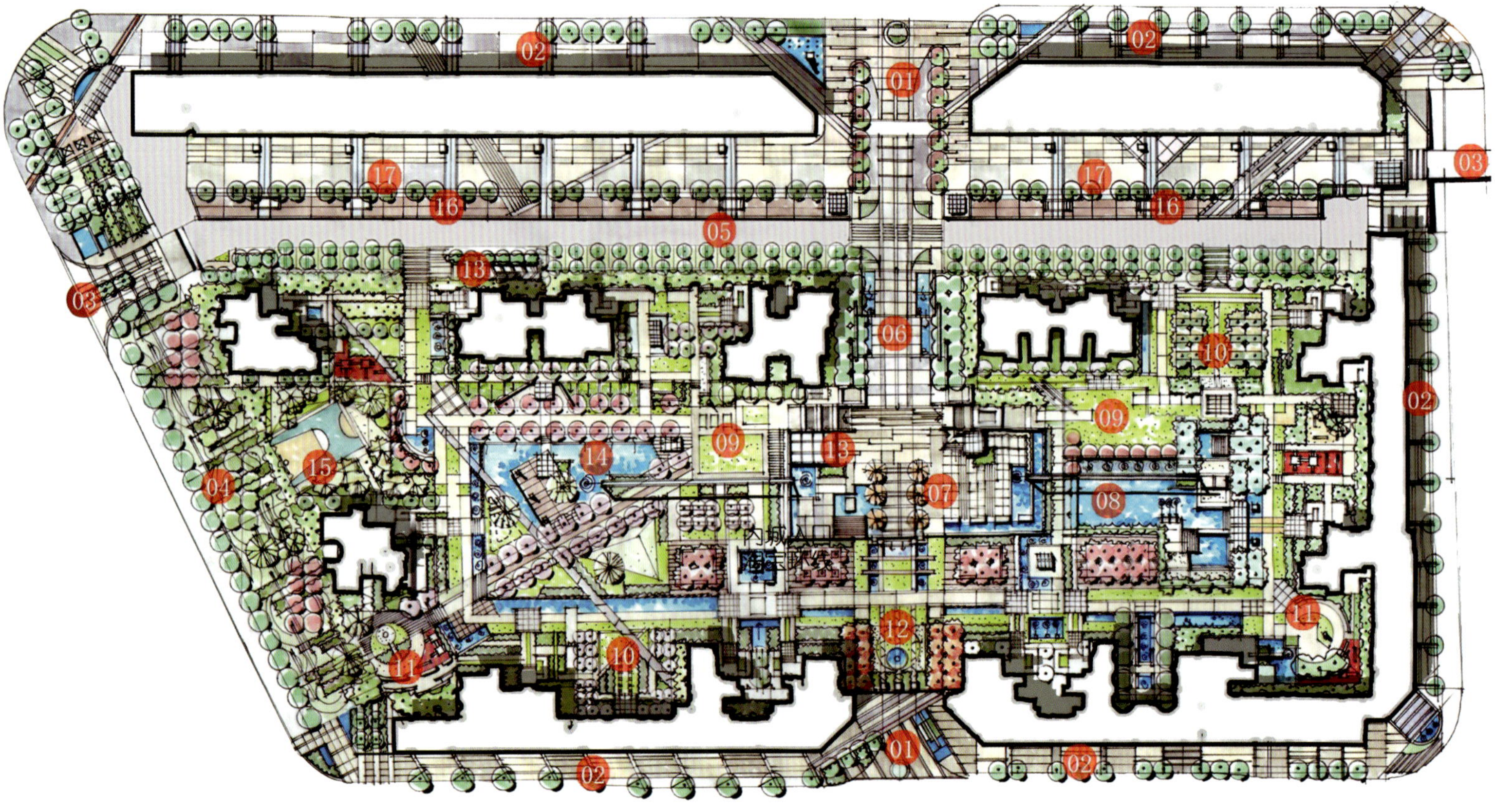

01：内城入口　02：淘宝环线　03：入口　04：绿野仙踪　05：欢乐干线　06：活动街展　07：BOBOS海洋　08：幸福港湾　09：阳光氧吧
10：记忆空间　11：泡泡吧　12：浮游之岛　13：车库出入口　14：无边界水池　15：NBA乐园　16：后街印象　17：停车位

18、19地块平面图

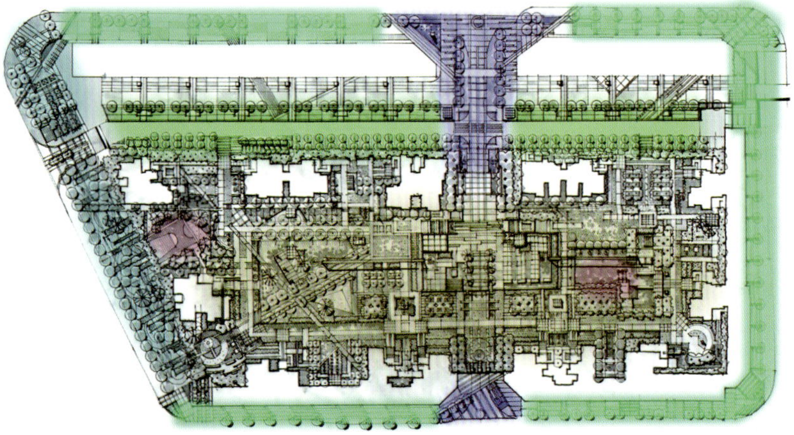

功能分析图

运动健身区　植物观赏区　入口景观区
休闲娱乐区　商业街景观区　室外停车区

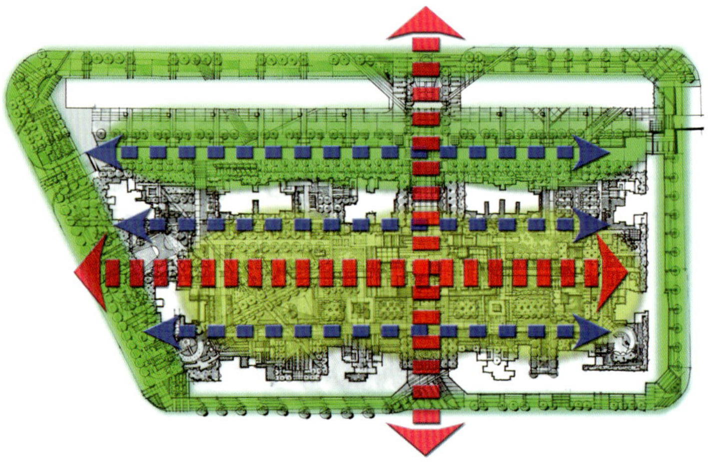

景观结构分析图

主要景观区　外延景观区
主景观轴线　次景观轴线

18, 19地块鸟瞰图

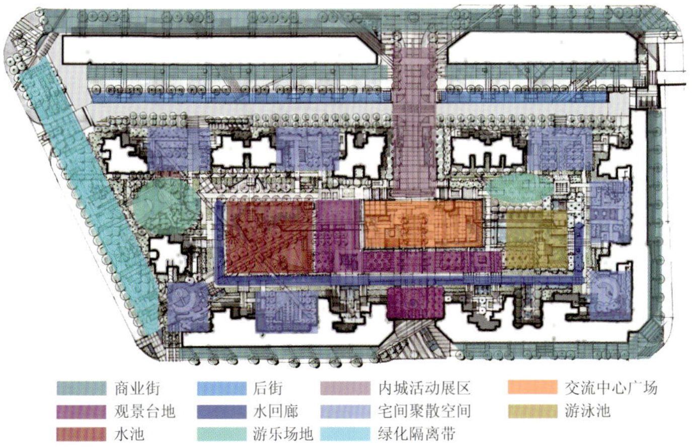

景观分布图

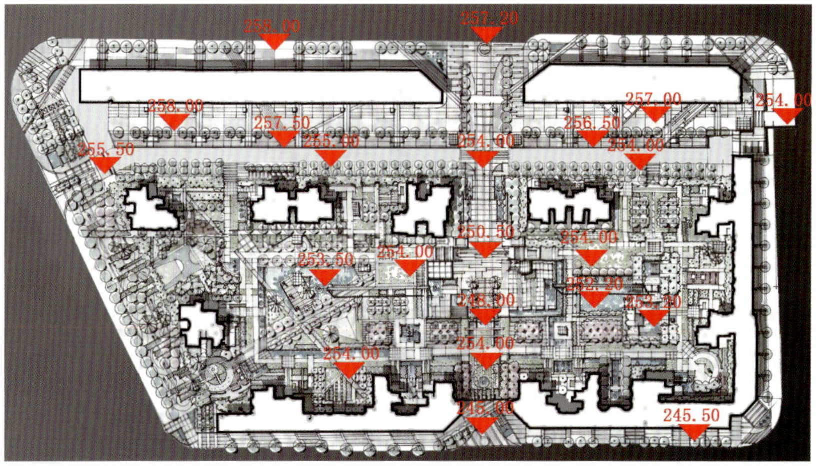

竖向设计图

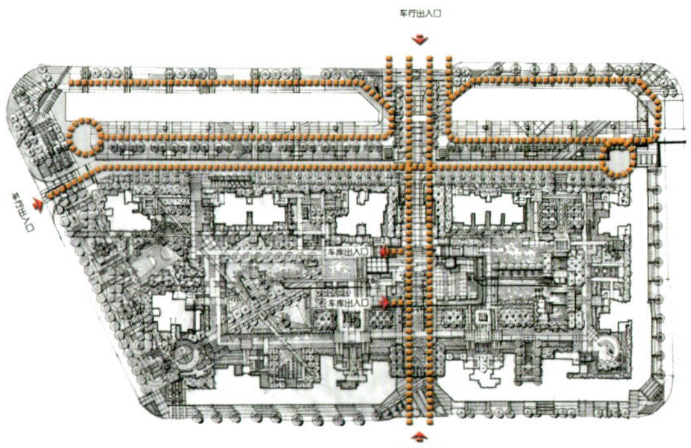

车行分析图

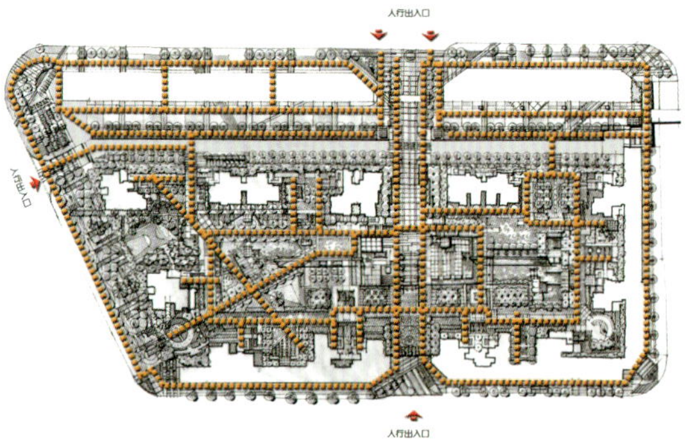

人行分析图

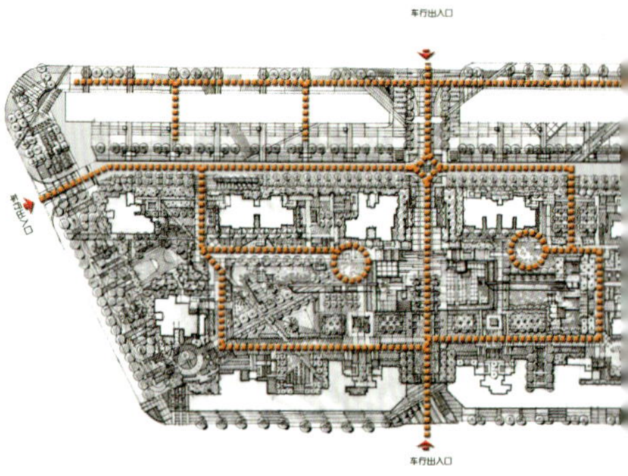

消防

透视图详图

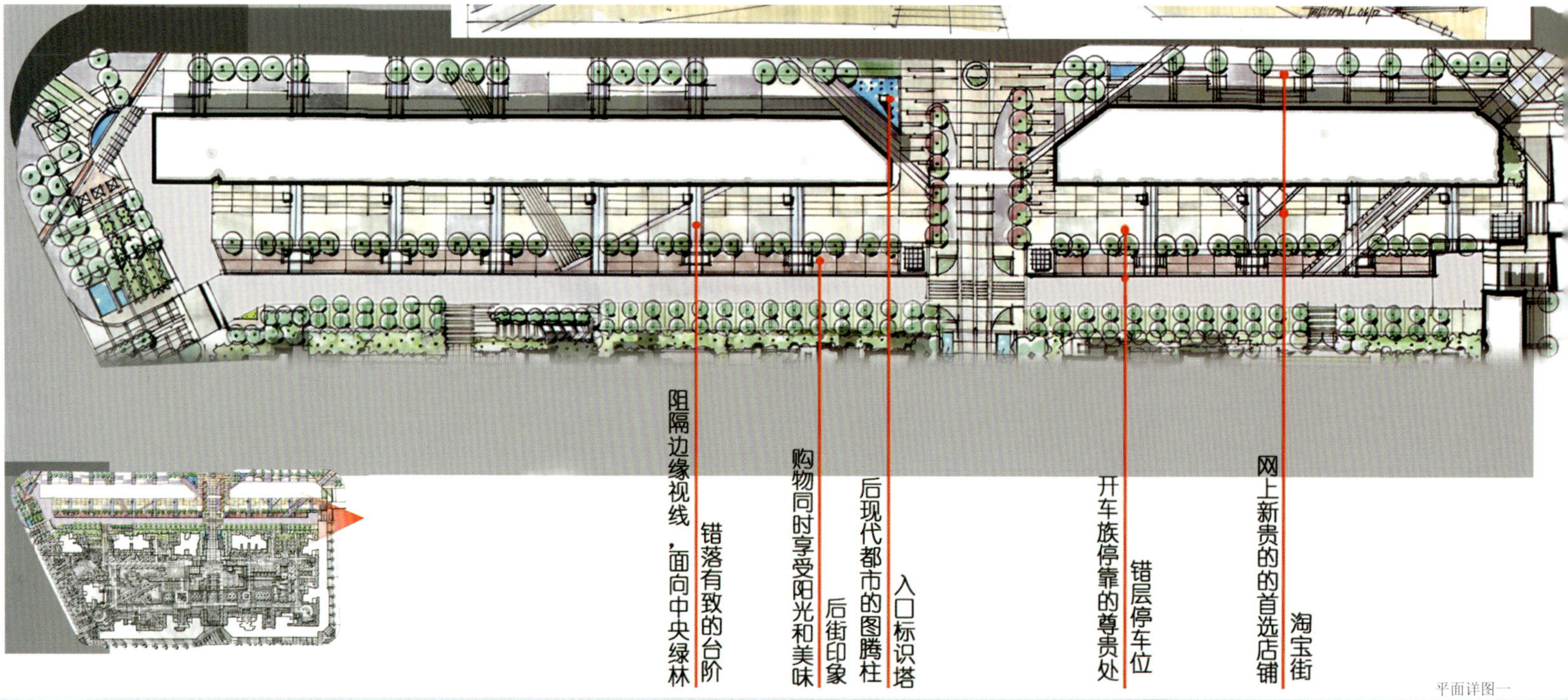

平面详图一

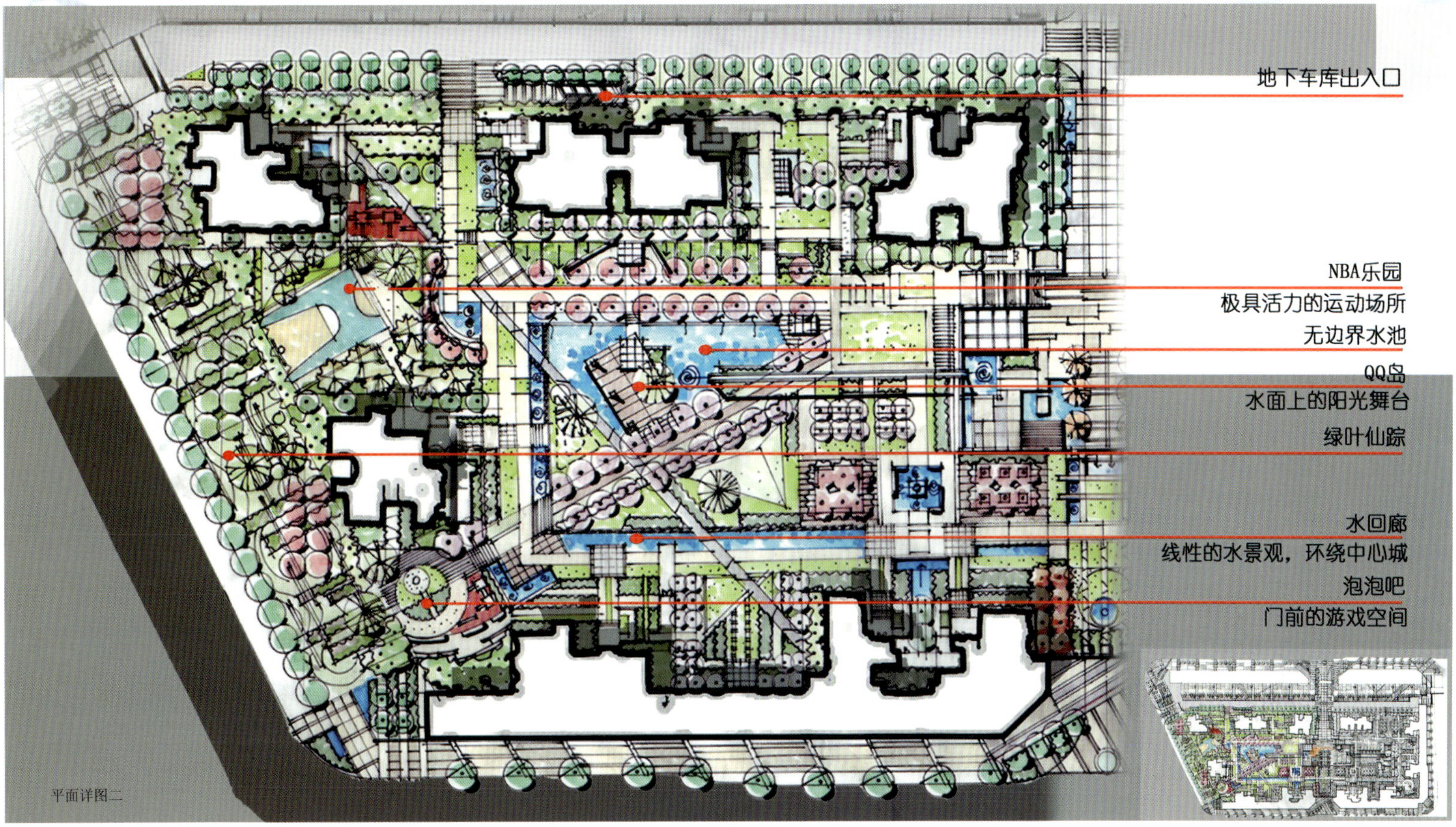
地下车库出入口
NBA乐园
极具活力的运动场所
无边界水池
QQ岛
水面上的阳光舞台
绿叶仙踪
水回廊
线性的水景观，环绕中心城
泡泡吧
门前的游戏空间

平面详图二

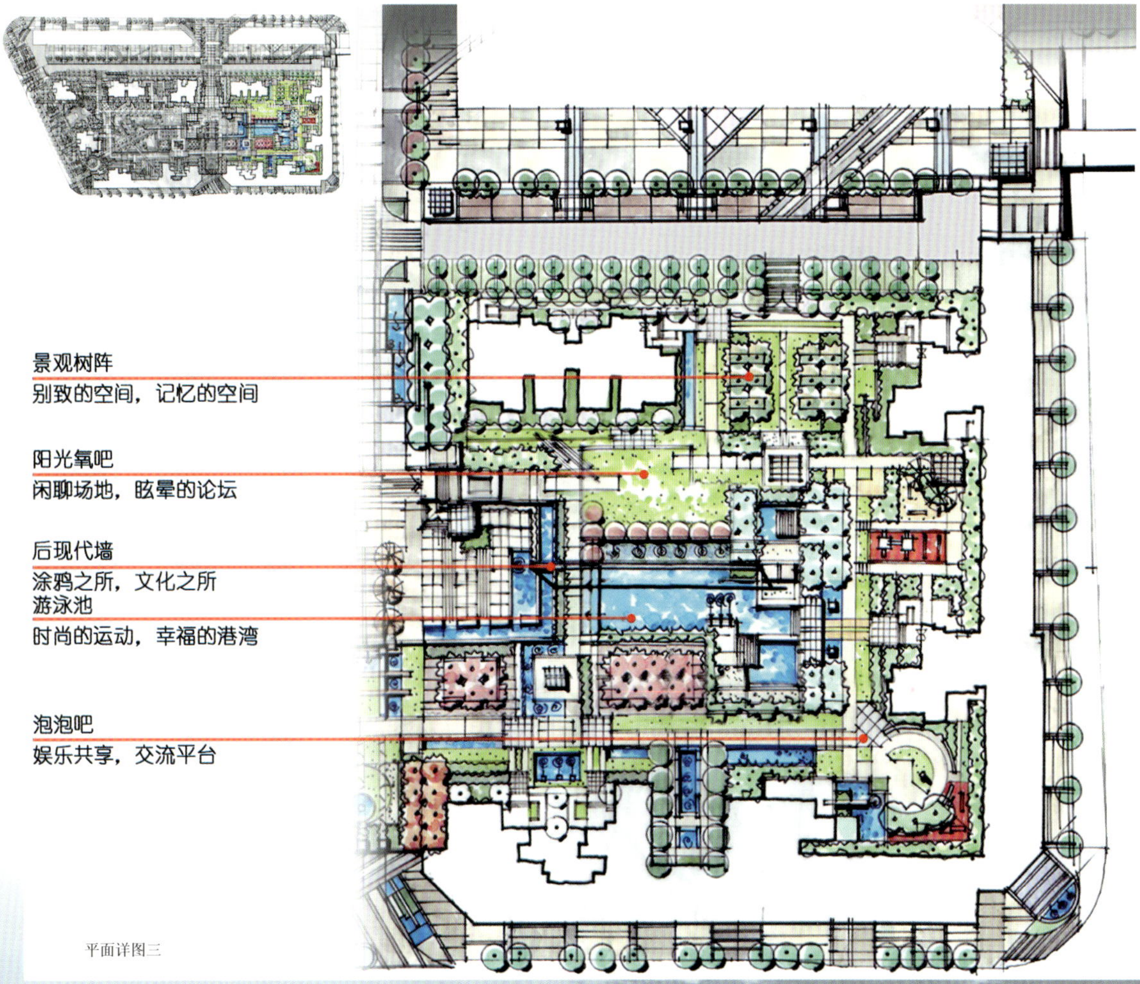
景观树阵
别致的空间，记忆的空间
阳光氧吧
闲聊场地，眩晕的论坛
后现代墙
涂鸦之所，文化之所
游泳池
时尚的运动，幸福的港湾
泡泡吧
娱乐共享，交流平台

平面详图三

18、19地块局部效果图一

18、19地块局部效果图四

18、19地块局部效果图二

18、19地块局部效果图三

18、19地块景观意向图

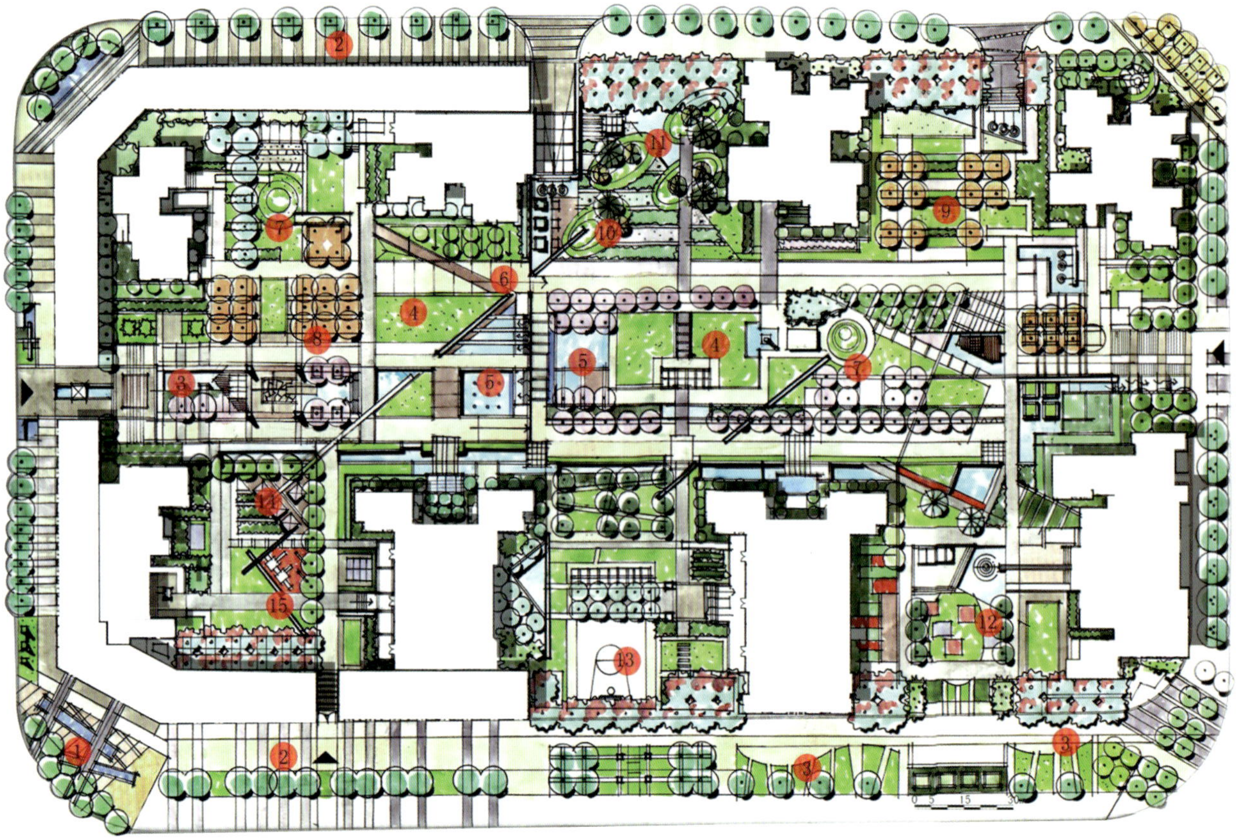

26地块平面图

1. 水森活
2. 旺角街道
3. 天琴湾
4. 阳光氧吧
5. 无边界水池
6. 星光大道
7. 雾都之丘
8. 林荫树阵
9. 多米诺空间
10. 3D空间
11. 快乐大本营
12. 开心辞典
13. 动感地带
14. 浪漫小亭
15. QQ乐园

26地块鸟瞰图

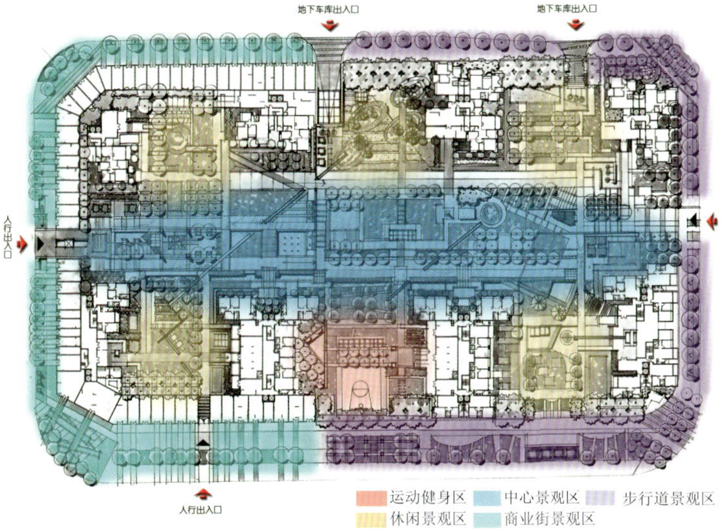

功能分析图

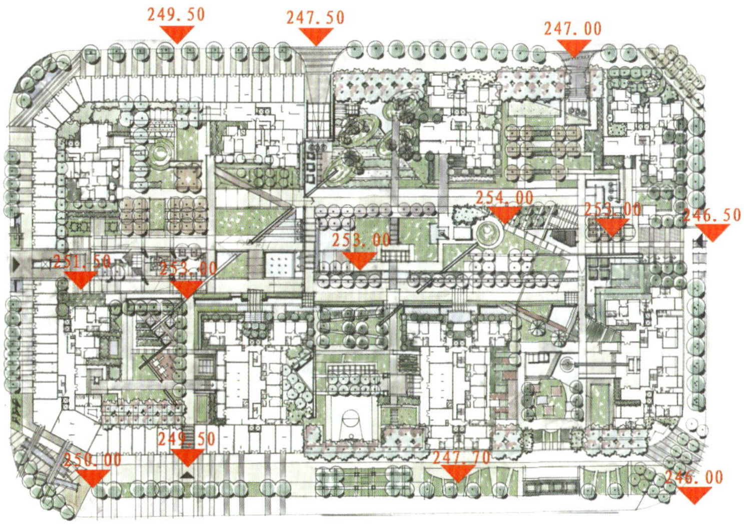

竖向设计图

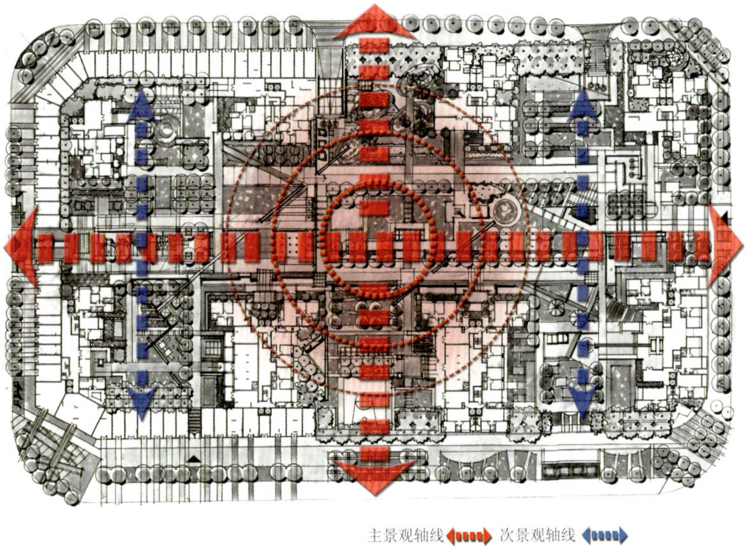

景观分析图

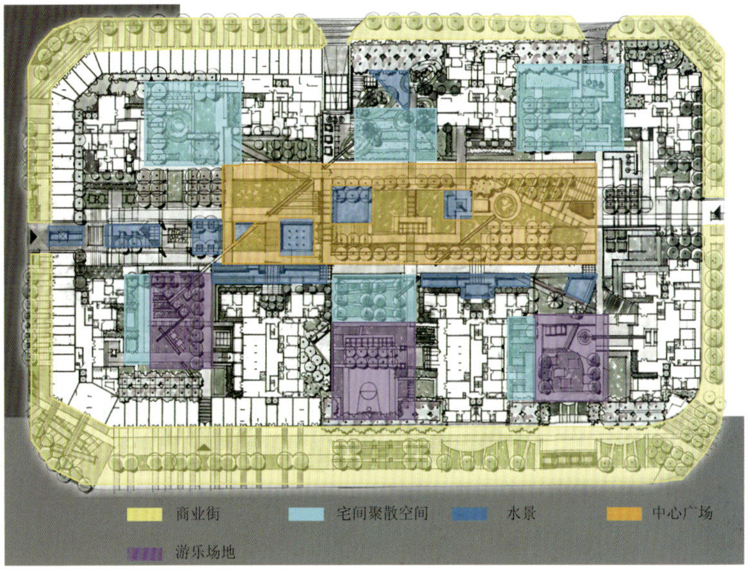

景观分布图图

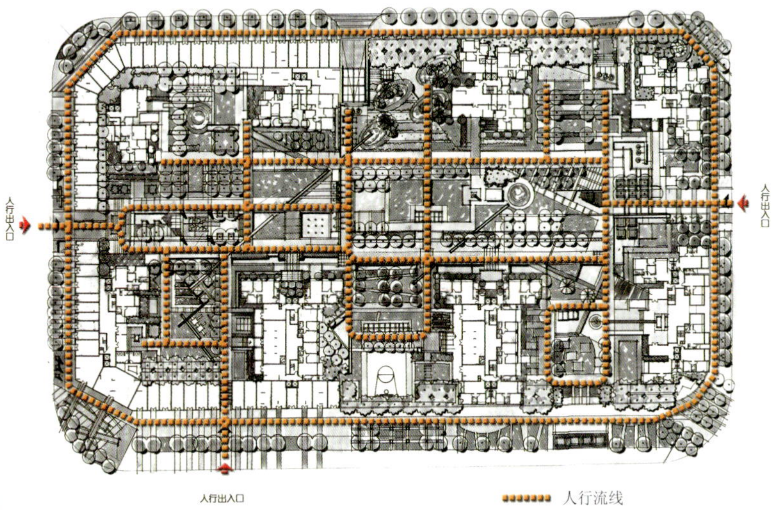

人行分析图

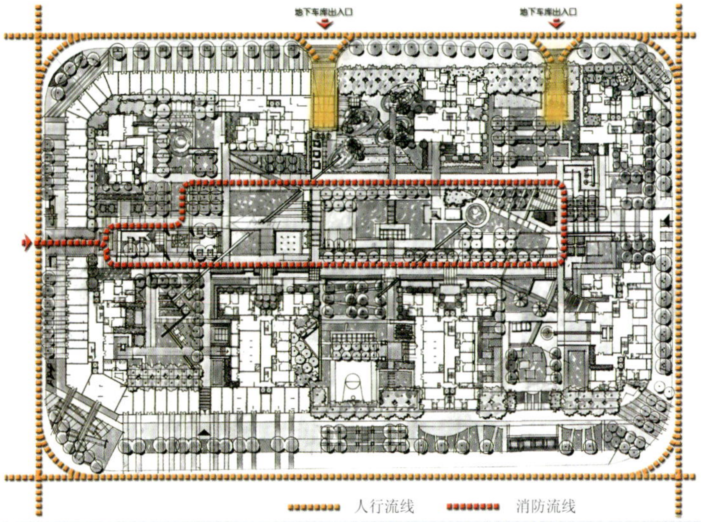

消防，车行分析图

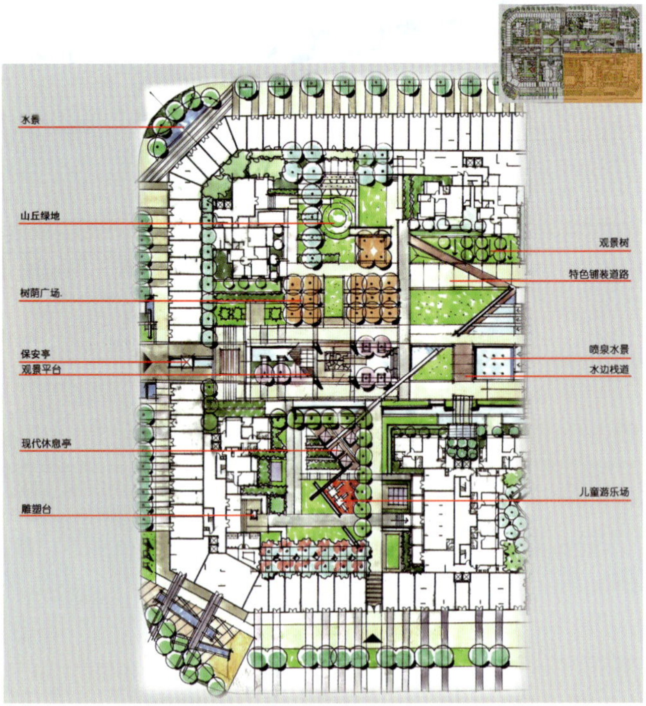

26地块平面详图一

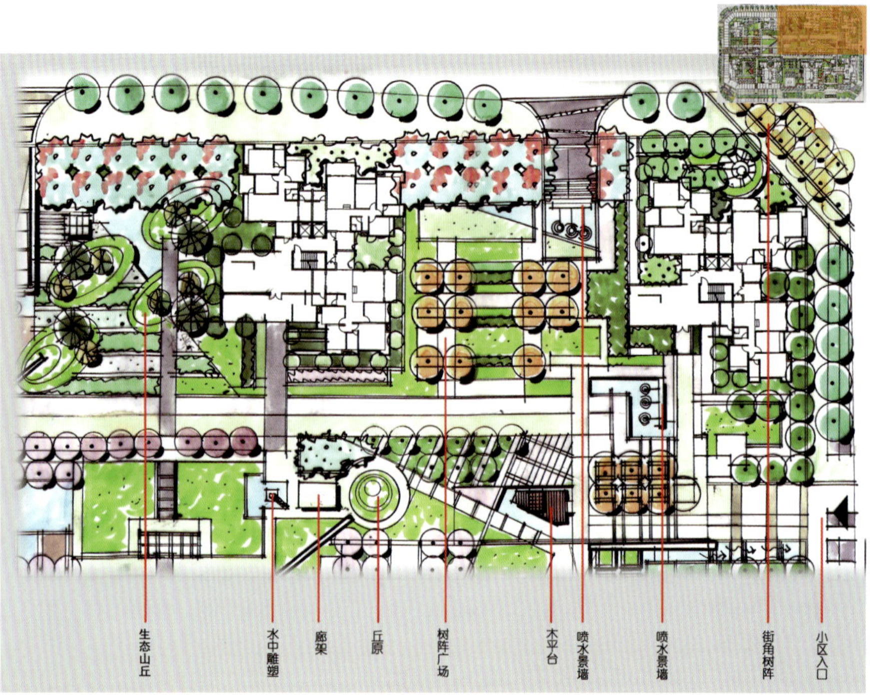

26地块平面详图二

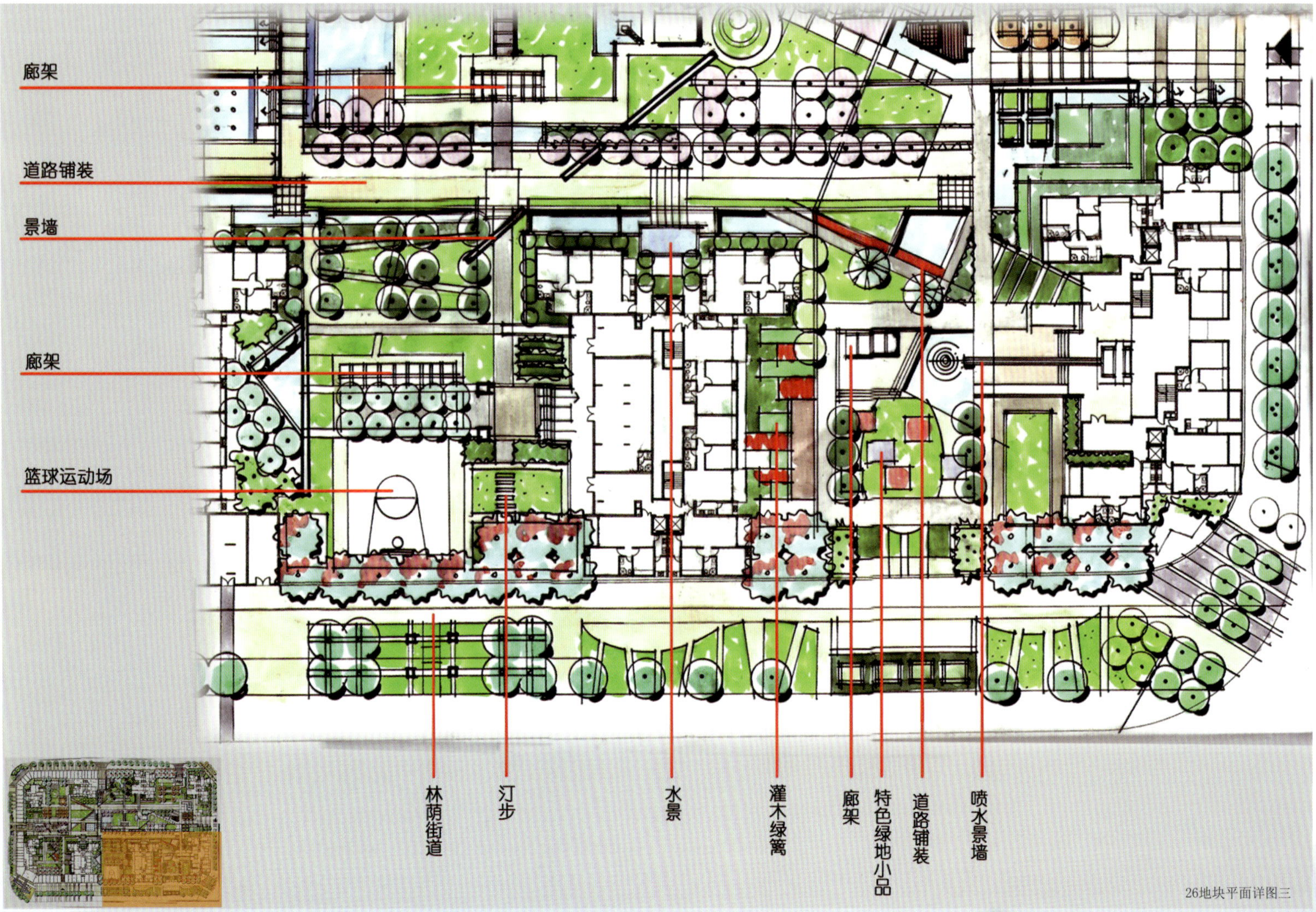

26地块平面详图三

26地块局部效果图一

26地块局部效果图二

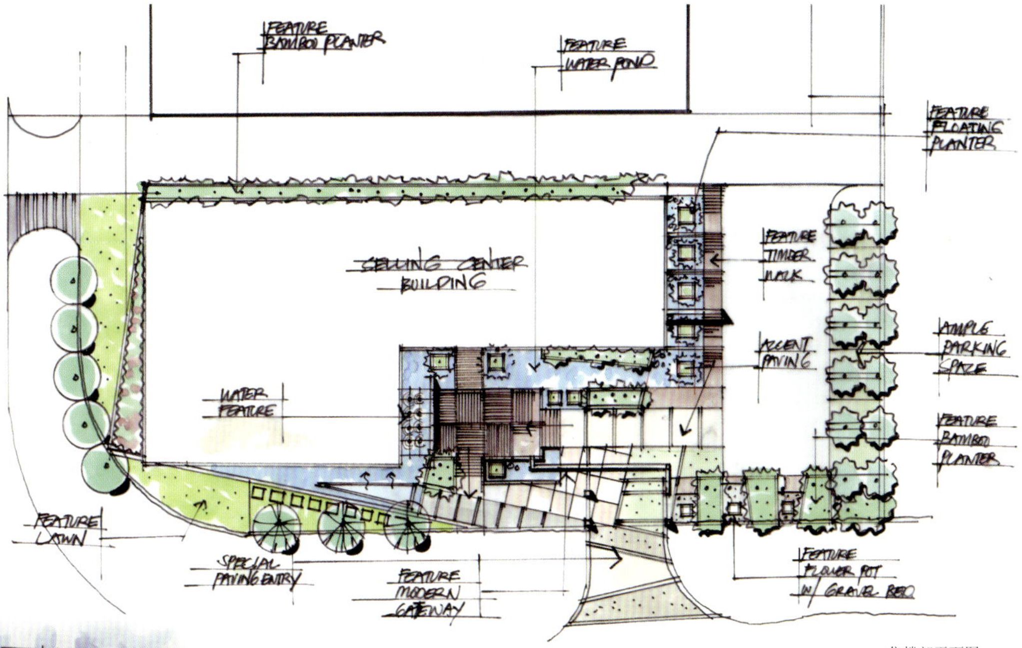

售楼部平面图

售楼部鸟瞰图

达州市军分区“凰城1号”

本地块位于达州通川区，北依凤凰山，南临朝阳东路（原军分区所在地）。本项目是达州老城中心的封闭式花园小区，由7栋住宅、社区配套商业和占地约6666.67㎡的山体公园组成，地势高差相对较大，最低点到最高点垂直高差近40m，其中有两个山头，规划有一条市政道路从小区内穿过，将该地块划分成三个部分，在建筑设计时运用“高层低密度”的设计理念，通过对原生地貌的充分尊重，形成了三级景观台地、大中庭、特色坡地景观及较多的绿化空间。

达州城因其著名的凤凰山而又称为凤凰城，“凰城1号”北依凤凰山，“九凤朝阳”——人理应诗意地栖居于“有家更有园”的理想环境中。在“凰城1号”的环境景观设计中，我们设想将人与自然的交流体现在山林、台地与庭园之间，打造出“九凤朝阳，有家更有园”的市中心人文精英社区。园区绿化的基本构想以唯美主义为原则，追求自然和谐的风格，用“主题庭院”和“区”的形式，从手法、主题、内涵、用材等元素中导入专业的景观设计理念，结合三级景观台地的地形条件和独特的凤凰文化而展开。

主要景观：
01. 小区主入口
02. 街头水景
03. 景观大树
04. 商业风情
05. 跌水景观
06. 特色铺装
07. 如水之门
08. 百鸟朝凤
09. 水纳天地
10. 银河叠瀑
11. 泰式景亭
12. 九凤朝阳
13. 成人泳池
14. 按摩池
15. 儿童戏水池
16. 饮水思源
17. 枯山水
18. 游戏沙坑
19. 朽木可雕
20. 黄桷古树
21. 游戏天地
22. 儿童活动空间
23. 生命加油站
24. 篮球场
25. 乒乓场
26. 羽毛球场
27. 晨跑小径
28. 凤凰古亭
29. 特色构架
30. 网球场

总平面图

鸟瞰效果图

木园（宅间组团绿化）
主要包括饮水思源、朽木可雕二个景观
土园（山体运动公园）
主要包括凤凰古亭、各类球场、老年人健身场所及儿童活动空间
水园（中心广场景观）
主要包括如水之门、百鸟朝凤、水纳天地、银河叠瀑、九凤朝阳、景观游泳池等景观
火园（主入口景观）
主要包括七水喷泉、序列跌水二个景观
金园（商业风情街）
主要包括街头水景、商业风情街等景观

景观结构分析图

交通分析图

管理模式分析图

视线及消防分析图

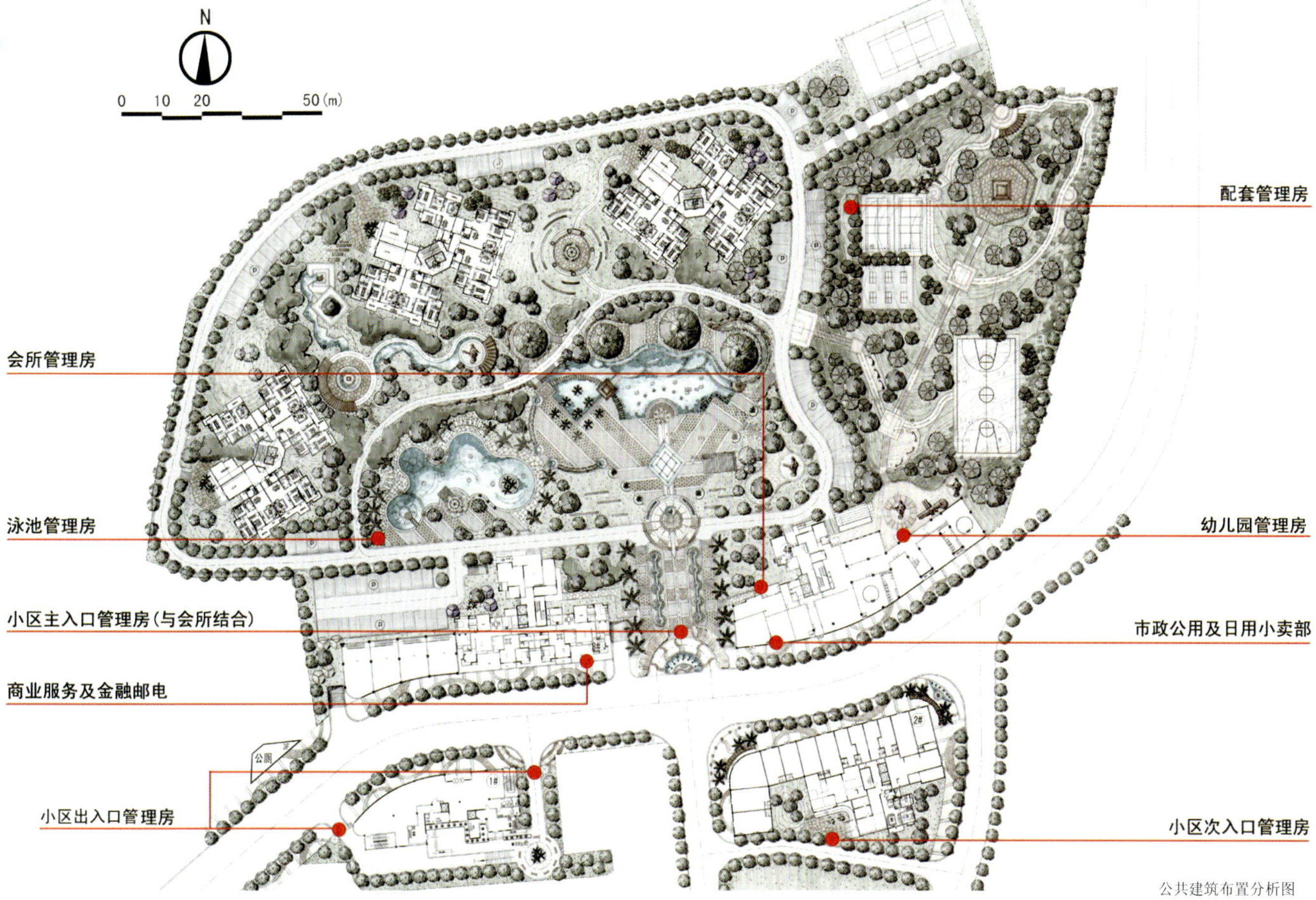

公共建筑布置分析图

景观分布图

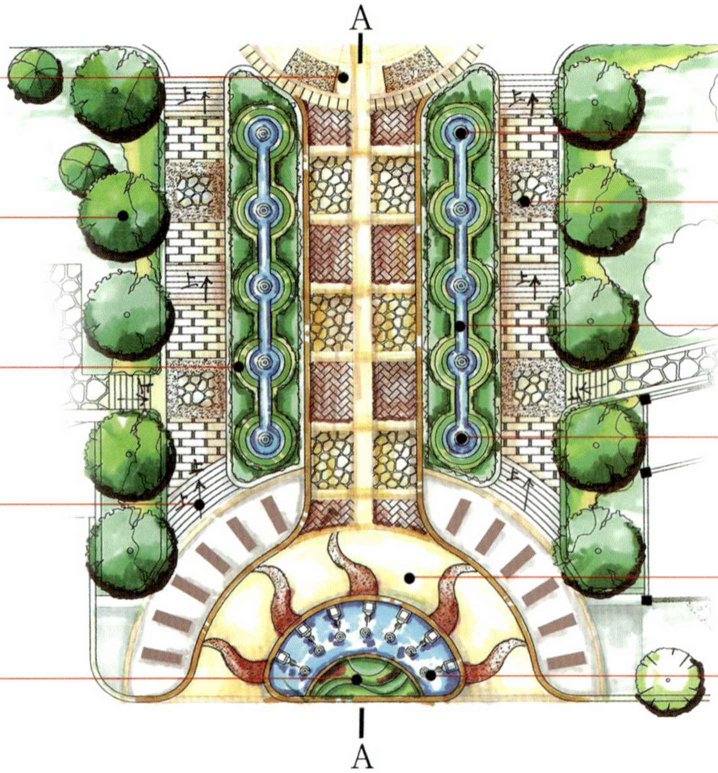

平面效果图

意向景观图

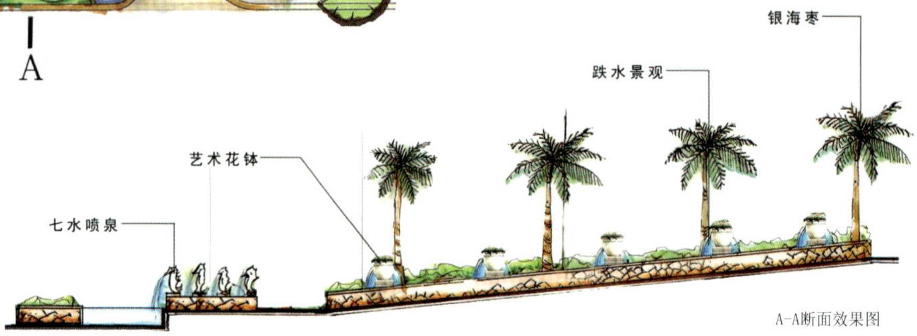

A-A断面效果图

主入口景观分析图

商业街景观分析图

商业街景景观效果图一

商业街景景观效果图二

如水之门及百鸟朝凤景观分析图

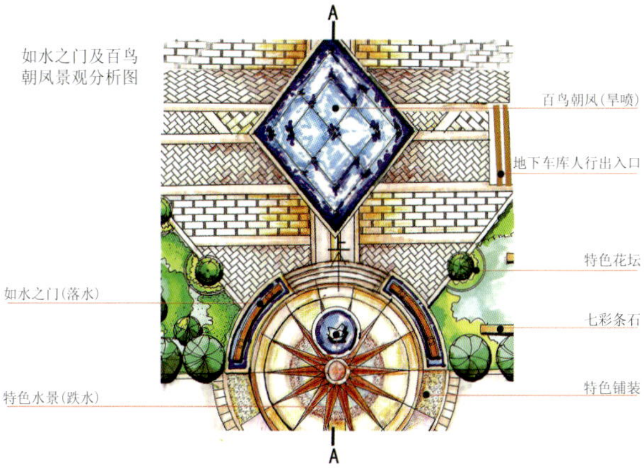

如水之门景观效果图

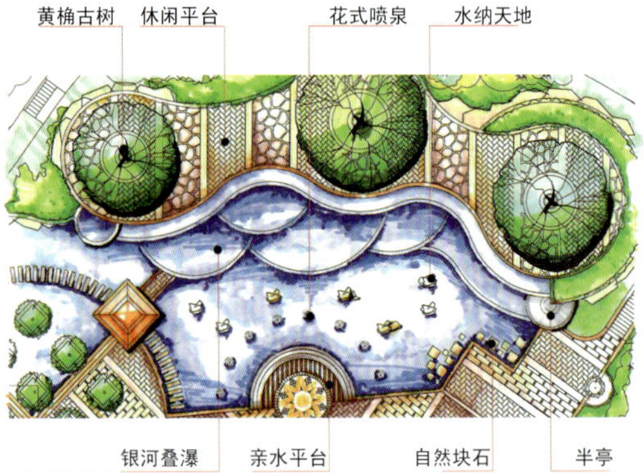

平面效果图

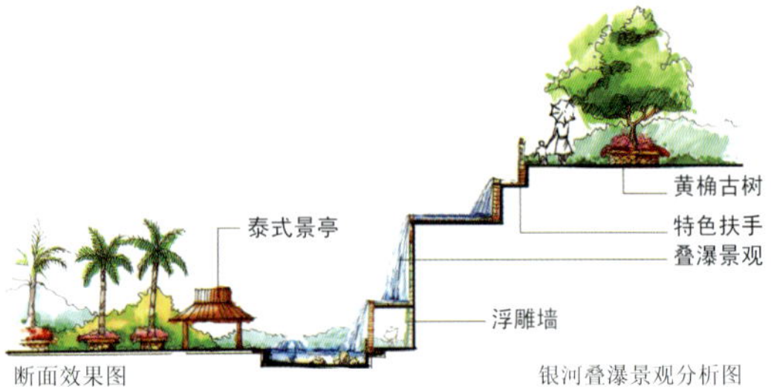

断面效果图

银河叠瀑景观分析图

银河叠瀑景观效果图

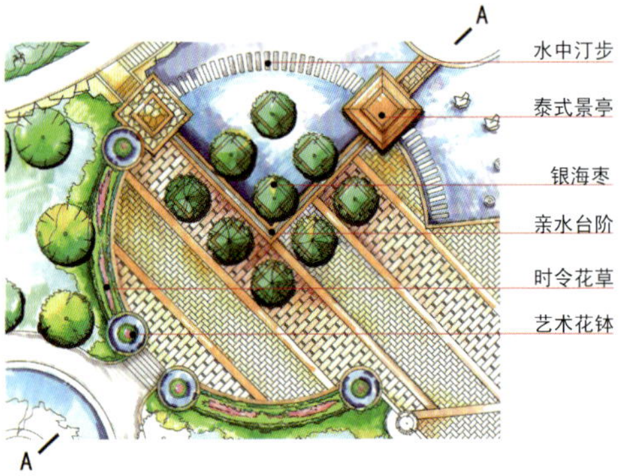

平面效果图

A-A断面效果

九风朝阳景观分析图

九风朝阳景观效果图

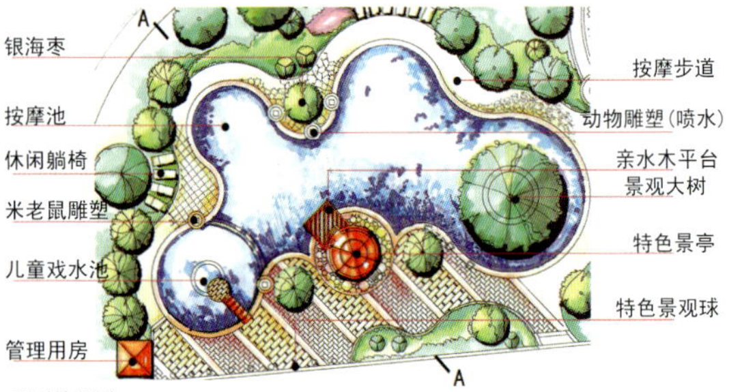

平面效果图

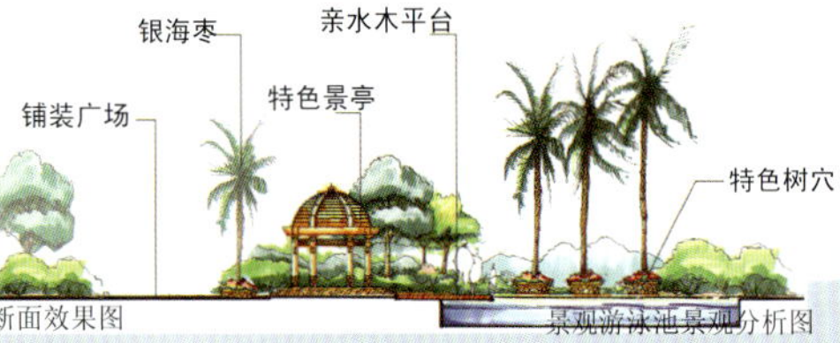

A-A断面效果图

景观游泳池景观分析图

景观游泳池景观效果图

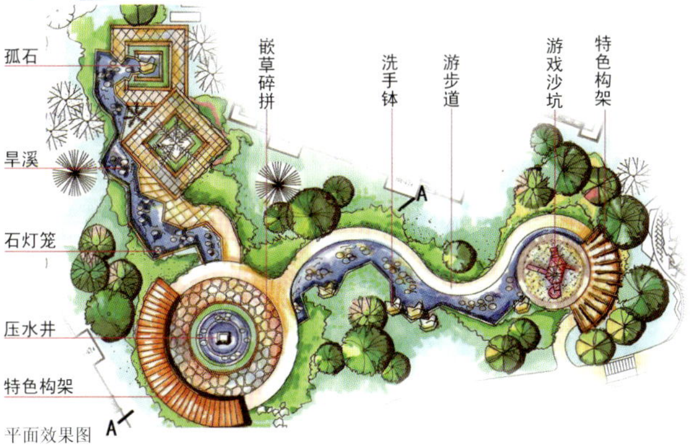

平面效果图

A-A断面效果图

饮水思源景观分析图

饮水思源景观效果图

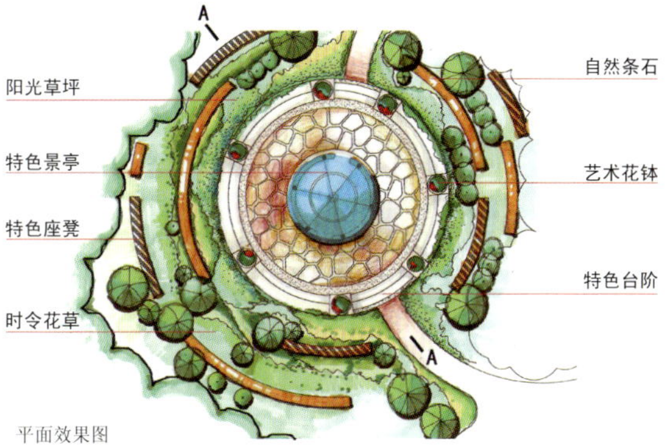

平面效果图

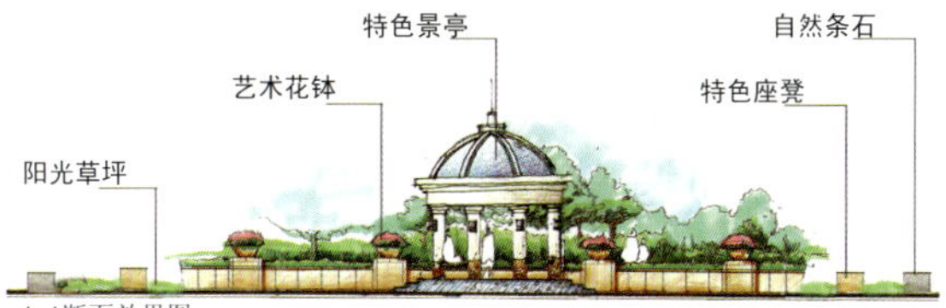

A A断面效果图

朽木可雕景观分析图

朽木可雕景观效果图

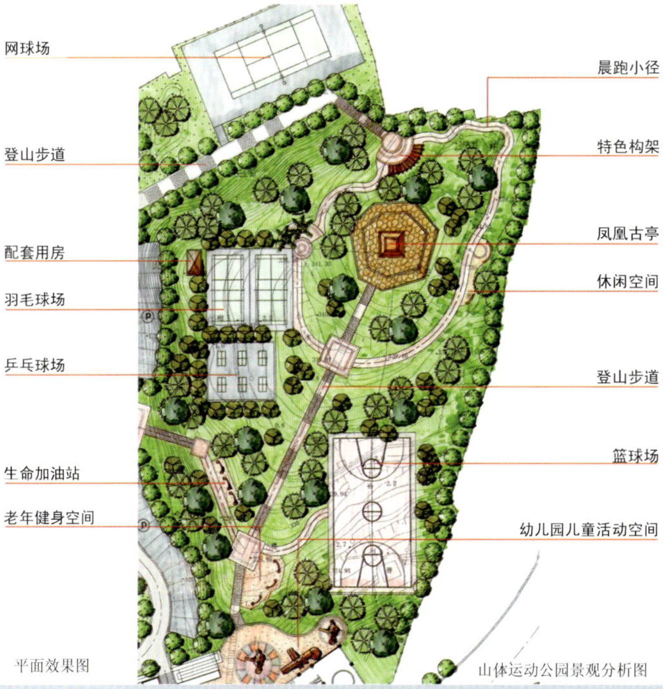

平面效果图

山体运动公园景观分析图

山体运动公园景观效果图

树穴、花坛景观意向图

园路、铺装景观意向图

水景景观意向图

杭州市桐庐县春江燕语小区

春江燕语位于桐庐县美丽的富春江北岸，距桐庐县中心仅7.5km，在交通便捷的320国道西南侧，总面积13万多平方米，建筑面积约7万余平方米。小区集别墅、Hasa亚墅等于一体，配套农庄、游艇，目标是打造精致的住宅生活区。

小区内外山清水秀，景色秀丽，西为绿色山林茶园，北靠320国道30m景观带。东南两侧可以俯瞰山水长卷富春江，小区中心偏南是山谷汇集而成的山泉水塘，面向西南是一条绿色葱葱的林地。所有的一切都是大自然的馈赠，丝毫没有人工做作的痕迹。

基地中公共景观主要集中在高层中心、别墅区中心水景、滨江公共绿带三个景观带。

高层中心以规则的几何形为构图的主要要素，将几个景观节点穿插在三条交叉的轴线之间，强调其高层的俯瞰景观效果。

别墅区中心水景，由于建筑密度过高，无法设置公共活动空间，因此主要以自然的水景为主，满足散步等活动时的观赏效果。

滨江公共绿带，有限的公共活动空间促使我们将人的活动主要集中在滨江公共绿带中，设置大量健身器材、观景设施等。

总平面图

景观结构分析图

道路结构分析图

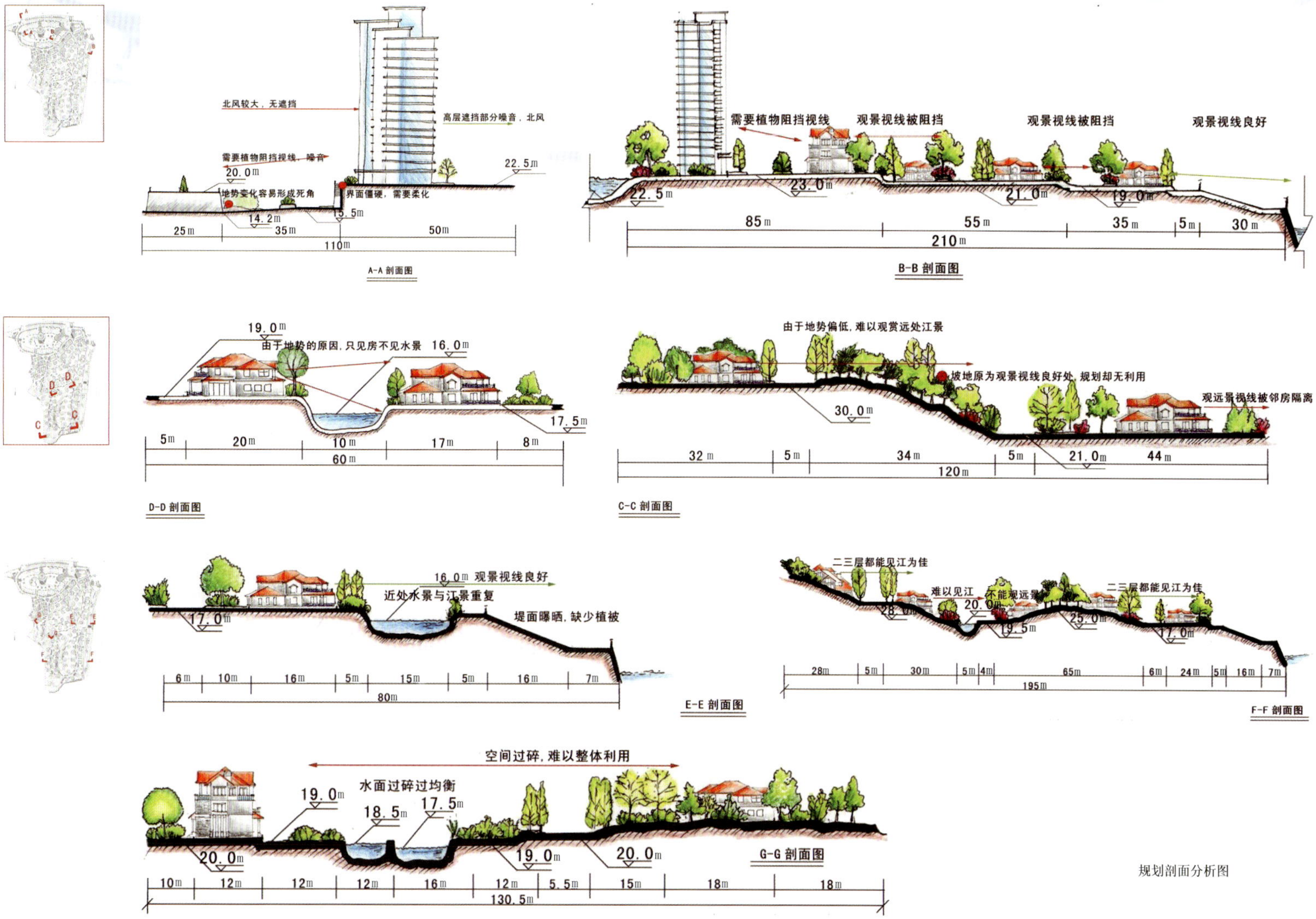

规划剖面分析图

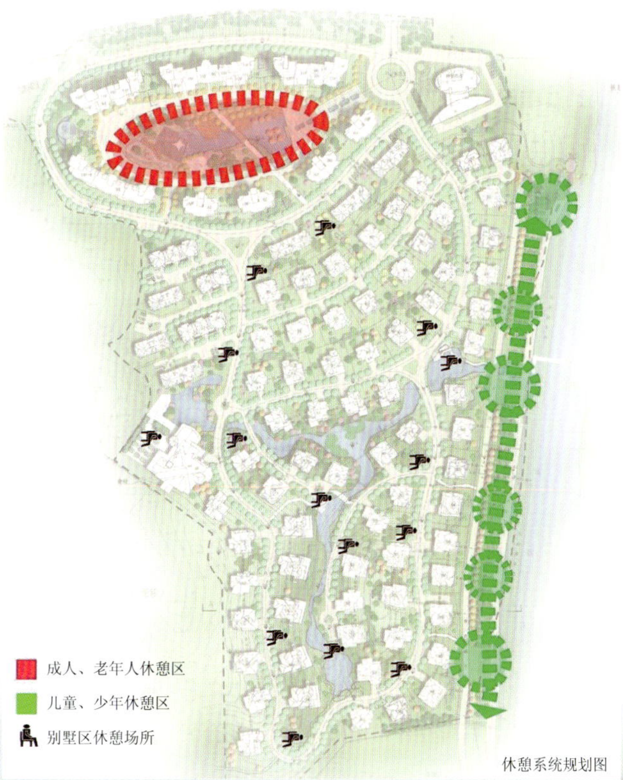

休憩系统规划图

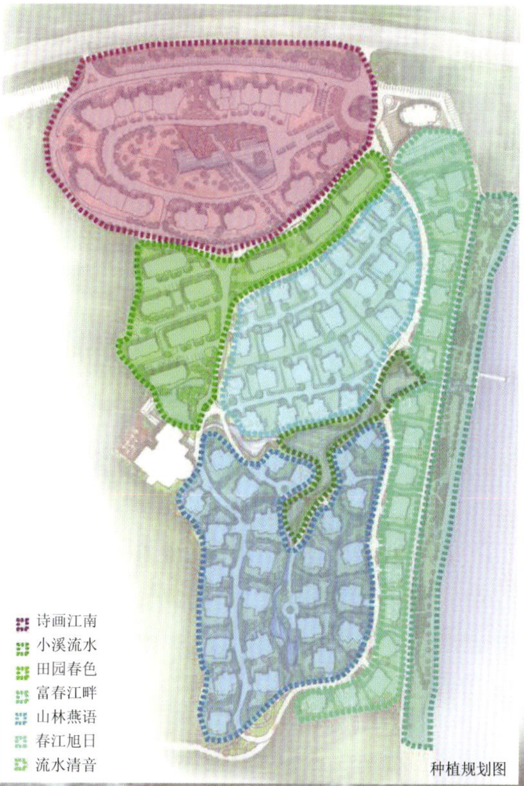

种植规划图

高层中心景观图

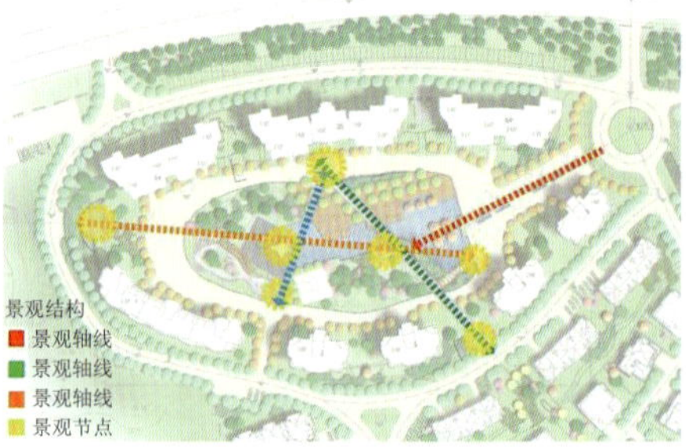

会所泳池景观图

D-D会所泳池剖面

中心水景景观图

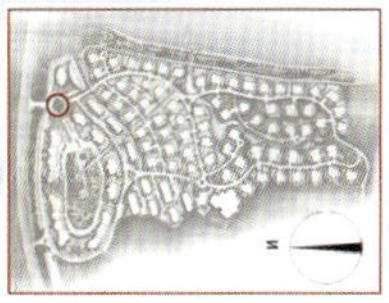

入口节点设计图

A. 中心绿岛
B. 入口标识
C. 树阵水池
D. 台阶广场
E. 停车场

树阵水池剖面图

中心绿岛剖面图

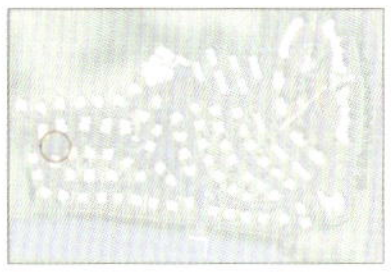

A. 出水口
B. 休息平台
C. 自然岛
D. 木栈道
E. 防护林
F. 沙场

出水口节点设计图

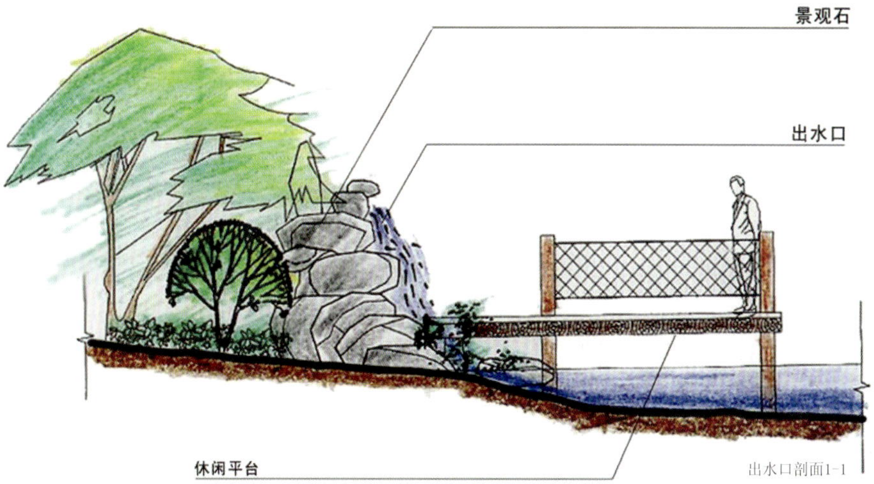

出水口剖面1-1

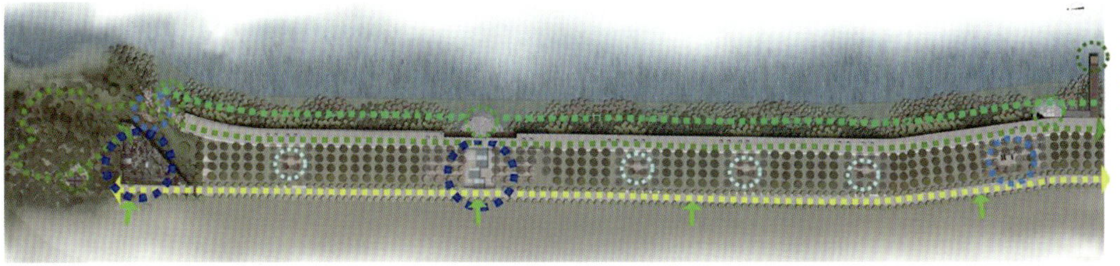

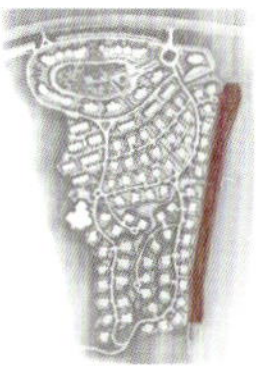

滨江景观结构分析图

合肥市翰城国际新城

本项目力求创造一个基于未来生活发展模式的高素质新时代住宅小区。在经过现场的实地考察，深入了解当地开发理念的基础上，对场地、户型、环境和立面造型的深入研究，设计出符合当地市场需求的商住楼群，将是一马当先，引领潮流的优秀居住精品，在城市建设和人居环境方面做出重大的贡献。

本方案以营造湖滨景观为主体，结合建筑群体、水网绿化、开拓整个社区的艺术空间，产生高低错落起伏有致、有主有次和疏密相间的和谐韵律。充分考虑绿化配置，软化人工建筑环境，通过屋顶花园、入户花园、私家花园，在建筑和环境之间产生了以水面、地面、山体、天面、阳台等所共同组成的“立体绿化”，达到建筑与生态环境的整合，进一步营造“住在山水中，人在乐韵中”的景象，满足人们回归自然的渴望。本方案在园林的规划设计中，让建筑群体围成园，以水为襟带联系整个社区的各种空间的自然生态资源，营造高品位的人居环境。以水、建筑、小品及植物景观、山体景观复杂的穿插、渗透，映衬组合，充盈着阳光的居住空间。本方案中，致力于营造尽可能多的近人尺度的灰空间，设置两级的亲水绿化带，结合优美的水面、浓郁的树木，展现适宜人的居住环境。景观小空间的创造，为整个园林空间序列的关系创造了一个又一个的视觉高潮，给住户的视觉感官带来一定的兴奋度。

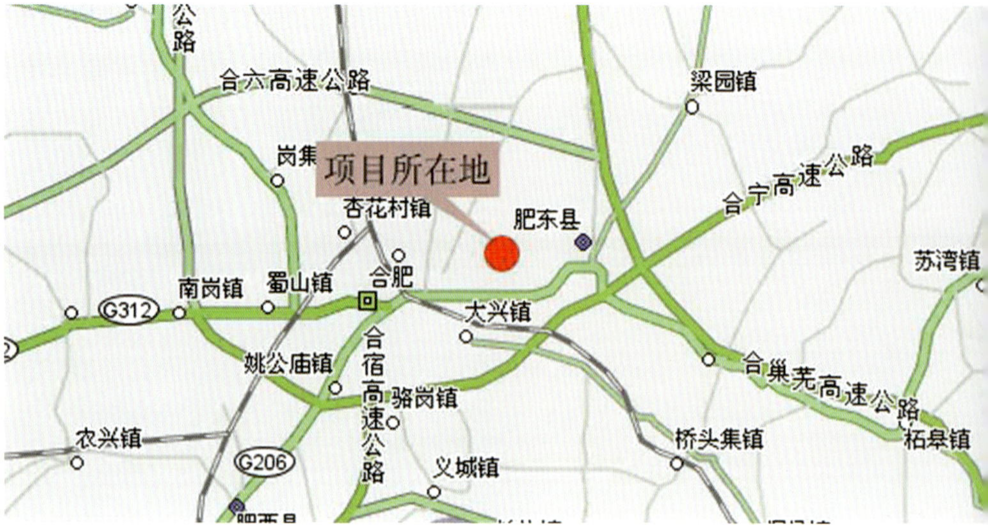

总平面图

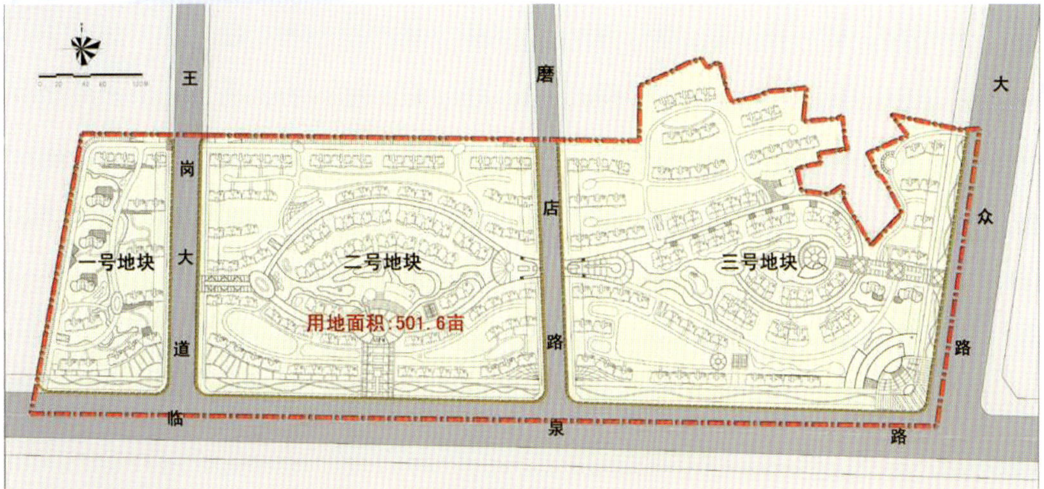

地块分析示意图

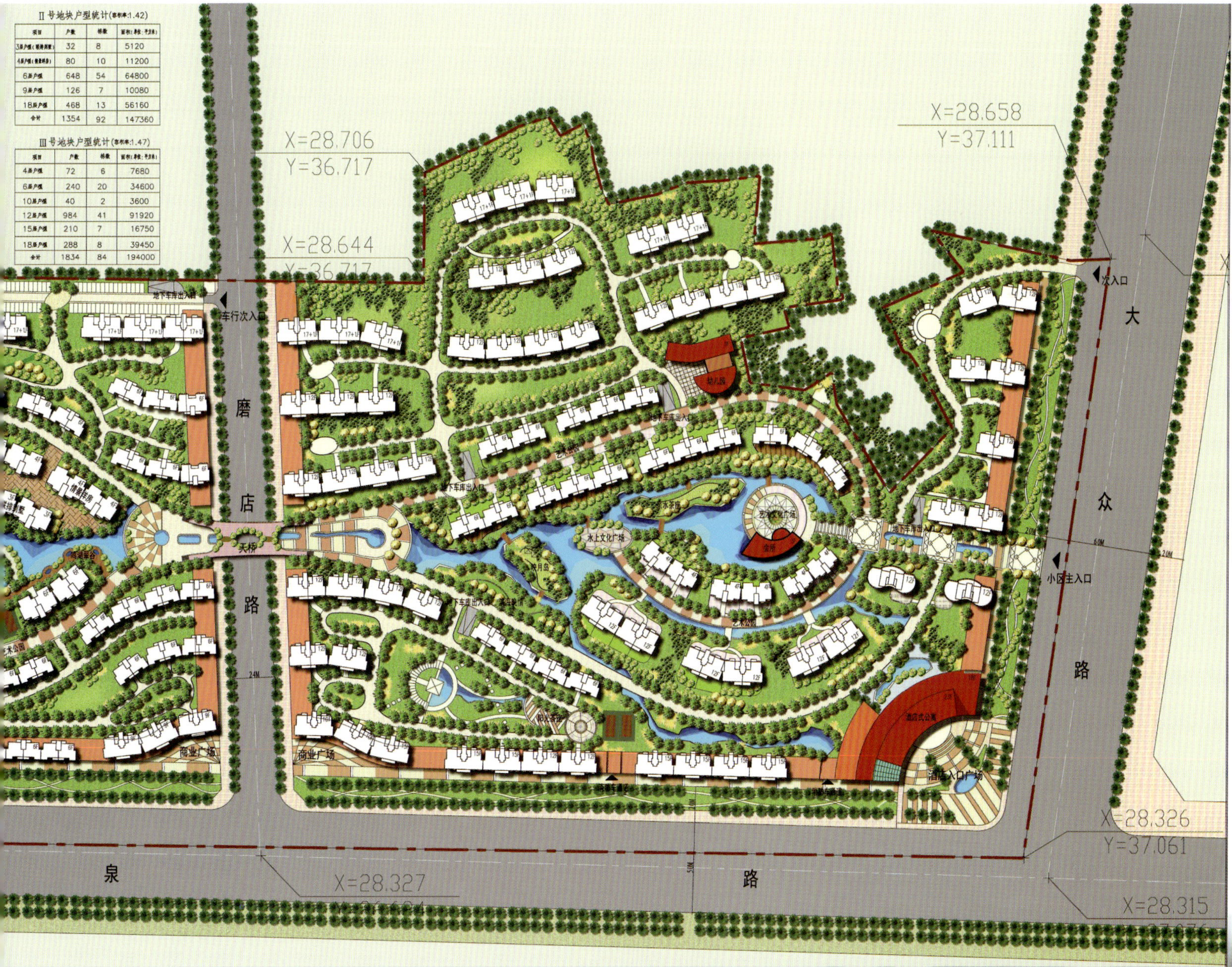

II号地块户型统计(容积率:1.42)

项目	户数	栋数	面积(单位:平方米)
3层户型(联排别墅)	32	8	5120
4层户型(叠拼别墅)	80	10	11200
6层户型	648	54	64800
9层户型	126	7	10080
18层户型	468	13	56160
合计	1354	92	147360

III号地块户型统计(容积率:1.47)

项目	户数	栋数	面积(单位:平方米)
4层户型	72	6	7680
6层户型	240	20	34600
10层户型	40	2	3600
12层户型	984	41	91920
15层户型	210	7	16750
18层户型	288	8	39450
合计	1834	84	194000

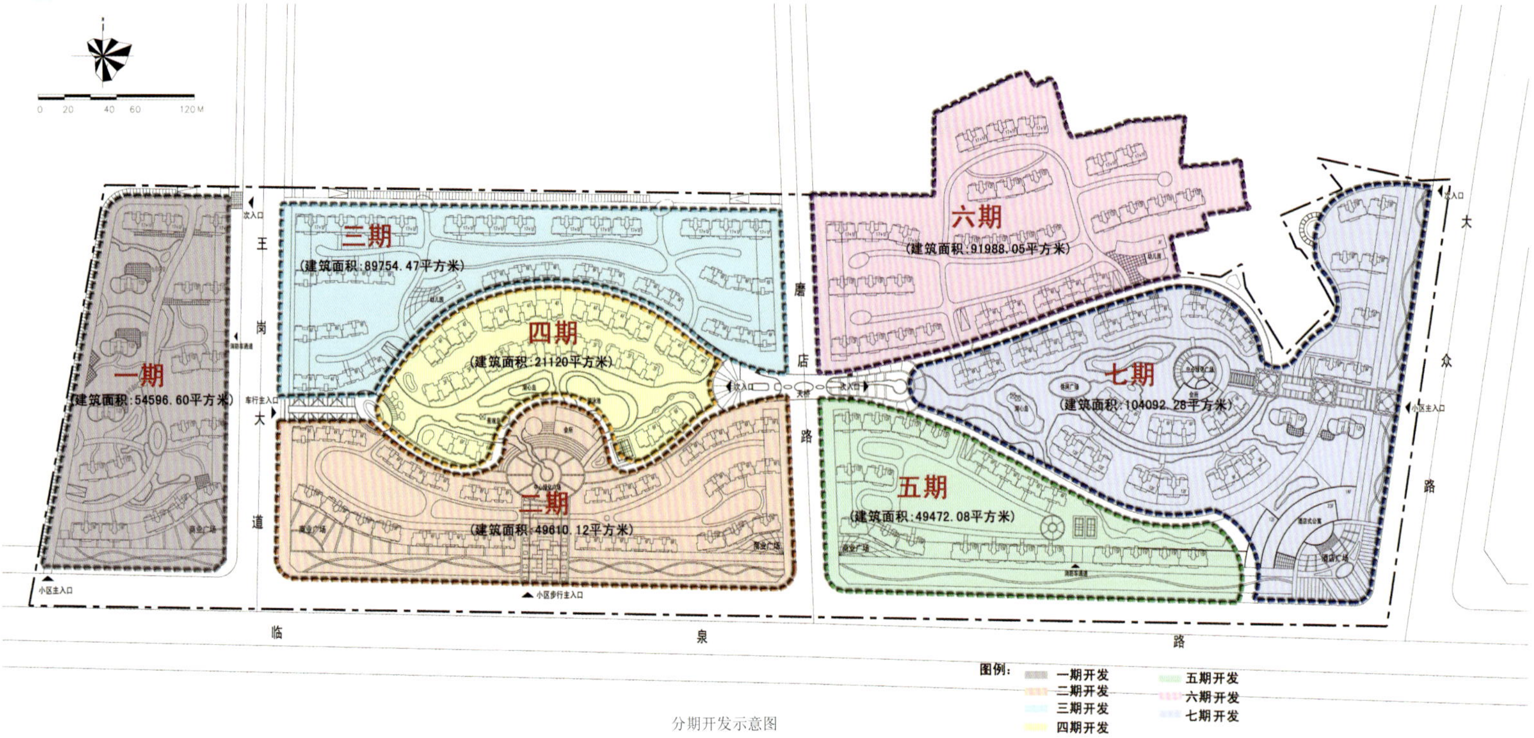

分期开发示意图

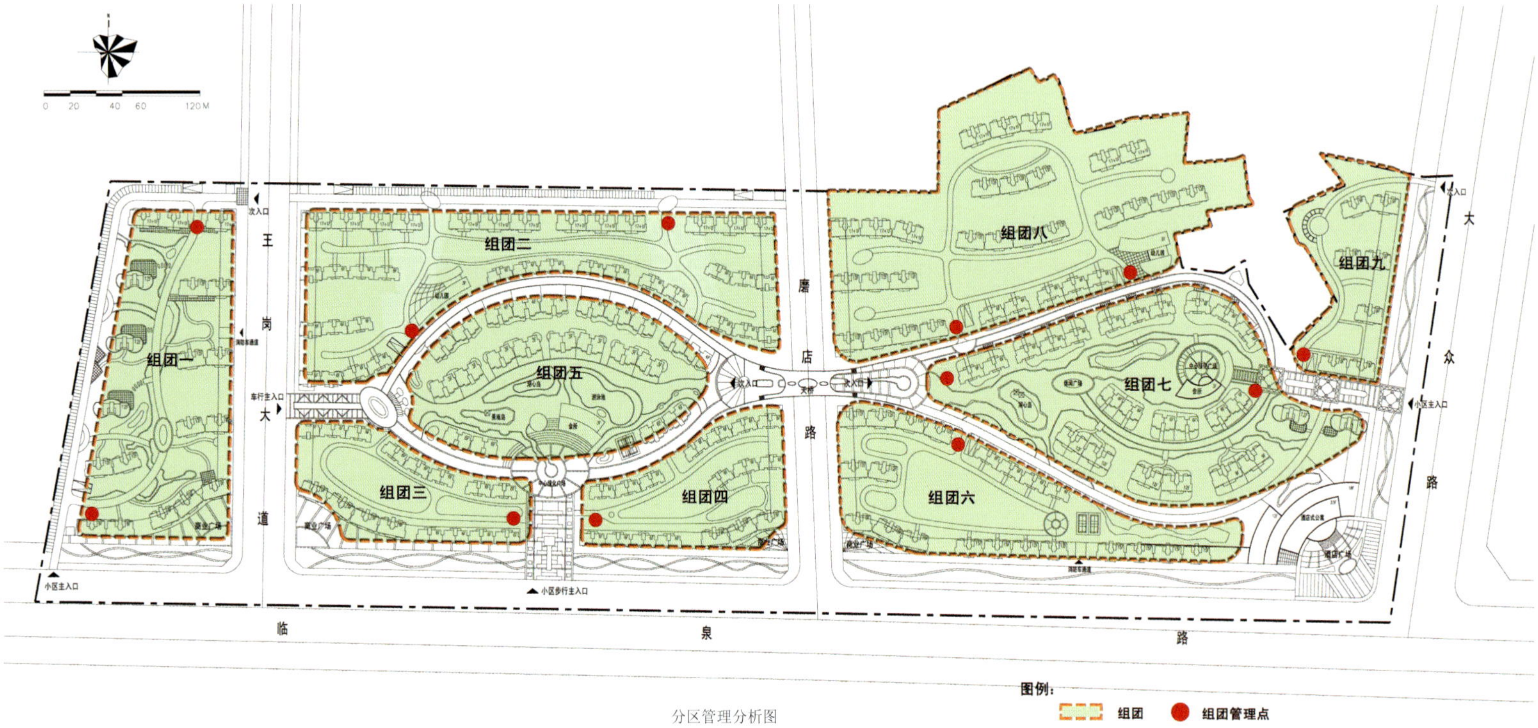

分区管理分析图

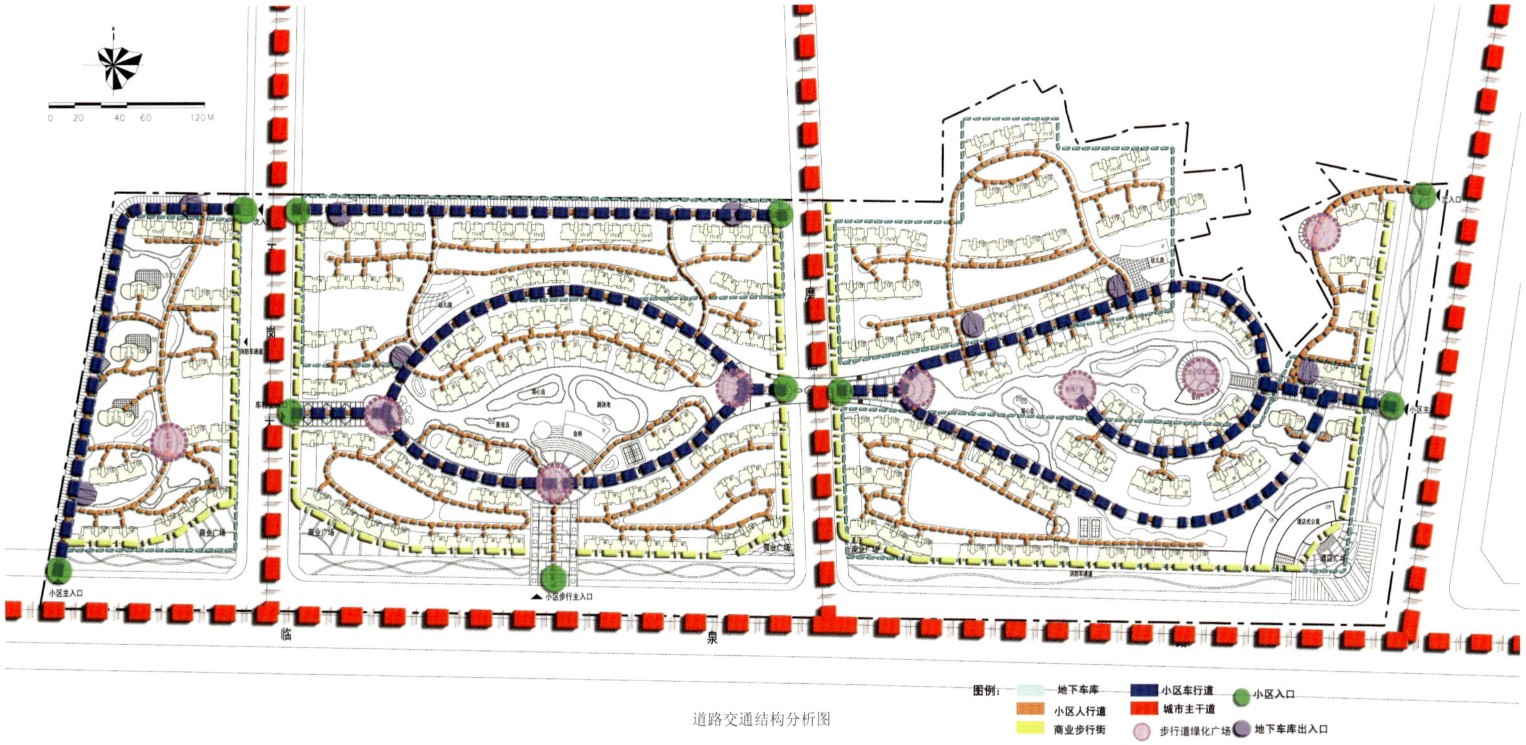

道路交通结构分析图

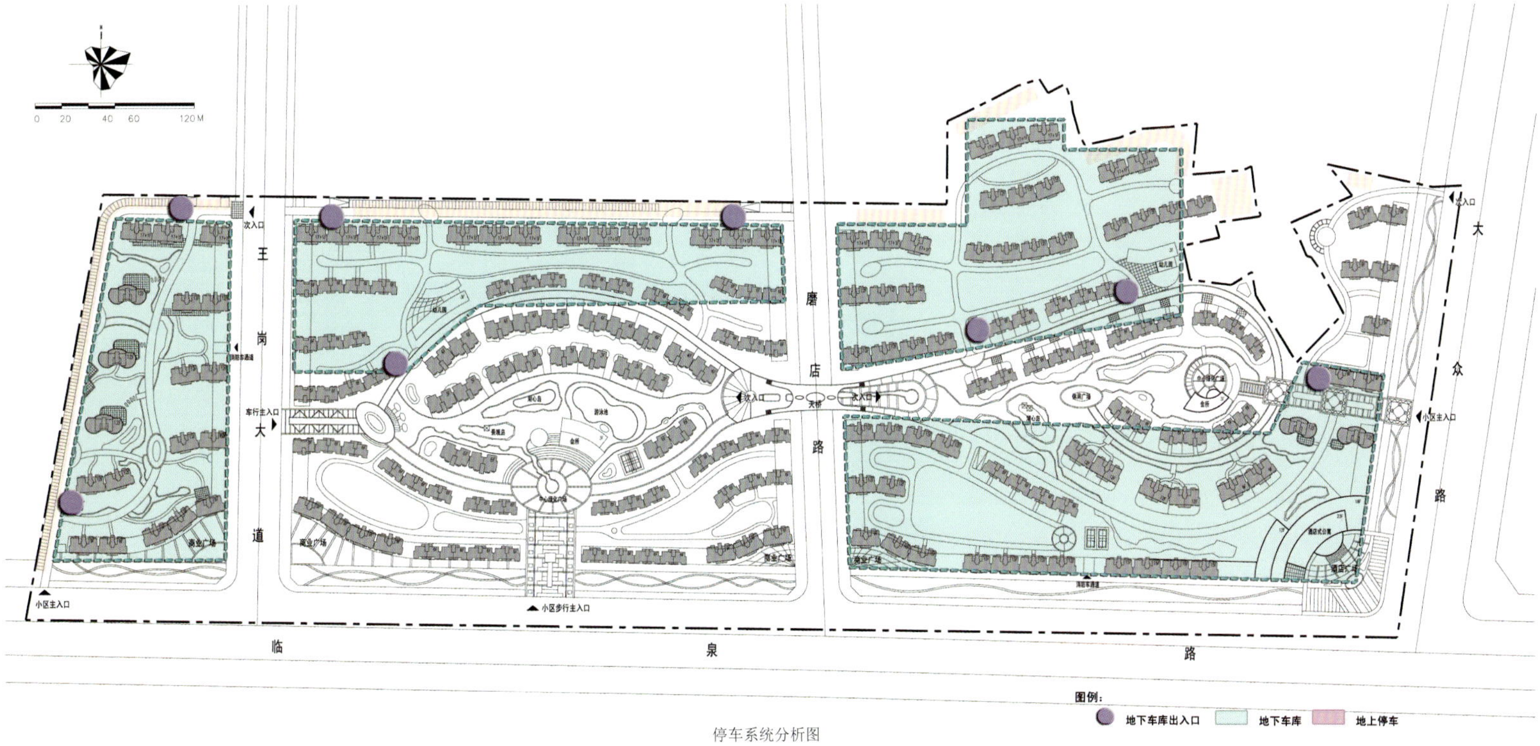

停车系统分析图

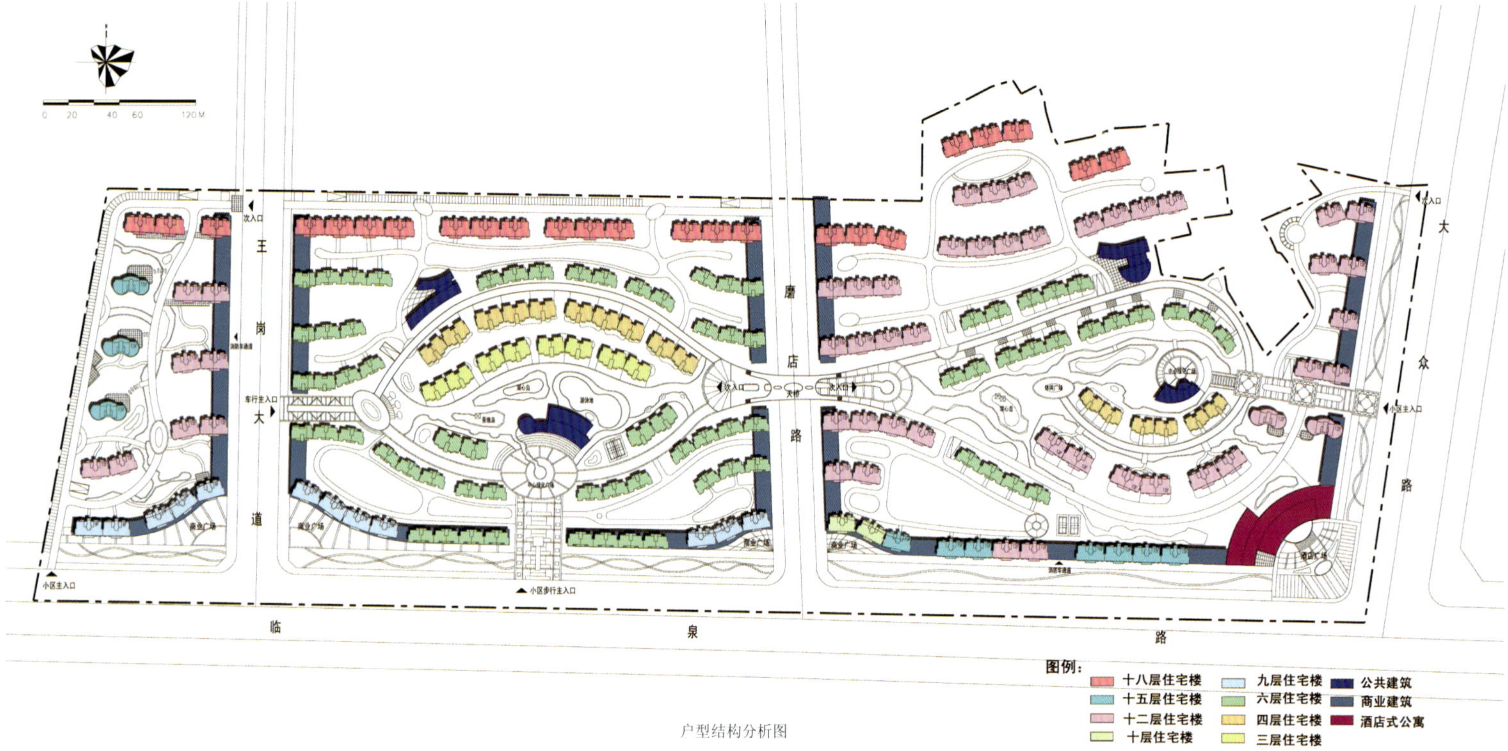

户型结构分析图

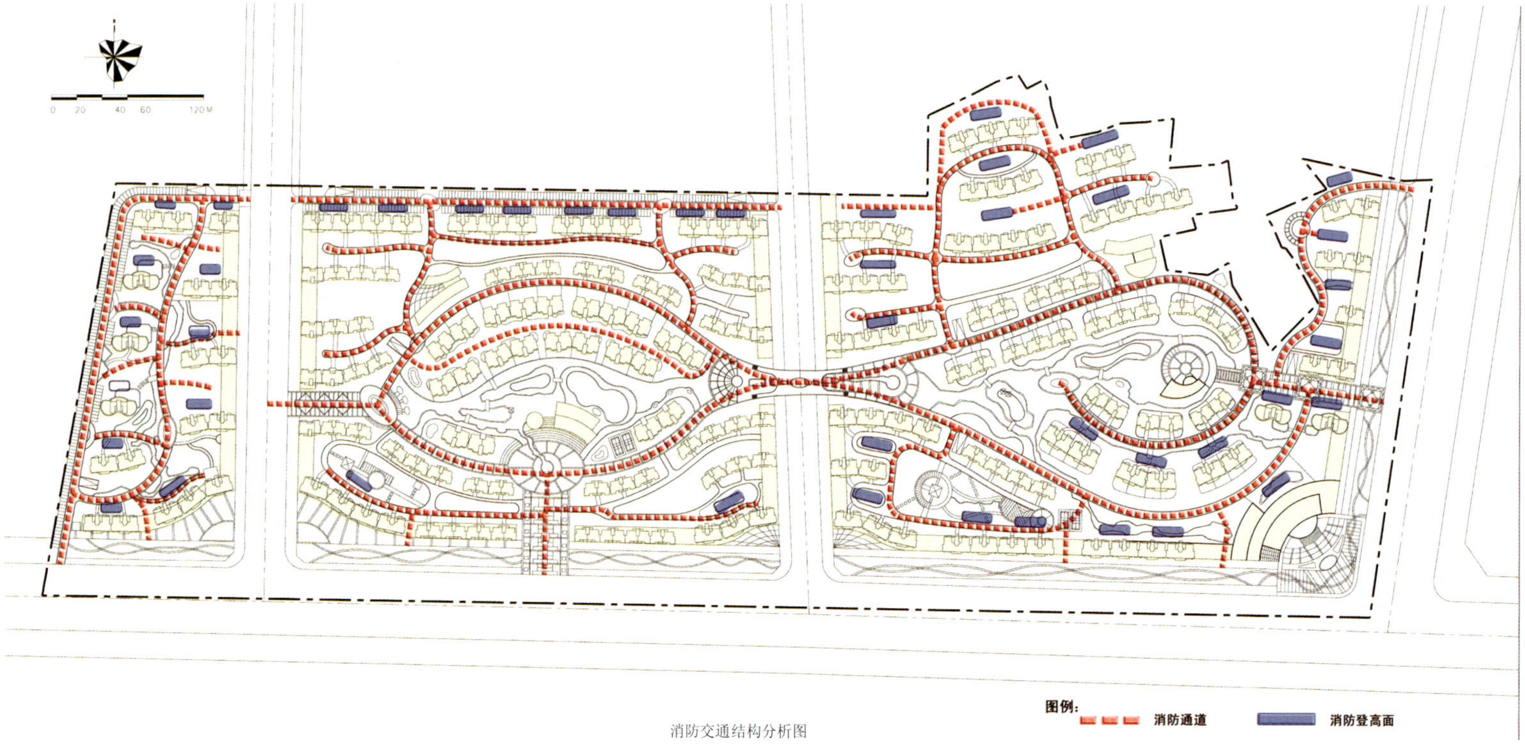

消防交通结构分析图

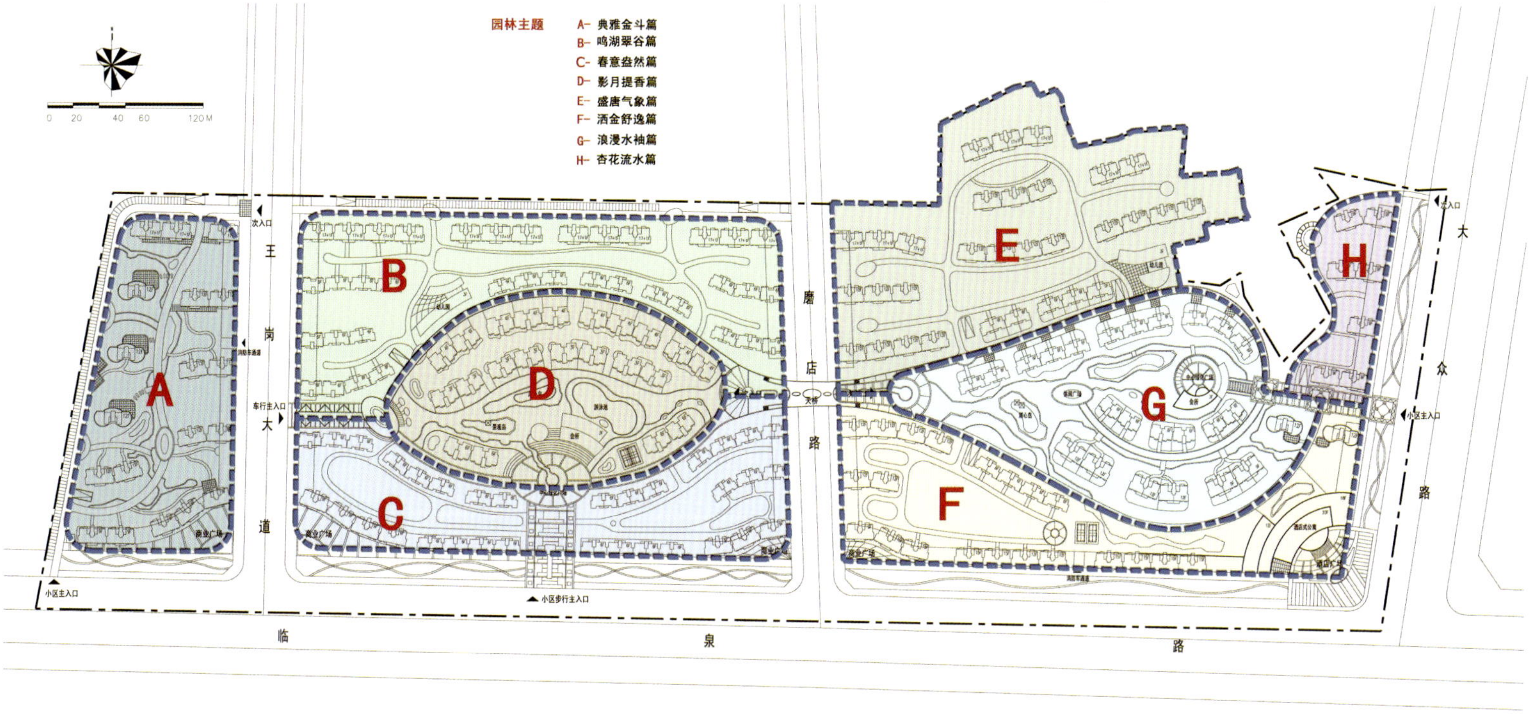

园林景观主题示意图

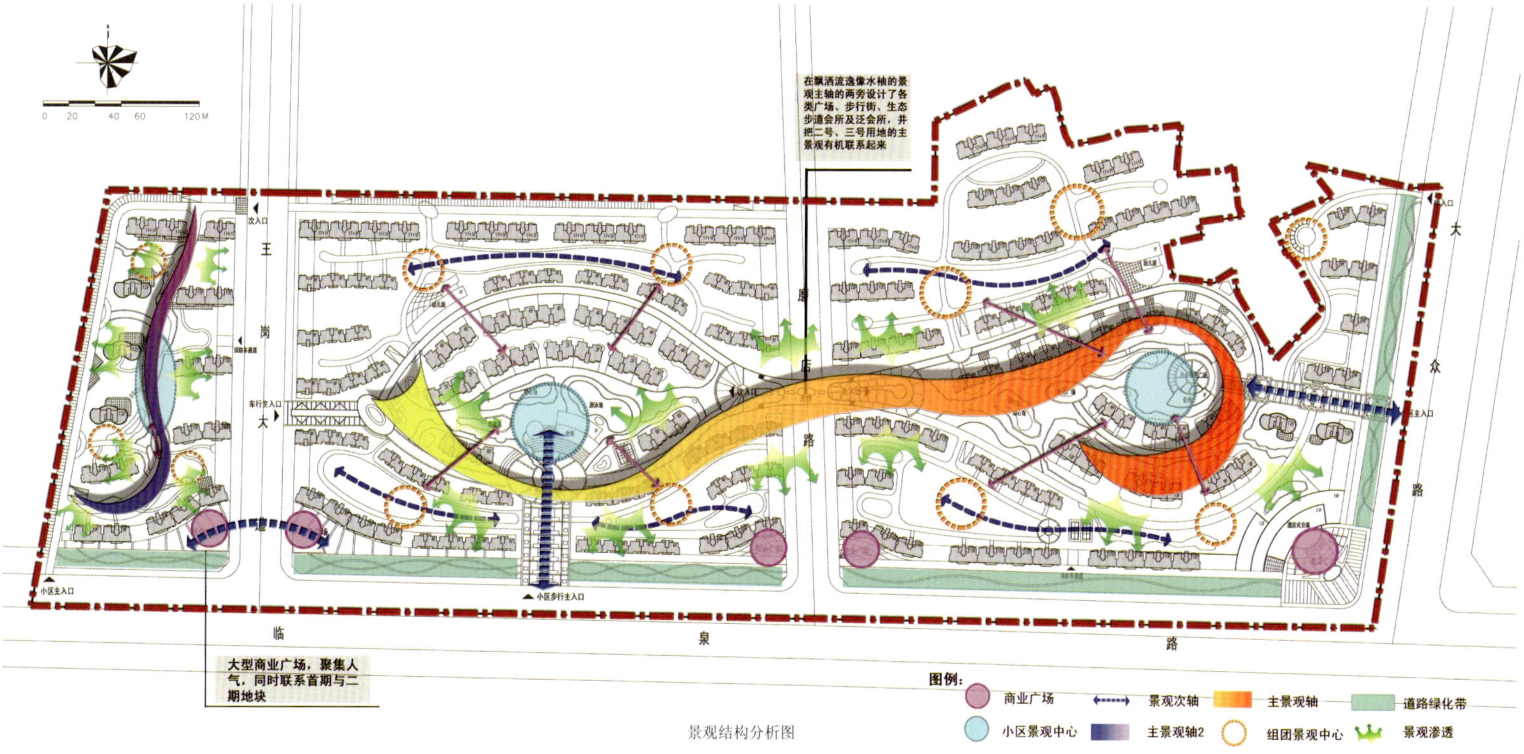

景观结构分析图

1. 流水年轮
2. 文艺水岸
3. 动感水带
4. 流金水月
5. 儿童趣味器械乐园
6. 泛舟游艇
7. 艺术公园
8. 希腊岛
9. 爱琴岛
10. 地中海风情街
11. 游泳池
12. 羽毛球场
13. 鸣湖翠谷
14. 滨海晚情
15. 映月岛
16. 水上文化广场
17. 亲水茶座
18. 艺术文化广场
19. 艺术公园（C区）
20. 阳光茶座
21. 商业酒店
22. 趣味小园
23. 入口艺术广场
24. 休憩台
25. 活动草地
26. 炫舞广场
27. 生态林地
28. 山涧步道
29. 童戏园
30. 休闲绿地
31. 望远台
32. 天桥
33. 水清叠影
34. 中心绿化广场
0 20 40 60 120M
X=28.653
Y=36.078
次入口
王岗大道
车行主入口
商业广场
中心绿化广场
小区主入口
小区步行主入口
临泉
X=28.336

景点主题示意图

X=28.706
Y=36.717
X=28.644
X=28.658
Y=37.111
磨
店
路
大
众
路
路
次入口
次入口
小区主入口
商业广场
酒店入口广场
会所
天桥
X=28.327
X=28.326
Y=37.061
X=28.315
14
15
16
17
18
19
20
21
22
23
24
25
31
32

景观节点分析图

X=28.706
Y=36.717
X=28.644
组团绿地
次入口
小区主入口
大
众
路
路
STARBUCKS COFFEE

嘉兴市紫金凰庭

规划地块位于嘉兴市经济开发区，东至仁德路，南至同德路，西河岸，北至河岸；用地面积约3.80万㎡。

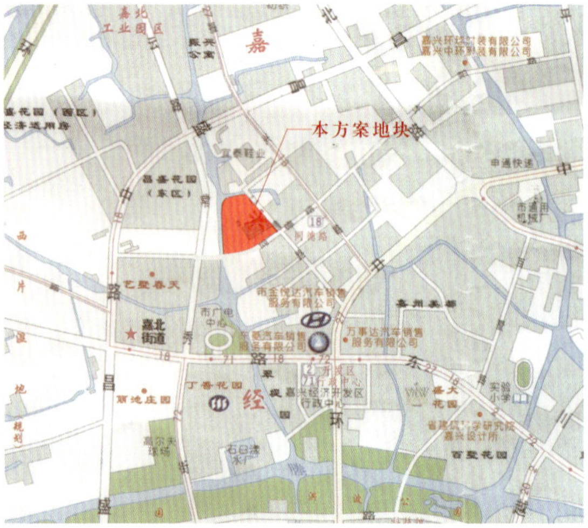

规划思想：有力结合现状和地形，合理有序的进行空间塑造，打造高档的居住小区，营造舒适温馨的居住空间和园林式生态社区。同时构成良好的城市空间形态，形成该区域的标志性建筑群体。

怡人的公共绿地：集中公共绿地的设置，为居住在其中的业主提供了公共聚集场所，设有戏水区，廊架，游乐步道等，为住户提供领域感和归属感；同时形成小区最重要的公共交流空间，同时也形成一个居住空间的灵魂和小区的绿肺。

人性化尺度的庭院空间：人的天性是希望相互认识、自由交往，同时对于小区来讲，安全感，归属感，以及认同感，也非常重要。庭院，以建筑围庭院而建，庭院赖建筑而成的方式，前庭后院的设置，形成一个相对独立的居住空间，也是新时期人们向往的最佳居住空间。

鸟瞰图

主要技术指标

总用地面积:				38098.5m^2
总建筑面积:				85902m^2
其中	地上总建筑面积:			68572m^2
	其中	住宅建筑面积:		64440m^2
		其中	联排建筑面积:	15510m^2
			多层建筑面积:	7490m^2
			高层建筑面积:	41440m^2
		办公建筑面积:		3430m^2
		物业用房建筑面积:		480m^2
		社区用房建筑面积:		222m^2
	地下总建筑面积:			17330m^2
	其中	地下车库面积:		11200m^2
		地下自行车库面积:		1700m^2
		地下室面积:		4430m^2
容积率:				1.8
建筑密度:				26.5%
绿地率:				30%

总平面图

图例：
西侧低层组团
东侧多层组团
北侧高层住宅、办公组团
常
秀
街
同
德
路
组团分析图

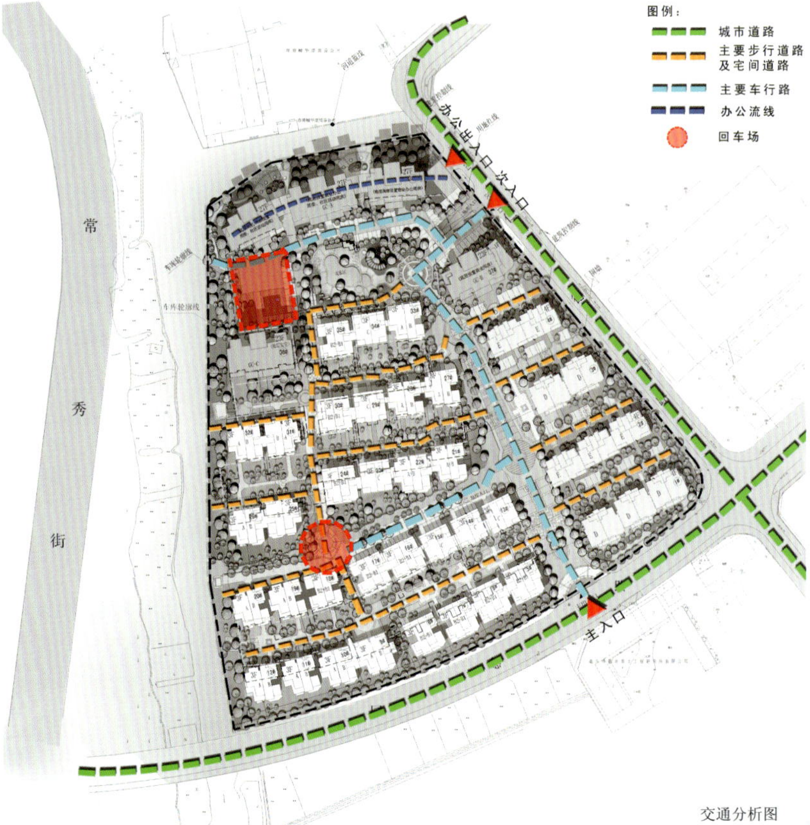
图例：
城市道路
主要步行道路
及宅间道路
主要车行路
办公流线
回车场
办公出入口
次入口
主入口
常
秀
街
交通分析图

景观分析图

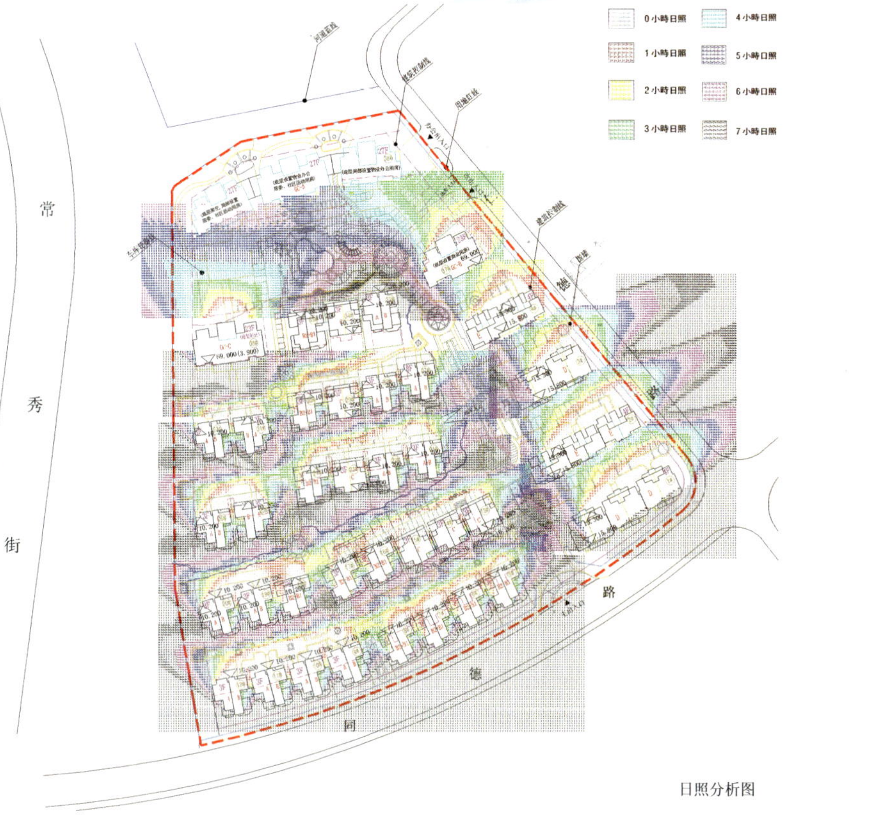

日照分析图

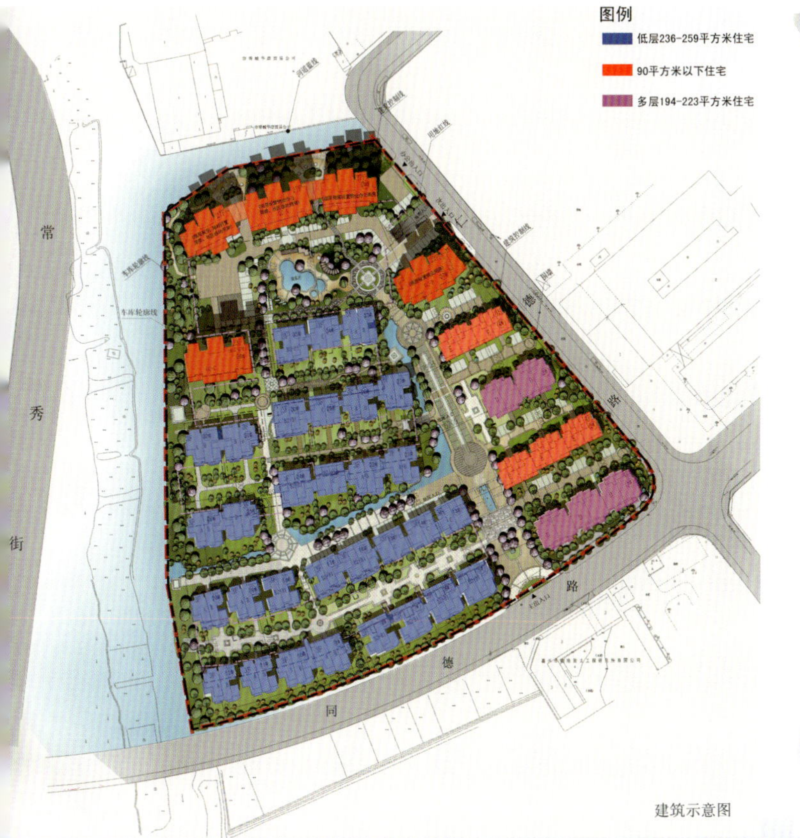

建筑示意图

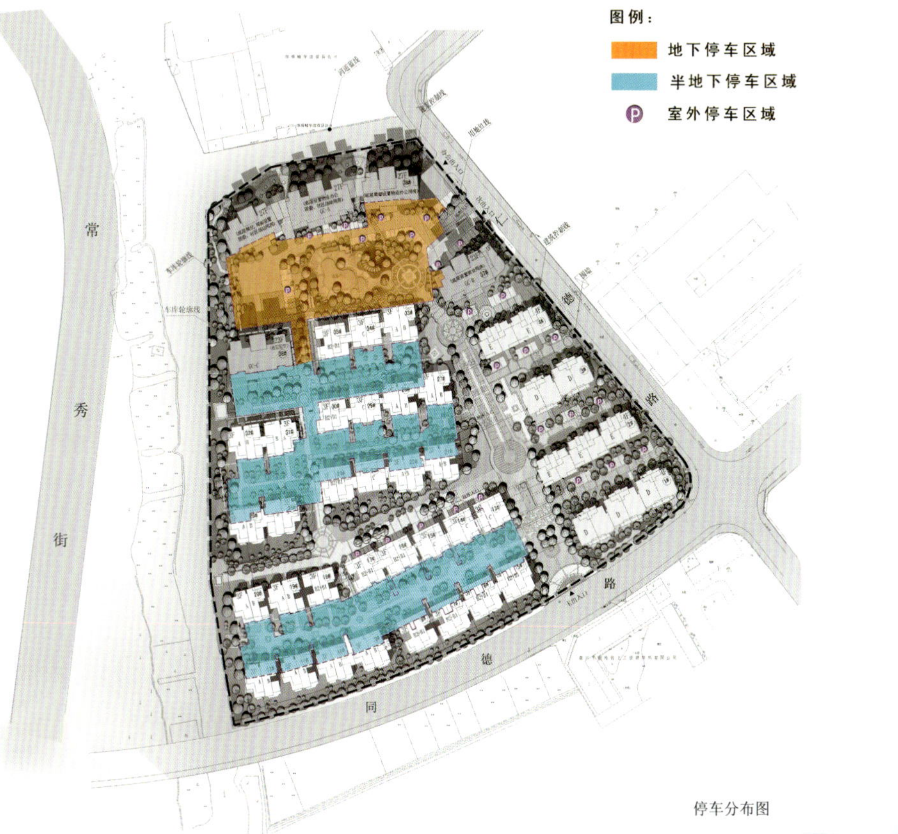

停车分布图

兰溪市汇景江南居住小区

随着都市住宅开发的不断增加，与此相配套的可让市民休息利用的公共绿地的整治也在不断地受到重视。该地块是和它临近的一个大规模的综合性住宅区同时开发的一块公共绿地，面积约4万m²，（东西长约400m、南北丈长约100m）。它的西北侧是一条江，名为衢江，西南侧到东南侧是一条干线道路，东北侧是临近居住区。

设计理念

创造一个以观赏、娱乐、休憩为主题的多功能的新江南公园。

观赏——可观赏临近的衢江、平静的水面、流动的水溪及水边广场；可观赏四季的花草与绿化的公园。

娱乐——赏花、戏水、运动，可尽情享受室外活动的公园。

休憩——由水、花草、绿化构成的充满自然的场景当中，配置一些景观亭、景观廊架、休息座凳等，可让利用者充分休憩的公园。

总体布局

1. 入口广场

a 横山大桥侧——在此处分别设置水池、运动区域、停车位40个、景观亭、厕所及小卖部。

b 水边广场侧——这是与沿水边的人行道联成一体的入口广场。在此分别设置景观廊架与六角景观亭。

c 住宅区西北侧——与水池中、运动区、水溪、草坪广场都贯通连接的入口广场，在此设置了景观廊架。

d 住宅区东南侧——是以水边广场为中心的入口广场并分别设置花坛、树池和景观廊架。

2. 水池——由跌水瀑布、木栈道和水生植物组成的一个比较野趣的空间。

3. 运动区域——分别设置了两个网球场和一个篮球场。

4. 水溪——是贯穿上流水池和下流水池之间的一条水溪。在自然曲线的水溪边设置一些休息场所和花田使它与草坪广场联成一体。

5. 草坪广场——这是一个多功能、多目的可利用的草坪广场，在该广场周围可多配置一些花草可使它成为一个观花的场所。

6. 花田——在干线道路边设置花田，一年四季可供路人欣赏。

7. 水边广场——阶梯式的流动水面，与周围设置的花坛、树池、景观廊架、六角亭等休息设施联成一体。

总平面图

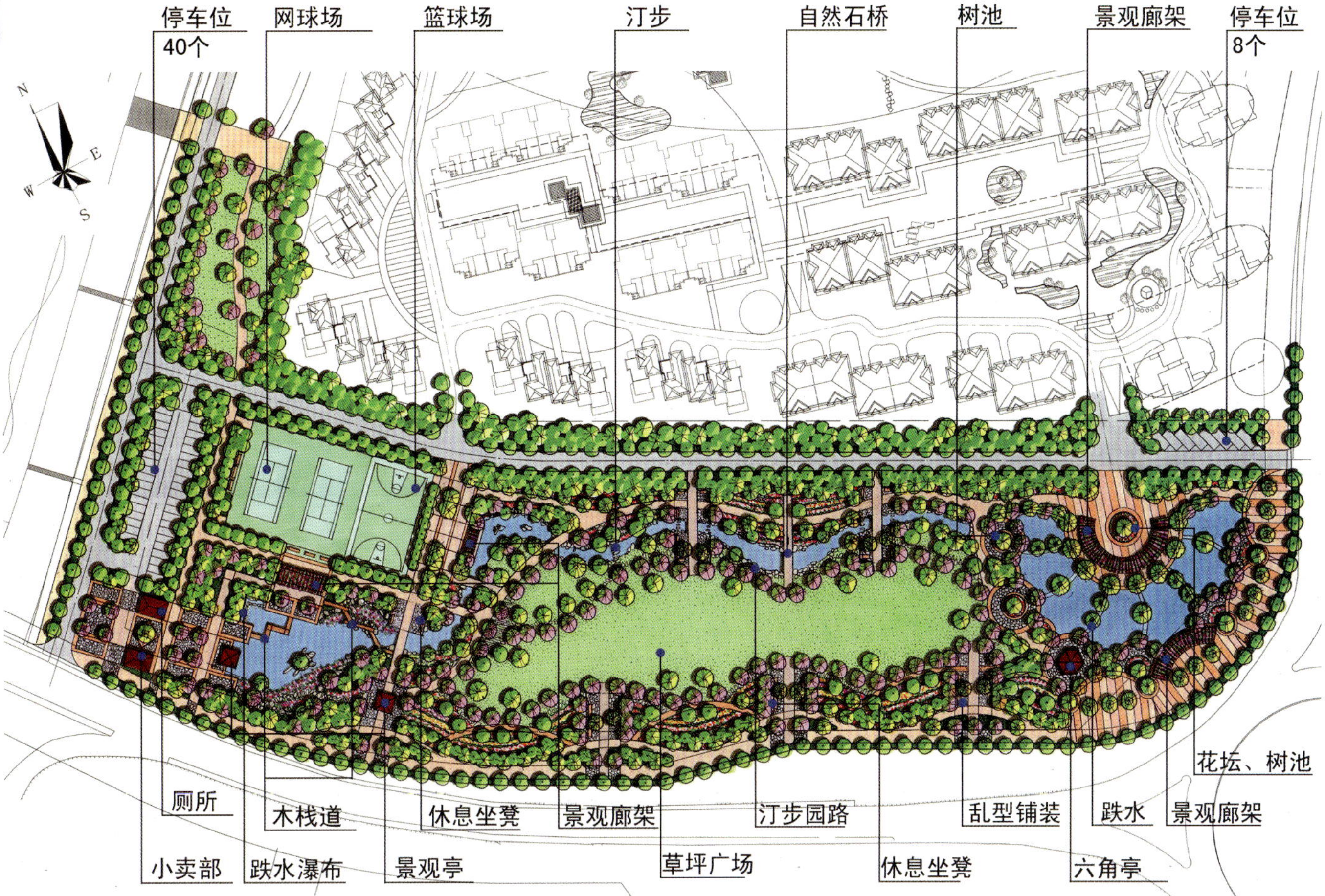
停车位
40个
网球场
篮球场
汀步
自然石桥
树池
景观廊架
停车位
8个
花坛、树池
厕所
木栈道
休息坐凳
景观廊架
汀步园路
乱型铺装
跌水
景观廊架
小卖部
跌水瀑布
景观亭
草坪广场
休息坐凳
六角亭

设施平面图

入口广场
流水区域
停车场
草坪广场
运动场地
花田区域
临水庭院
赏水广场

功能分区图

N
E
S
W
车行道
入口通道
步行道
入口广场
观赏园路

交通分析图

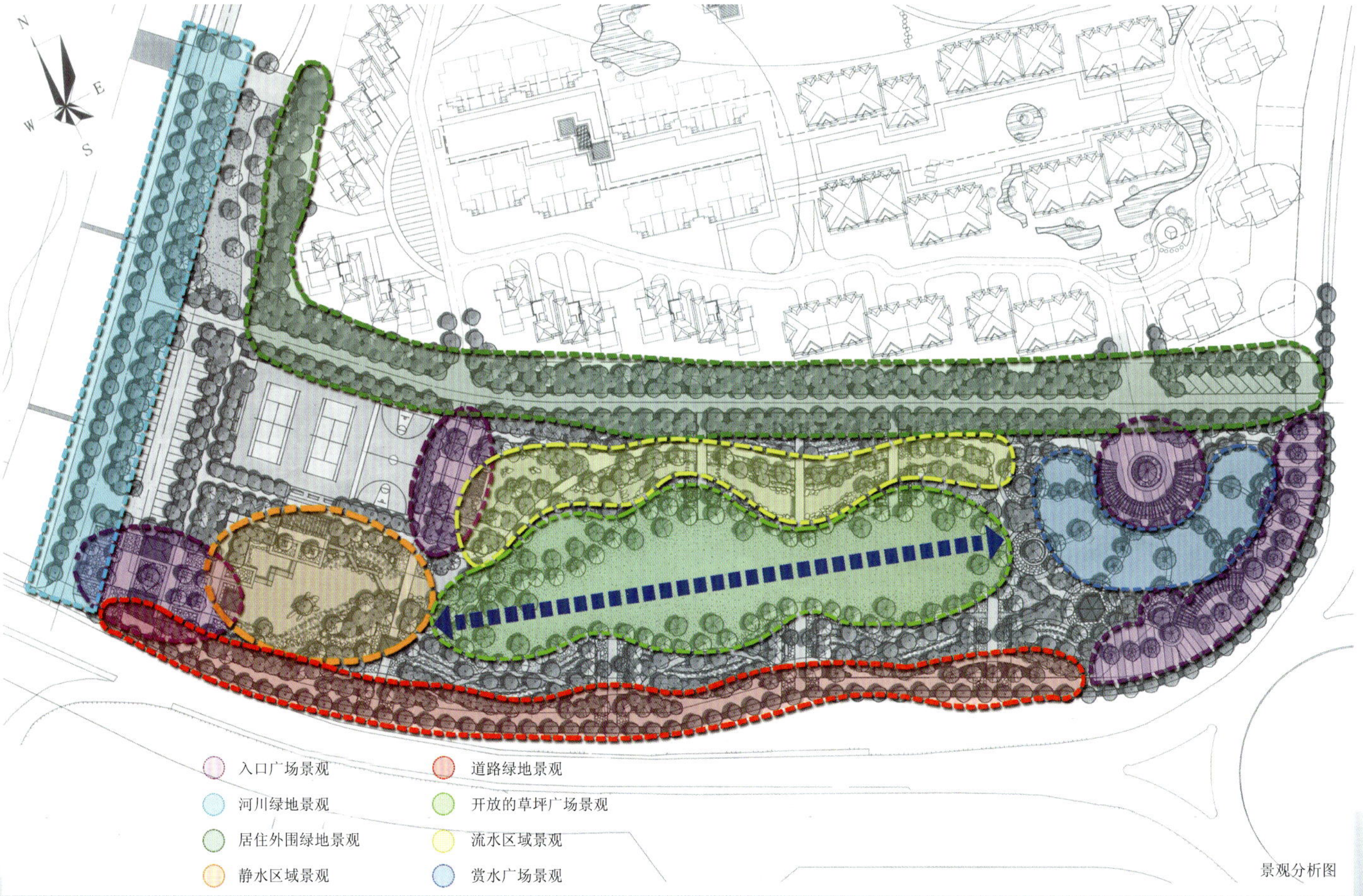
N
E
S
W
入口广场景观
道路绿地景观
河川绿地景观
开放的草坪广场景观
居住外围绿地景观
流水区域景观
静水区域景观
赏水广场景观

景观分析图

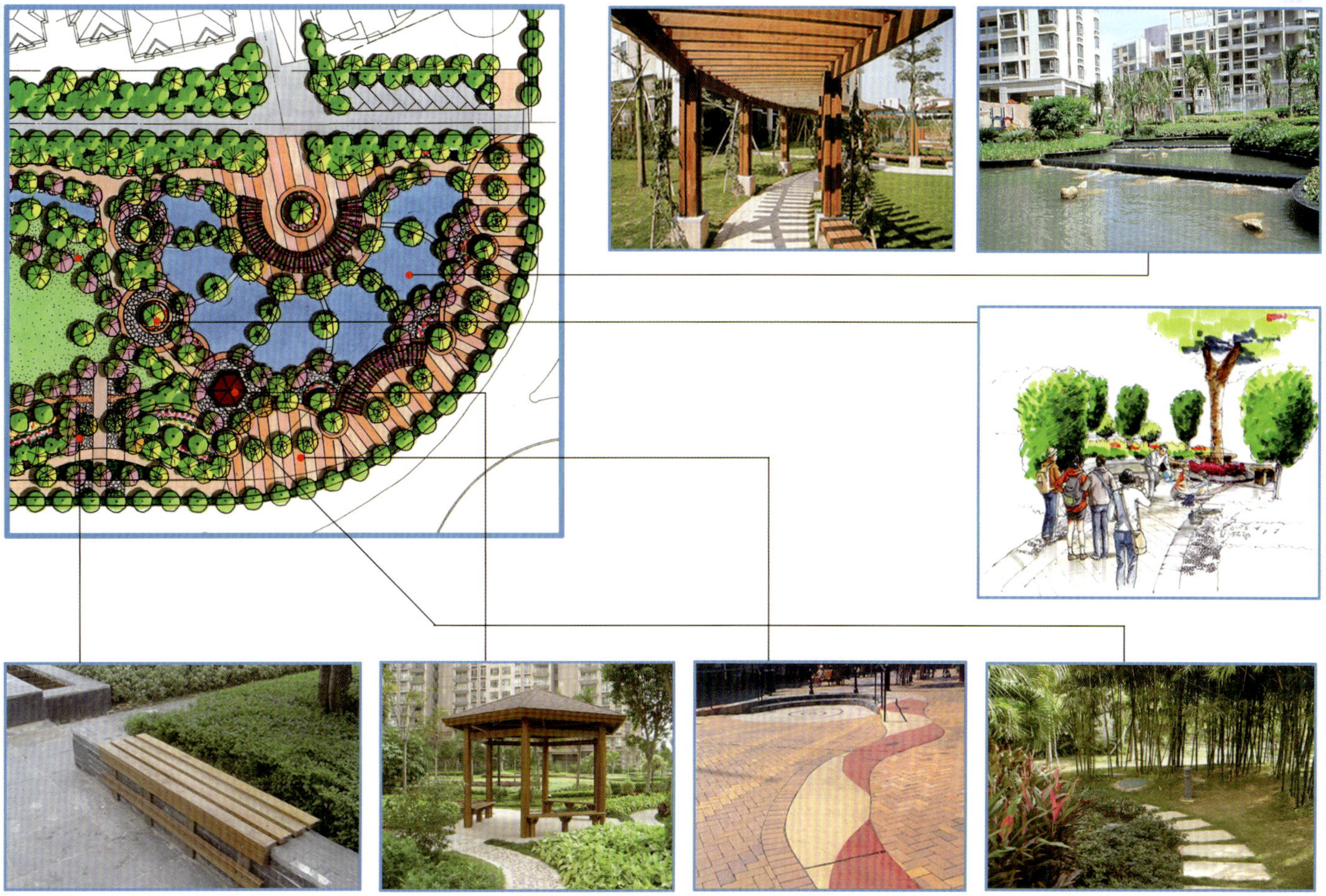

水边广场分析图

临水庭院分析图

手绘透视图1

手绘透视图2

手绘透视图3

手绘透视图4

南京市世茂外滩新城

南京市世茂外滩新城基地位于南京市下关区滨江带，滨江大道东侧，东邻惠民大道高架路，北临中山北路，南侧与三汊河为邻，整个地区沿江展开约1.3km。

本项目基地为南北长向的不规则形，其中南通路从基地中央通过，西侧隔滨江大道为长江，南侧为三汊河（秦淮河入长江口）。

基地较为平整，西面临水，视野辽阔，且长江中有潜洲为岛，风景优美，具有得天独厚的自然条件。

项目设计充分体现高尚社区特点。第一层面为紧邻滨江大道，以精品商业、景观办公及休闲娱乐为主的多层建筑，这一层面的建筑群将成为浓缩建筑文化内涵的设计精品。第二层面为高层，超高层精品住宅及豪华国际酒店公寓，整个项目由这些建筑群共同组成高低错落、优美，具有震撼效果的天际轮廓线。

项目以超高层为主，低容积率的设计风格，绿地面积约22万㎡，为创造一流的人居环境提供了塑造空间。依据长江沿岸的自然地貌，融合长江的气势和十里秦淮的魅力，创造休闲生态的滨江景观带，形成场地第一景观主体。在小区建筑围合环境中，以现代、生态的设计手法营造中心公园、植物园及金色沙滩区域，形成层次丰富，内涵深邃的第二景观主体。通过由外向内，由内向外的两大景观主体，整个提升了该高尚居住区的环境品质。真正做到大自然中的城市，大城市中的大环境，不再是大量人造环境的简单堆积，而是充分考虑生态及建筑物理环境的现代设计手段。

景观设计原则

1. 结合特殊的地理、人文条件，服从并服务项目超前的总体规划和建筑设计，创造与南京古城相契合的亲切宜人的景观主题及其美好的空间体验。

2. 隐于无形的设计锻造自然园境，不是在建筑森林缝隙里营造小绿地环境，而是让高耸入云的建筑物像大树一样与其生长于斯的大绿地环境融洽共生，我们种植建筑，我们赋予其生命。

3. 体现人性化的关爱、亲切感，对自然的身心感受，对亲近自然在精神上的一种颂扬，使其具备一个回归自然、回归山水、回归生命本源的温暖的主题意念。

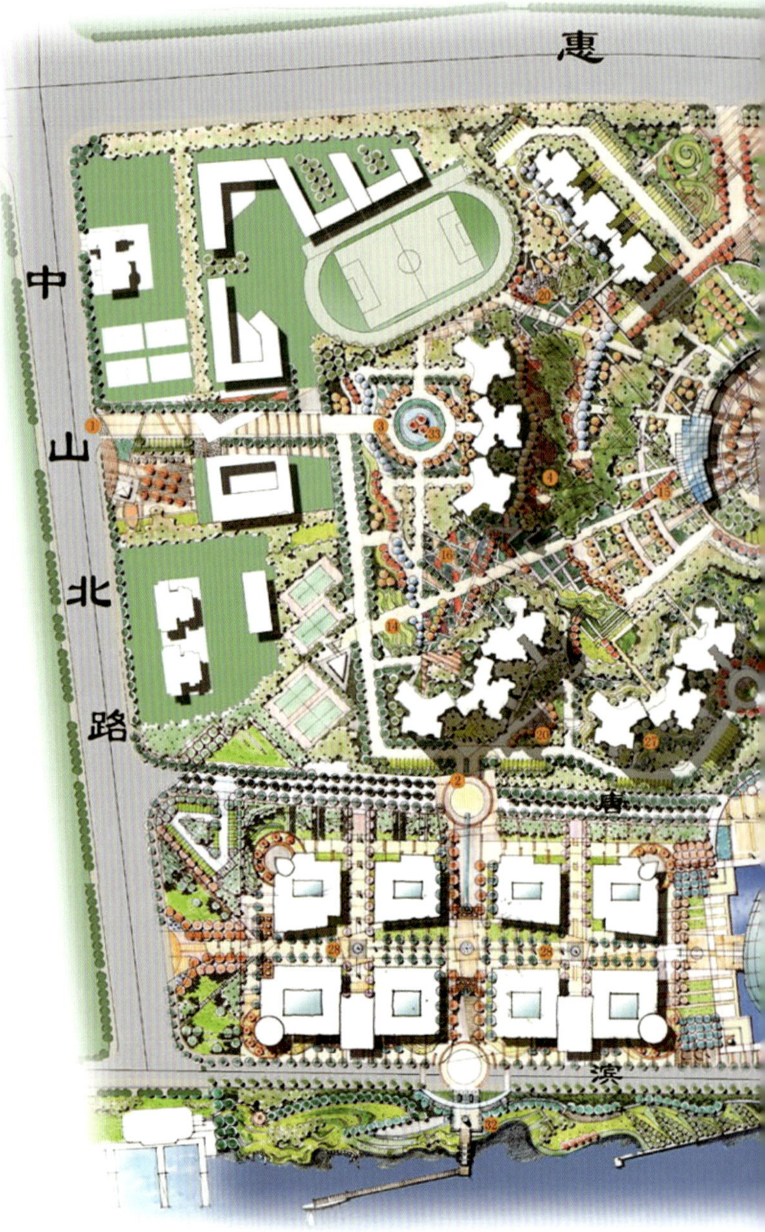

图例

1. 主入口
2. 次入口
3. 广场入口
4. 植物园
5. 音乐—艺术公园
6. 雕塑公园
7. 景观小山带行人道
8. 鸟园
9. 鸟笼
10. 雾园
11. 竹园
12. 丛林地带
13. 静思园
14. 百花园
15. 芬芳园
16. 兰花园
17. 烧烤园
18. 划船区
19. 老年活动场所
20. 儿童活动场所
21. 社区广场
22. 太极拳区
23. 邻谊聚集广场
24. 儿童互动嬉水场地
25. 沙滩
26. 木栈道
27. 消防车通道
28. 升高的人行道
29. 市民广场
30. 观光巴士车位
31. 小码头
32. 湖畔悠闲步道
33. 水景
34. 婚礼礼堂

总平面图

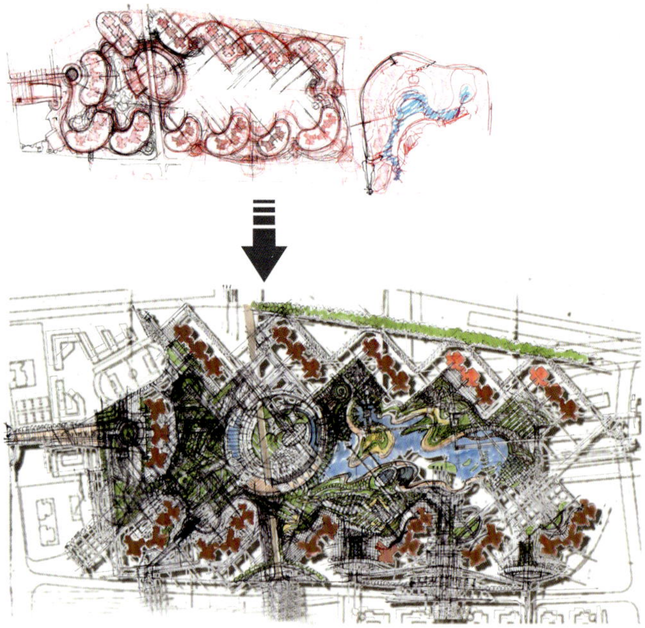

构思草图

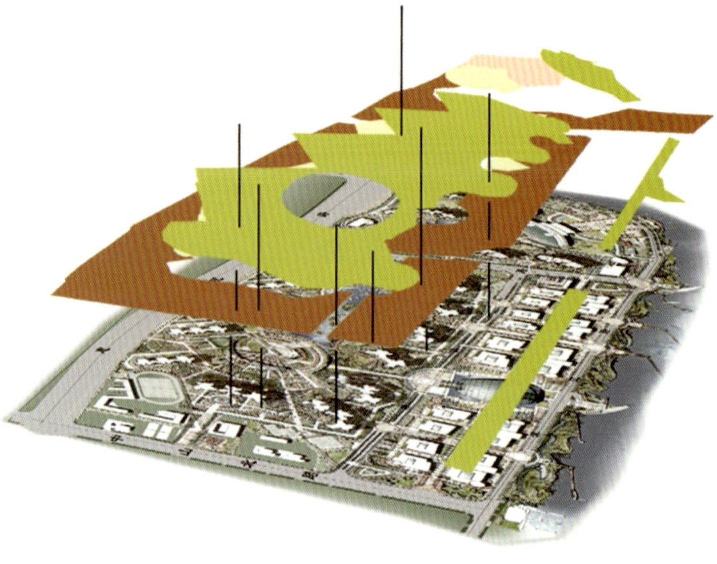

空间结构分析图

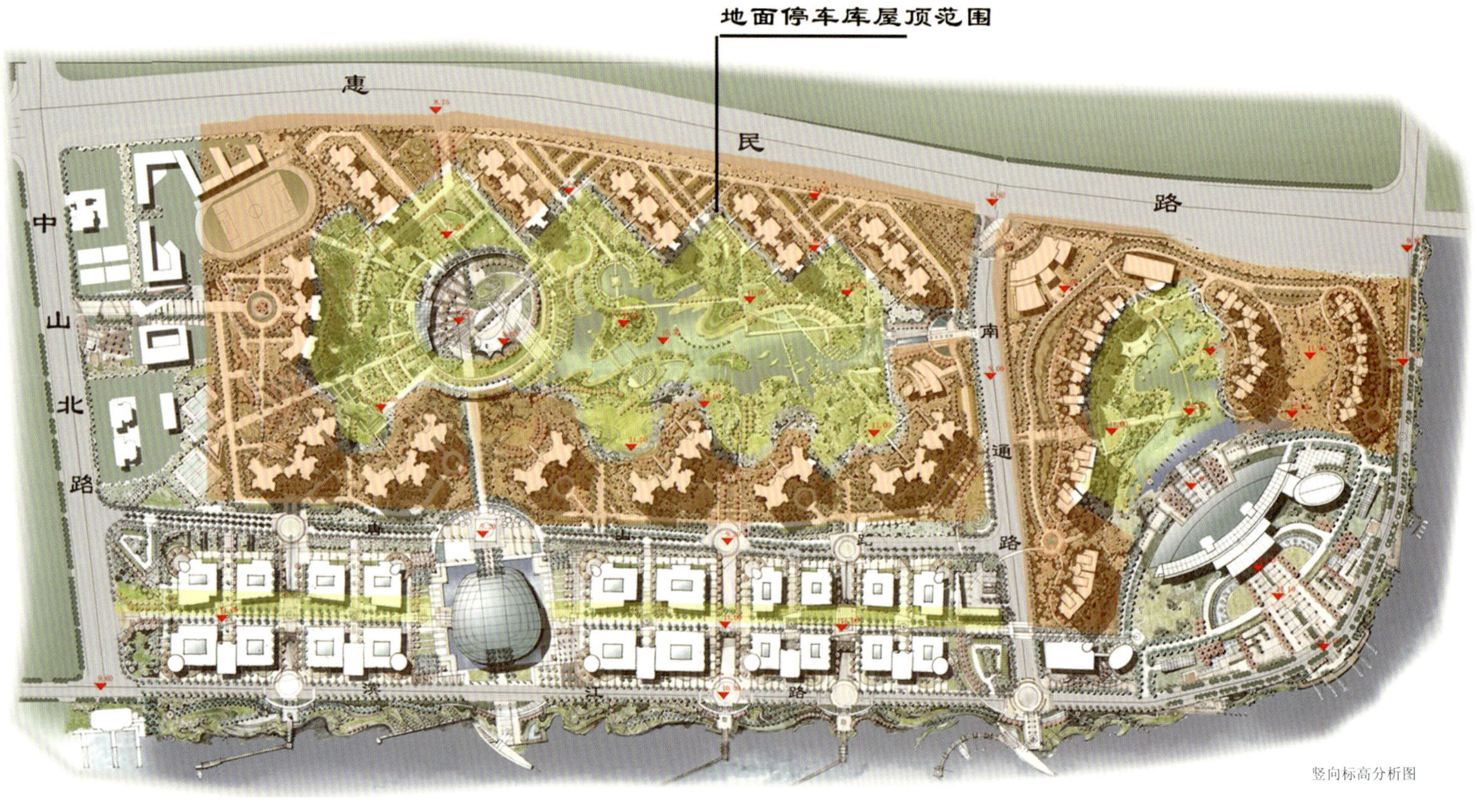

竖向标高分析图

交通流线分析图

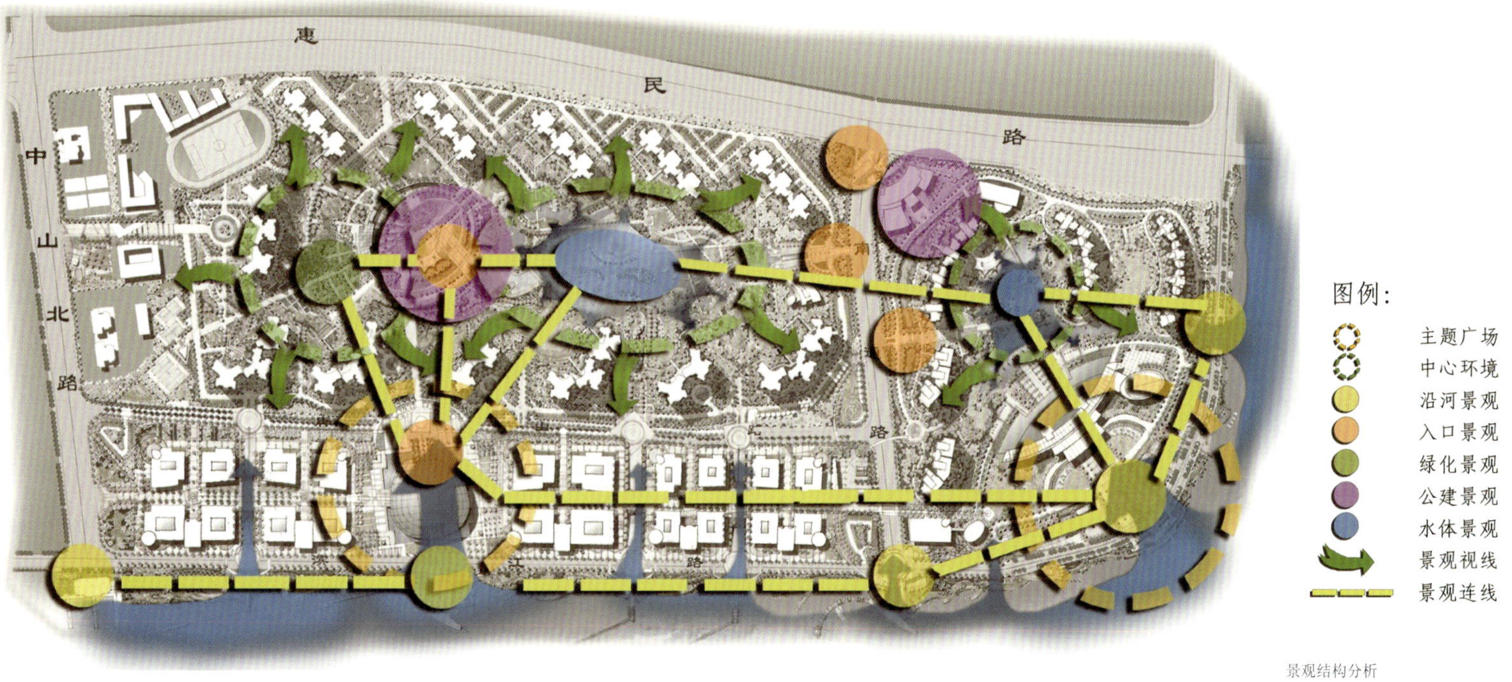

景观结构分析

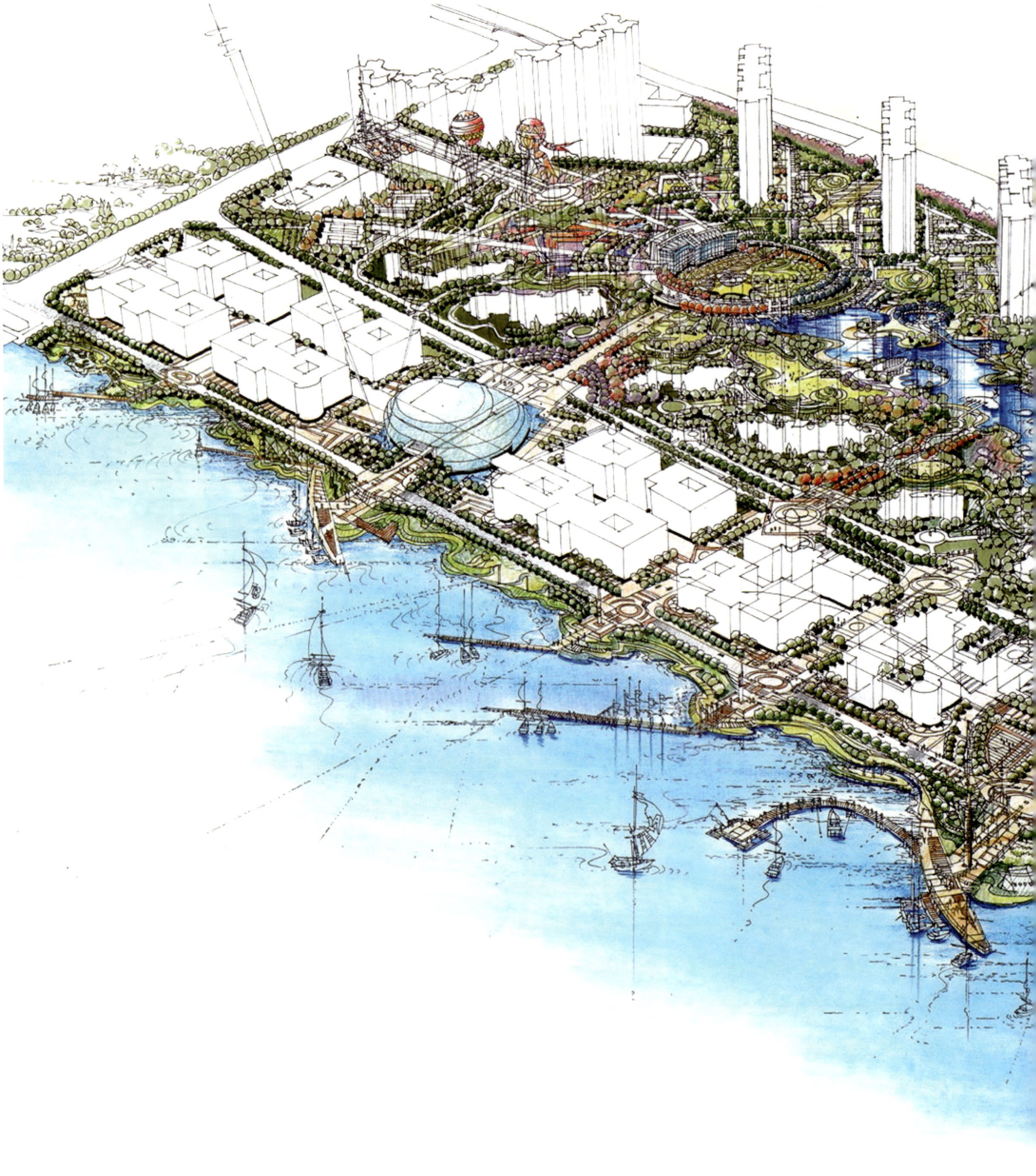

总体鸟瞰图

金色沙滩分析图

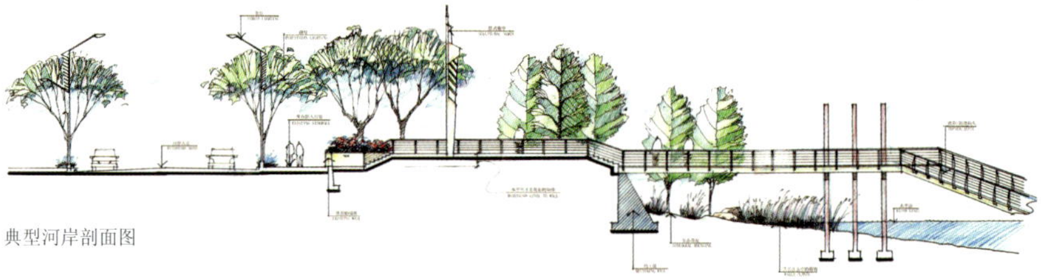

典型河岸剖面图

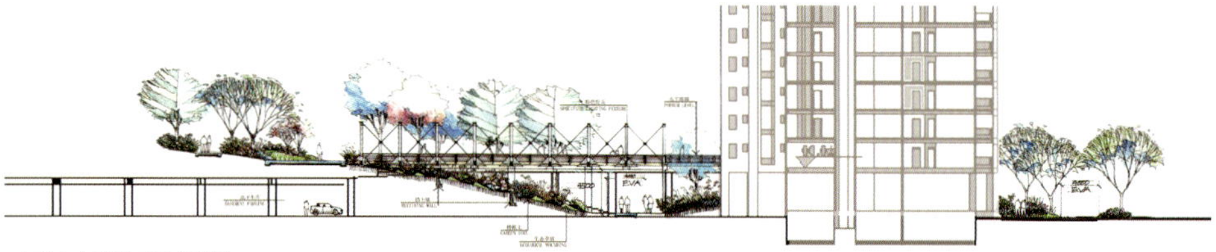

典型公寓连接天桥剖面图

商业街及河岸平面图

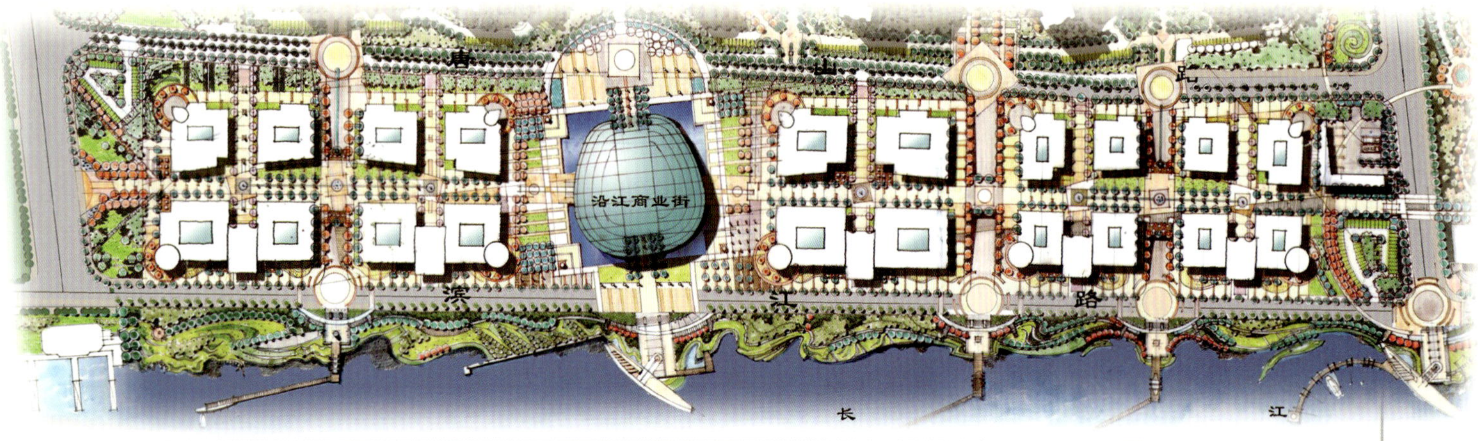

节点透视图1

节点透视图2

节点透视图3

节点透视图4

南京市武夷绿洲小区—观竹苑、品茗苑

“武夷绿洲”位于南京市江宁区科学园内，天元路以南，秦淮河以东，竹山路以西，六号路以北。以多层、小高层住宅为主，联排别墅为辅，拟开发建设为中高档楼盘。

指导思想

以人为本的康居环境，在注重住区景观视觉效果的同时充分考虑景观绿化系统的生态合理性及卫生环保要求，并通过丰富多样的景观小品、人性化的健身设施来强化健康主题。

创建和谐环境，使“武夷绿洲”创造良好的生态、经济、社会效益，同时满足居民的日常活动需求，使其成为一个具有鲜明时代特色的融知识性、趣味性、休闲性、观赏性为一体的精品住宅小区。

观竹苑

观竹苑位于小区的东北侧，根据观竹苑的文化内涵和场地的特点，设计时以小区主干道为分界线把观竹苑分为两个片区：诗片区、雅片区。

1. 诗

该片区位于观竹苑东侧，设计时采用古今结合的造景手法，在构图上用现代手法把整个片区融为一体，在小品、铺地、树池等节点上运用古典园林的手法，把中国古典诗词的意韵融入到现代景观园林中去，营造出既具现代风格，又具有传统文化内涵的意境。小品设置高低错落，古今结合，成为一组颇具古典主义的景观小品。

主要设置景点：轻烟婉绕、石砚浣沙、石滩寻泉、怀古雅居、凭栏望月

2. 雅

此区域通过漏空景墙和古朴的树池、置石等结合竹景的运用，营造幽静优雅的景观特质，体现现代生活环境的品质。设计时还通过曲折蜿蜒，宜宽则宽、宜窄则窄的小溪穿越小块片区，造成时急时缓的水流效果。两岸采用自然式驳岸，环河道路随河岸曲折变化，水面边的草地形成缓坡，逐渐伸入水中，岸边种植成丛的湿生、沼生植物，由小路边延伸至水中。

主要设置景点：石灯映月、兰亭听风、曲步探幽、天光云影、竹掩秀峰、竹径清源、赏月临溪、碧阶观鱼、秋叶满溪

品茗苑

该苑位于小区南侧，根据品茗苑特征——细致与趣味，把此苑划分为两个片区：致片区、趣片区。

1. 致

通过简约剔透的景观小品和丰富的自然植物景观，营造小巧别致的景观特色，体现自然与人工的完美结合，创造中国“风致”景观的意境。

主要设置景点：奕风小筑、花榭观鱼、清风伴影、层林叠翠

2. 趣

通过琴棋书画、花岛、茶鱼等传统文化元素在景观空间中的不断展现，营造趣味休闲的园林空间，体现富有情趣，充满亲和力的家居氛围。

主要设置景点：茶韵梅疏、海棠春坞、岚霭茗烟、寻香问茶

总平面图

总体鸟瞰图

竖向设计平面图

道路设计平面图

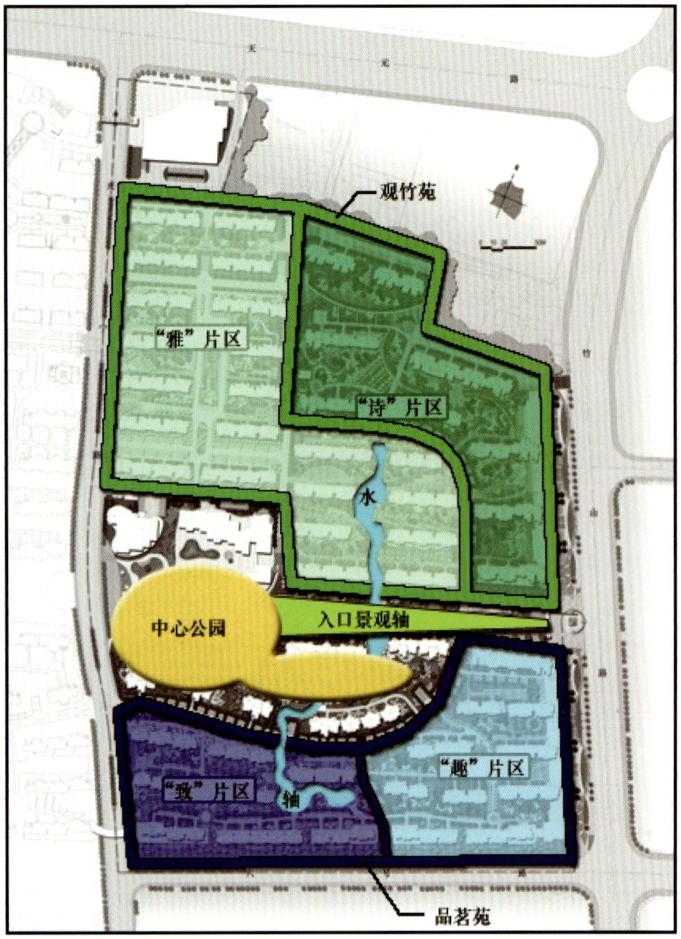

景观结构分析图

景观空间序列（动静相宜的自由空间）

景观总体布局由“一心、两轴，两片区”的空间脉络结构组成，形成点、线、面有机组合的各式景观空间。注重空间与场景的变化，使整个小区成为一个具有浓郁文化内涵的生态园林居住区。

一心：中心公园（武夷公园）
两轴：（1）入口景观轴
（2）自然景观水轴
两片区（1）观竹苑：诗、雅
（2）品茗苑：致、趣

中心公园平面图

01. 观景凉亭
02. 上山蹬道
03. 常绿林带
04. 色叶林带
05. 林间休息平台
06. 观花林带
07. 嬉水池
08. 网球场
09. 篮球场

游泳嬉水区、幼儿园区平面图

01. 木质遮阳伞
02. 泳区休闲木平台
03. 景观隔离栏
04. 游泳池
05. 缓坡绿地
06. 登山入口
07. 浅水嬉水池
08. 景观木桥
09. 休闲木躺椅
10. 户外冲淋区
11. 幼儿园塑胶地坪
12. 塑胶跑道
13. 游戏沙坑
14. 儿童游戏山坡
15. 隔离竹林
16. 综合楼

游泳区效果图

入口景观轴平面图

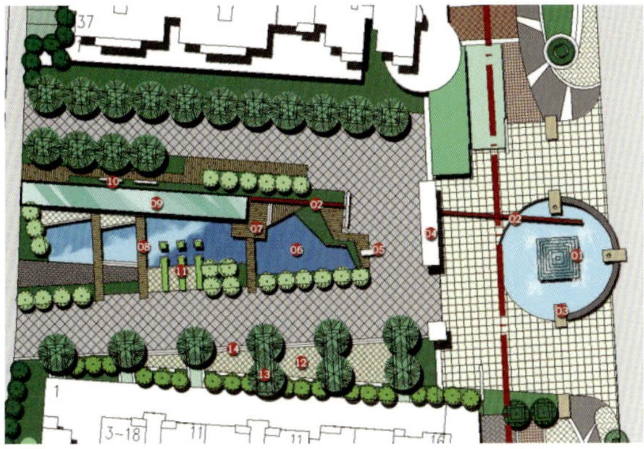

入口广场平面图

01. 入口标志叠水池
02. 序列景墙
03. 吐水石雕
04. 小区大门
05. 小雕塑
06. 景观水面
07. 木平台
08. 木栈桥
09. 玻璃风雨长廊
10. 休闲座凳
11. 序列竹阵
12. 小型休息空间
13. 树阵
14. 台阶

入口广场效果图

中心景观轴局布平面图

01. 景观树阵广场
02. 汀步
03. 亲水木平台
04. 景观凉亭
05. 序列景观矮墙
06. 座凳
07. 条状竹林广场
08. 缓坡绿地

中心景观轴效果图

自然景观水轴

观竹苑-诗平面图

景点：轻烟婉绕、石砚浣沙、石滩寻泉、怀古雅居、凭栏望月

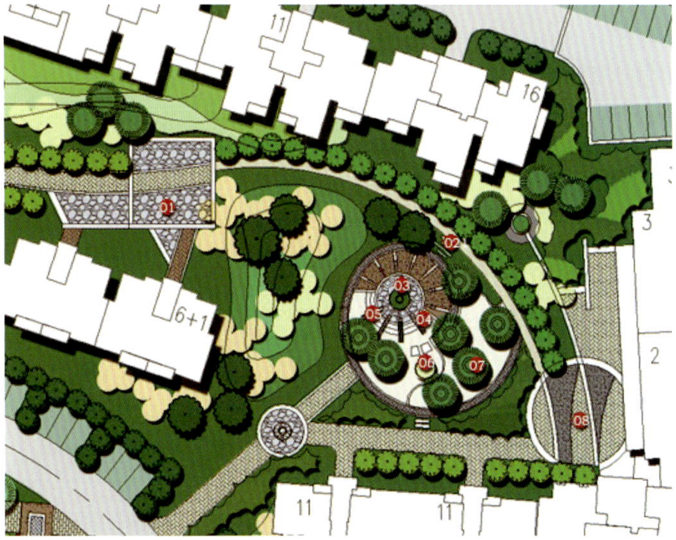

“轻烟婉绕”平面图

01. 卵石健身铺地
02. 汀步
03. 圆形下沉广场
04. 休闲宽台阶
05. 景观矮墙
06. 雾喷景观小品
07. 圆形树池座凳
08. 花式铺地

01. 景观木亭
02. 木座凳
03. 汀步
04. 沙地
05. 造型条石
06. 卵石铺地
07. 活动空间
08. 缓坡绿地

“石砚浣沙”平面图

观竹苑-雅平面图

景点：石灯映月、兰亭听风、曲步探幽、天光云影、竹掩秀峰、竹径清源、赏月临溪、碧阶观鱼、秋叶满溪

“兰亭听风”平面图

“碧阶观鱼、秋叶满溪”平面图

“天光云影”效果图

01. 雕塑小品
02. 方形竹阵
03. 吐水石雕
04. 水中栽植池
05. 汀步
06. 景观水面
07. 凉亭

“天光云影”平面图

品苑平面图一致

景点：奕风小筑、花榭观鱼、清风伴影、层林叠翠

"花榭观鱼、清风伴影"平面图

01. 交流空间
02. 健身广场
03. 出挑木平台
04. 亲水广场
05. 凉亭
06. 木栈道

品苑平面图一趣

景点：茶韵梅疏、海棠春坞、岚霭茗烟、寻香问茶

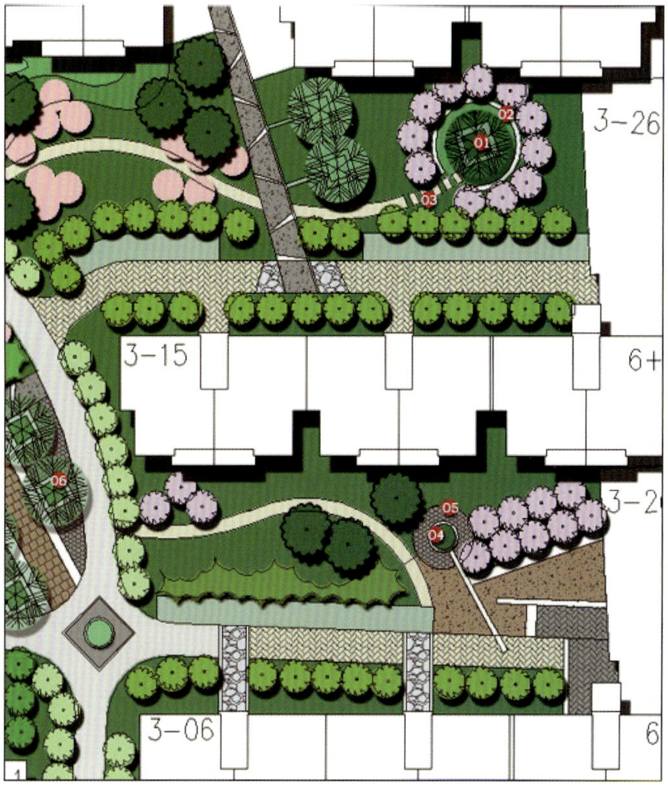

"岚霭茗烟、寻香问茶"平面图

01. 景观树池
02. 弧形座凳
03. 汀步
04. 景石
05. 花坛广场
06. 树阵

"茶韵梅疏"效果图

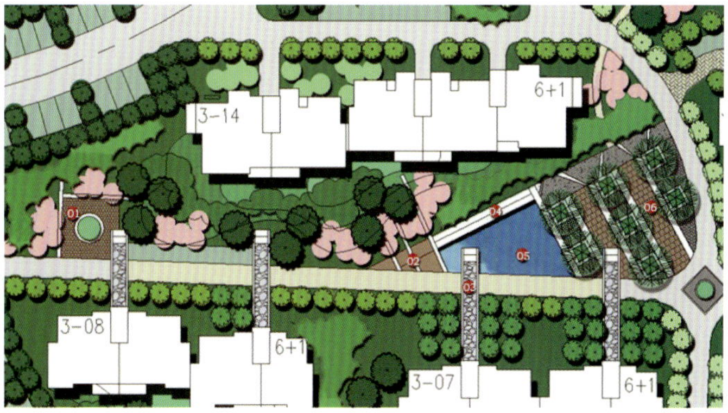

"茶韵梅疏"平面图

01. 交流空间
02. 序列条石
03. 临水景墙
04. 休闲宽台阶
05. 水景
06. 林荫广场

南京市中海地产河西项目

基地位于南京市河西新城区的中部，南湖路与文体路之间，北面紧邻万科。光明城市项目；南面为万达。华府项目；西面是银城。世纪星园项目；东面是高新技术产业园区，整幅地块被黄山路分为两块（南北方向），基地现状平坦，呈规则长方形，建设条件良好。本项目位属奥体板块，未来将建成集文化、娱乐、购物为一体的中高档居住社区。

南京气候属北亚热带湿润气候，雨量充沛，四季分明，夏季主导风向为东南、东风；冬季主导风向东北、东风；最佳日照角度为南偏东10°。

规划原则

◆ 中心式景观体系

根据业主所作的前期调研，以及我们对此项目风格的整体把握，中心式景观体系是一个较好的选择，利用水和建筑所形成的界面构成半岛式或岛式的建筑组合。

◆ 日照与通风的优异性

针对南京冬冷夏热的气候条件，日照与通风是两个不可或缺的生活要素，我们所有居住建筑都采用了南偏东10°的最佳朝向；为了解决夏季通风问题，我们在户型上考虑一梯二户板式小高层，同时面向东与东南方向上保持了建筑间的空档，且安排的都是短板住宅，以改善夏季通风的问题。

◆ 社区共享

中央集中景观体系的建立，使社区共享成为可能，鉴于周边并无可供利用的景观资源，核心花园的人工景观成为共享的平台，我们所有的户型都至少有一个面朝向中央景观带，提升了小区的均好性。

◆ 建立跨越黄山路的连接

黄山路从小区中间穿过，把基地分成两个部分，这对小区的整体性与居住氛围营造不利，我们结合底层商业会所与环境的总体设想设置了跨越黄山路的人行通道，以连接两个区域。

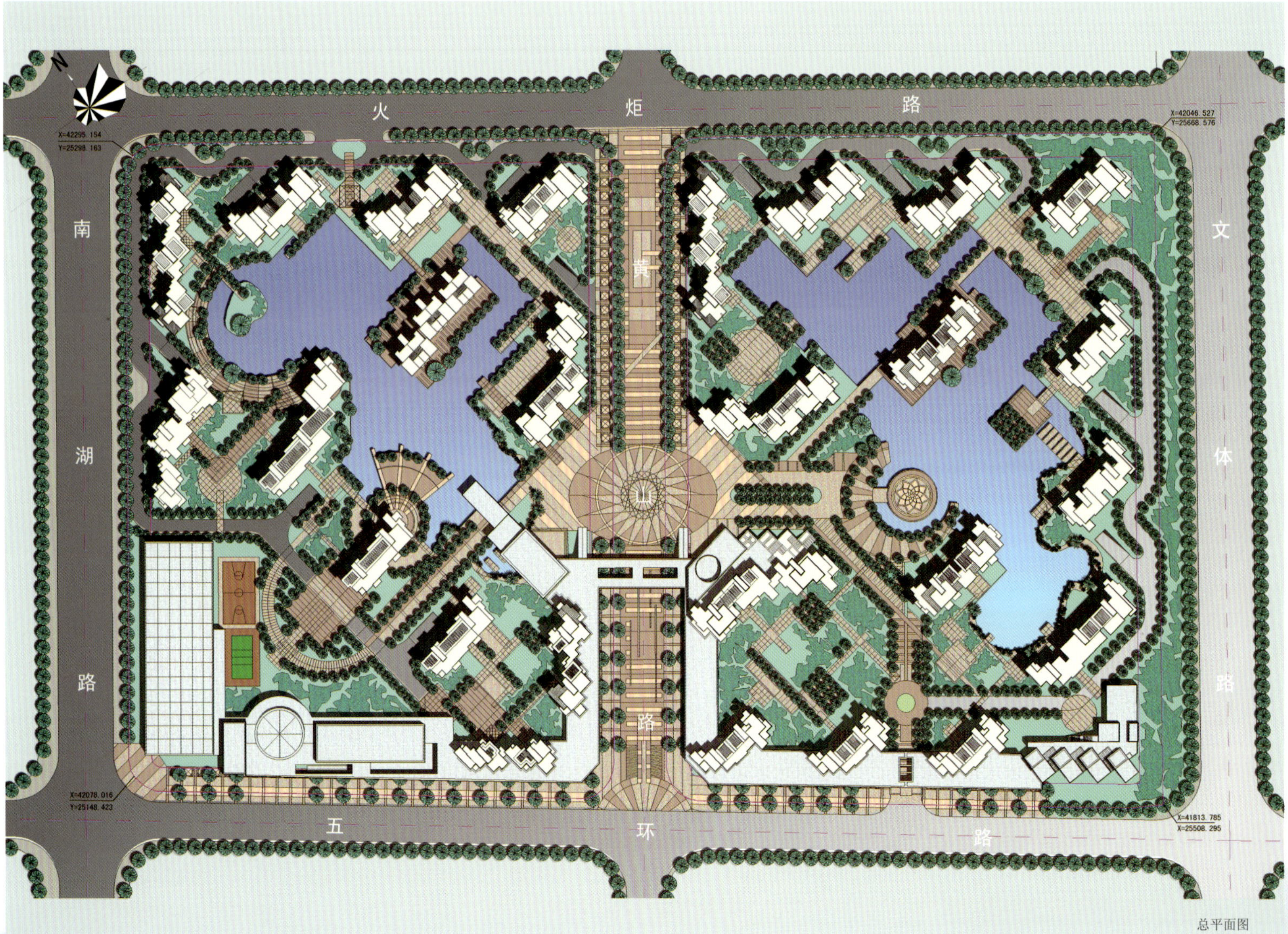

总平面图

总体鸟瞰图

商业广场效果图

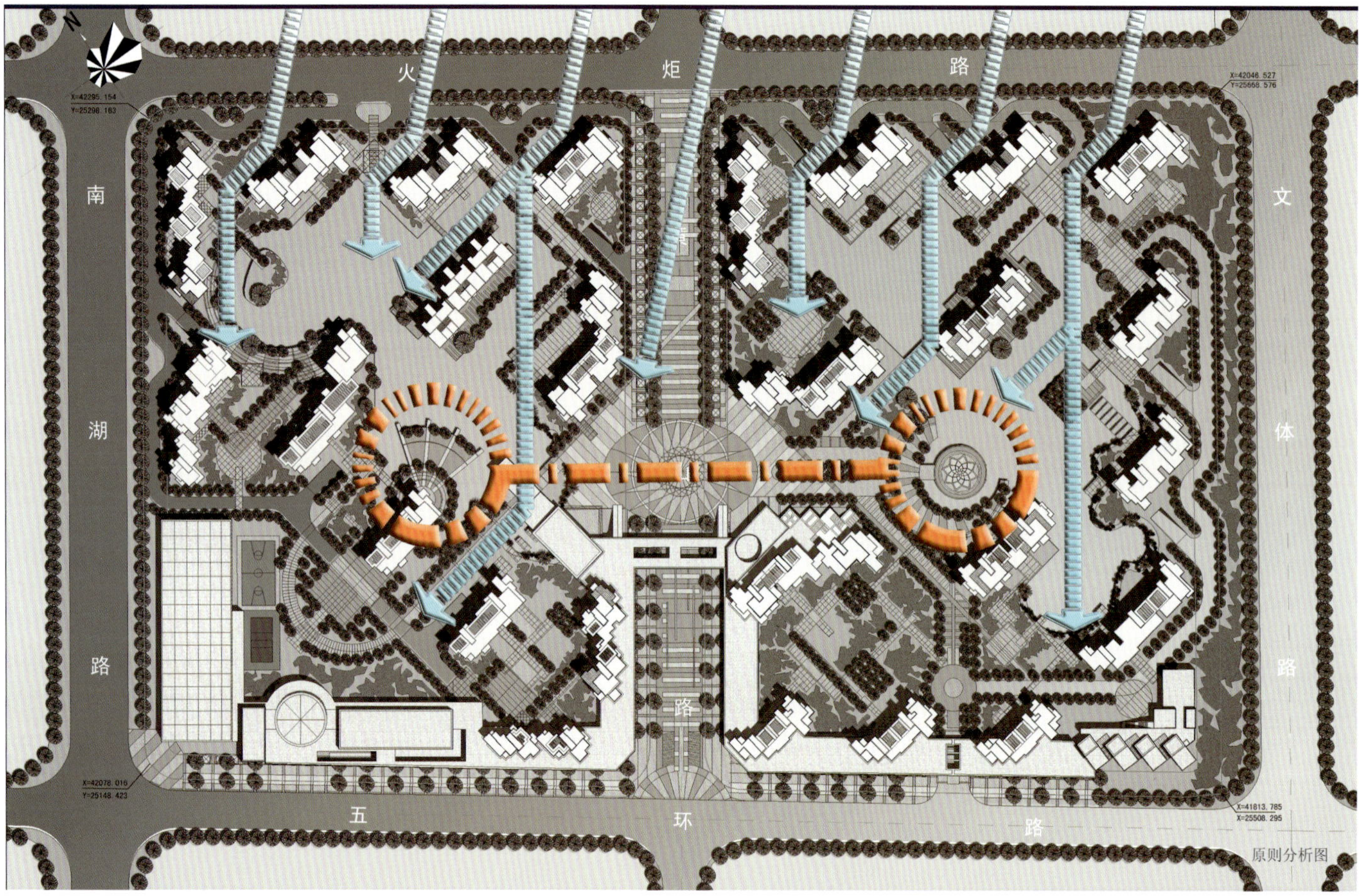
火
炬
路
南
湖
路
文
体
路
菁
路
五
环
路
原则分析图

火
炬
路
南
湖
文
体
路
菁
路
五
环
路
水岸软堤
亲水平台
滨水栈道
中心集中水面
集散广场
中心景观轴线
组团绿地
X=42078.016
Y=25148.423
环境设计图

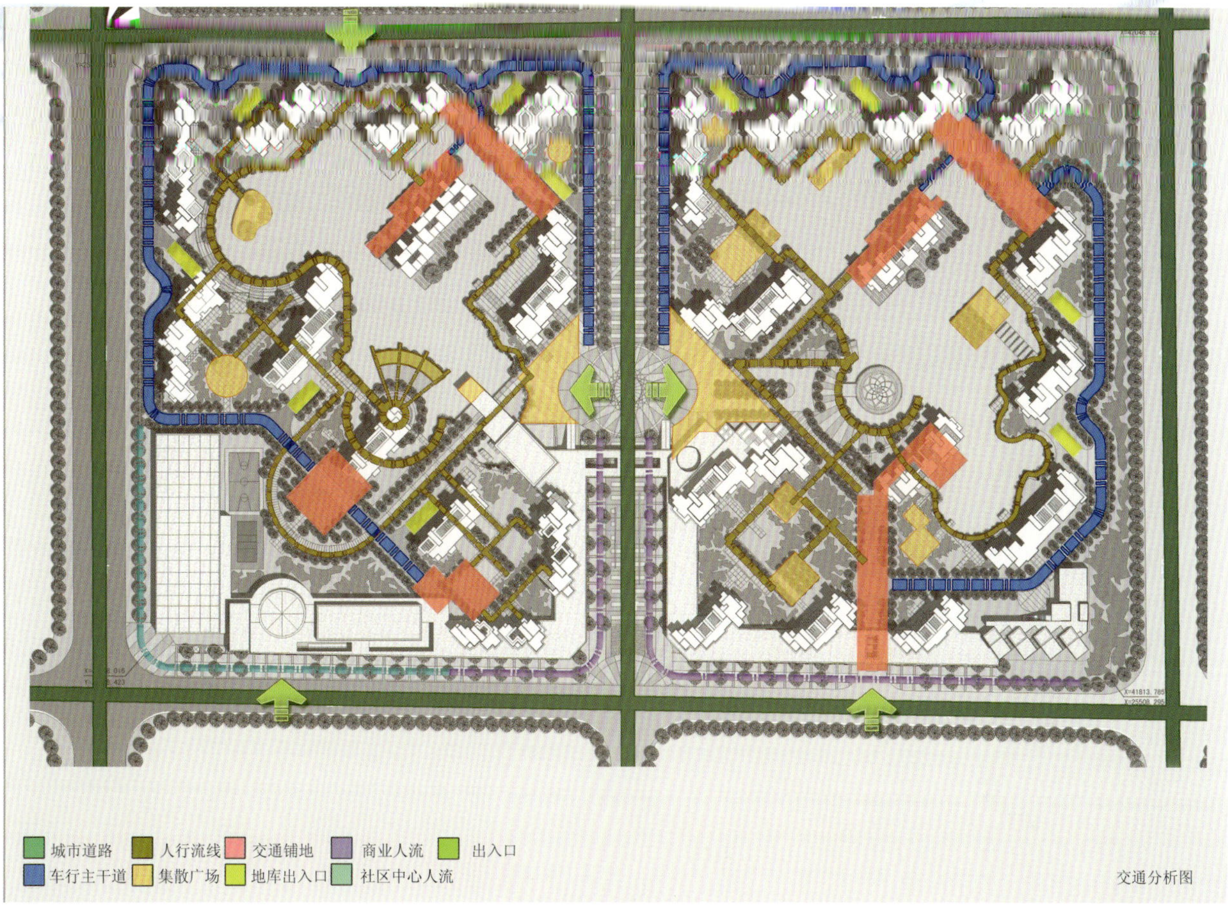
城市道路
人行流线
交通铺地
商业人流
出入口
车行主干道
集散广场
地库出入口
社区中心人流

交通分析图

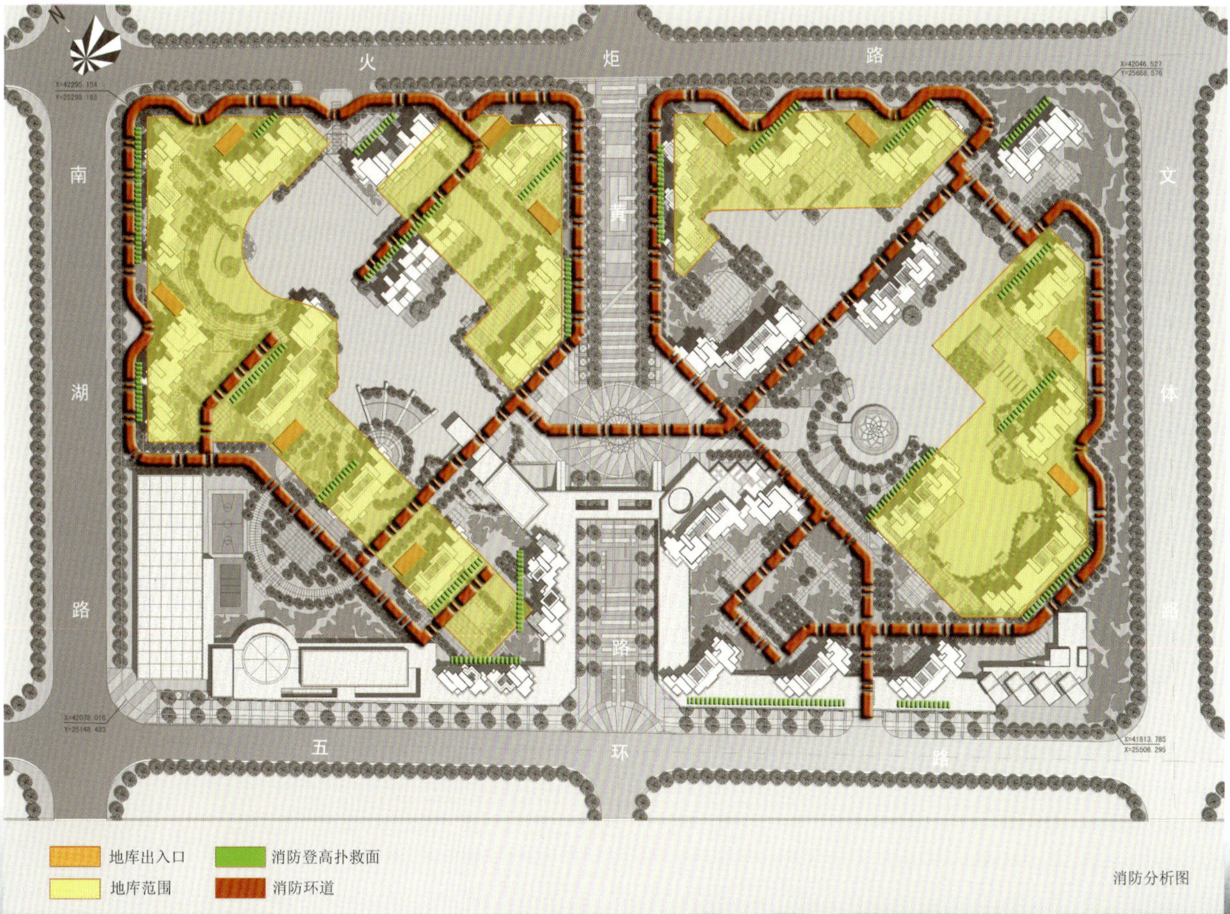
火
炬
路
南
湖
路
文
体
路
五
环
路
地库出入口
消防登高扑救面
地库范围
消防环道

消防分析图

南充市地中海蓝

“地中海蓝”位于南充市嘉陵区嘉陵江西岸，美丽的滨江景观大道旁，地处嘉陵政治、文化中心区，南充市副中心。项目东临滨江大道，远望连绵群山，与南充市著名的八大景之一朱凤朝霞隔江相望，视野开阔，远山近水，无任何建筑物遮挡，属临江亲水楼盘；西临嘉陵广场，环境幽静，空气清新；南临占地近100万㎡的南充光彩大市场；北邻国家级示范中学南充高中，拟建成一个以江畔•名校•地中海风情为主题的高尚居住小区。

“地中海蓝”以地中海沿岸的休闲酒店为蓝本，营造丰富多彩的异域文化生活社区，倡导风情浓郁的地中海式度假生活，将异域生活的观赏性与休闲度假紧密结合，造就非凡生活体验。

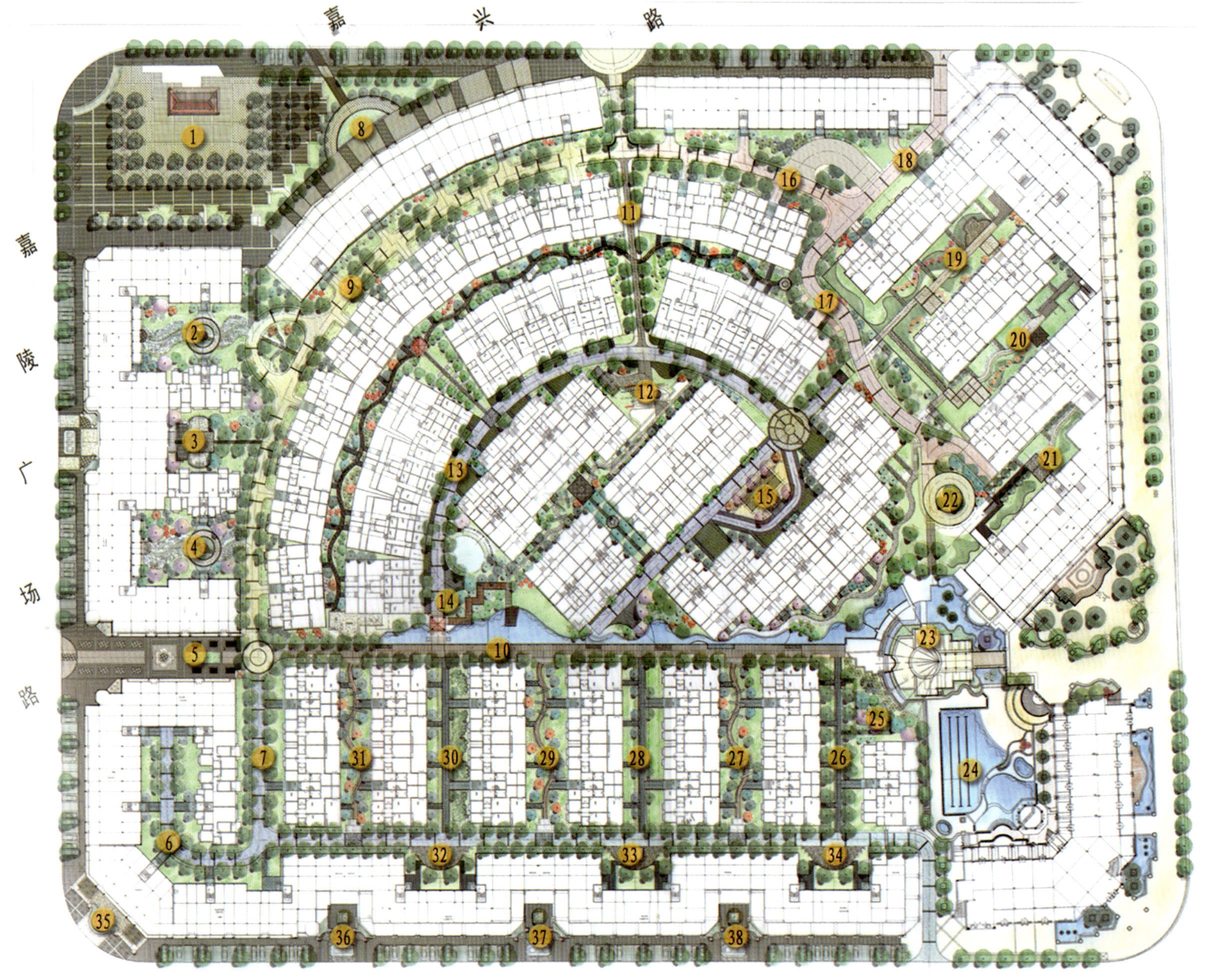

1. 慕尼黑啤酒广场
2. 马德里花园
3. 巴塞罗那花园
4. 塞维利亚花园
5. 毕加索广场
6. 雅典大街
7. 斯巴达大街
8. 不来梅商业港湾
9. 柏林大街
10. 枫丹白露街
11. 欧塞尔大街
12. 南特高地
13. 马塞街
14. 西奈亭
15. 凡尔赛广场
16. 维也纳街
17. 萨尔茨堡街
18. 美泉街
19. 伯尔尼空中花园
20. 日内瓦空中花园
21. 巴塞尔空中花园
22. 蒙彼利埃交通空间
23. 圣马可露天咖啡吧
24. 热那亚水上乐园
25. 马可波罗儿童活动场
26. 米兰街
27. 佛罗伦萨街
28. 维罗纳街
29. 巴勒莫街
30. 奥林匹亚街
31. 克里特街
32. 马拉松空间
33. 博洛尼亚空间
34. 帕尔马空间
35. 爱琴迎宾广场
36. 克里克特空间
37. 莱切空间
38. 弗吉亚空间

总平面图

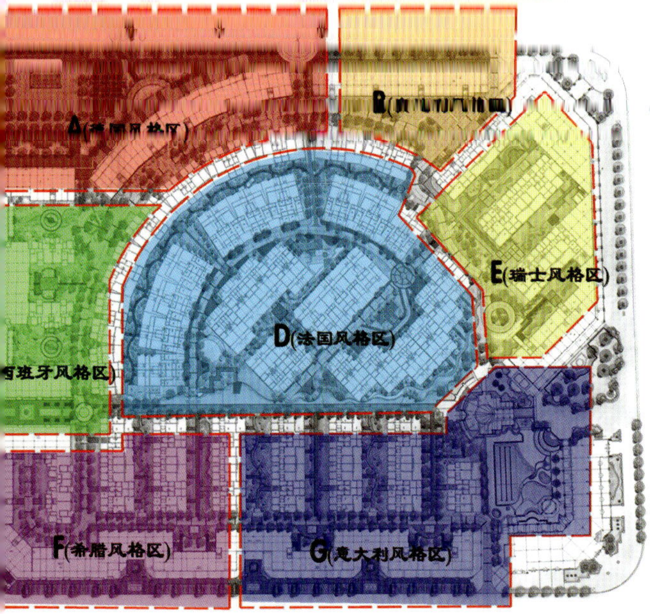

分区示意图

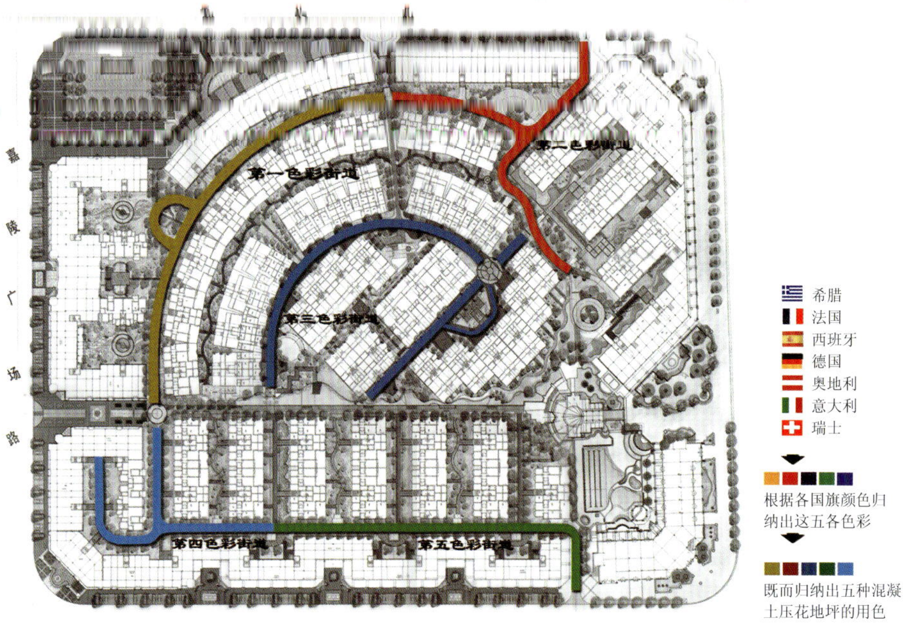

街道色彩示意图

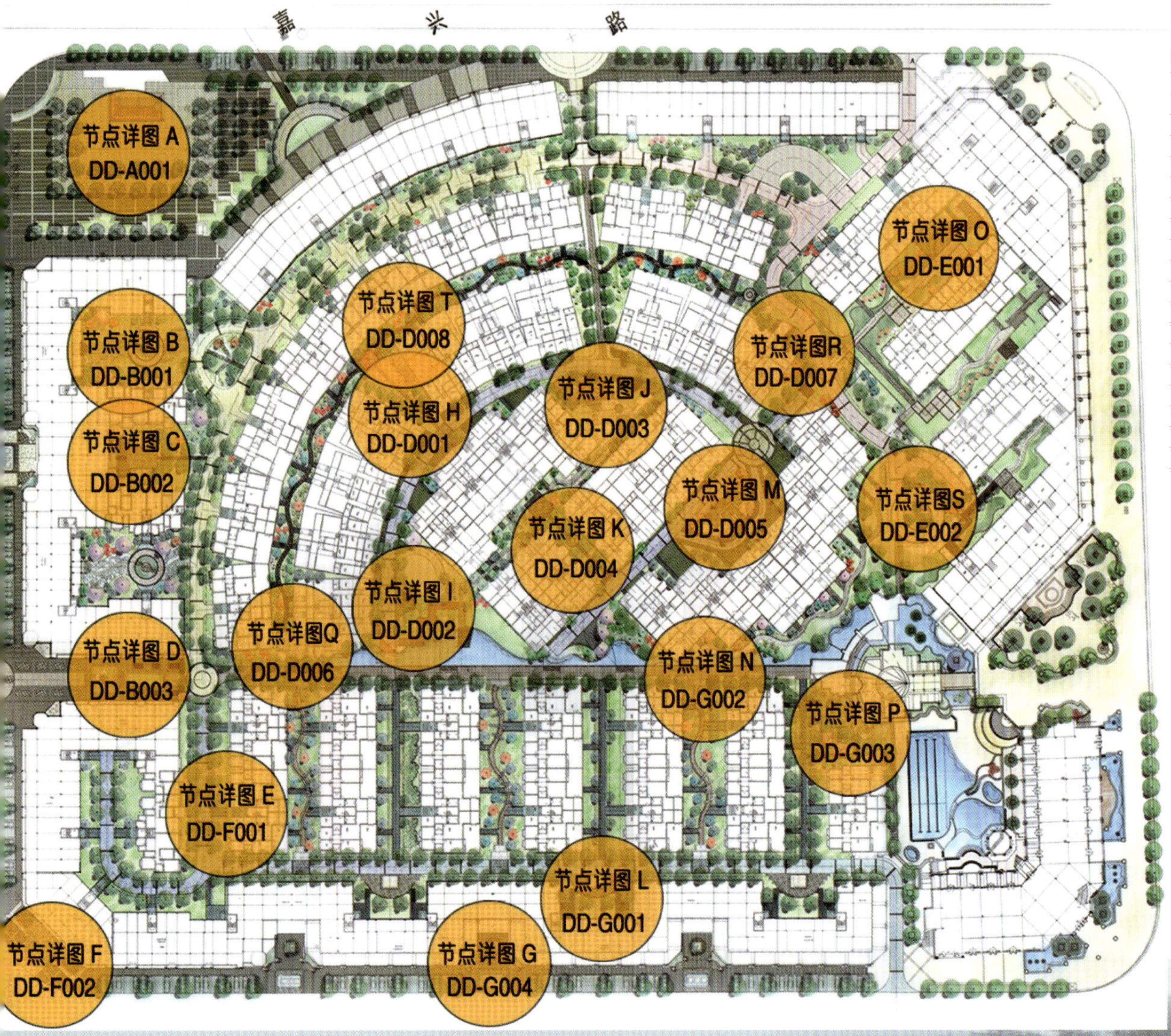

图名	图号	景观地名
节点详图A	DD-A01	慕尼黑啤酒广场
节点详图B	DD-B01	马德里花园
节点详图C	DD-B02	巴塞罗那花园
节点详图D	DD-B03	毕加索艺术广场
节点详图E	DD-F01	标准住宅入口
节点详图F	DD-F02	爱琴迎宾台
节点详图G	DD-G04	莱切空间
节点详图H	DD-D01	交流空间一
节点详图I	DD-D02	西奈亭景观带
节点详图J	DD-D03	南特高地
节点详图K	DD-D04	交流空间二
节点详图L	DD-G01	博洛尼亚空间
节点详图M	DD-D05	凡尔赛公共活动空间
节点详图N	DD-D06	交流空间三
节点详图O	DD-G02	交流空间四
节点详图P	DD-E01	伯尔尼空中花园
节点详图Q	DD-G03	马可波罗儿童活动空间
节点详图R	DD-D07	典型台阶平面图
节点详图S	DD-E02	蒙彼利埃交通空间
节点详图T	DD-D08	典型高差地形平面图

索引图

移动小卖部示意图

树荫+阳伞+座凳示意图

埋地上射灯

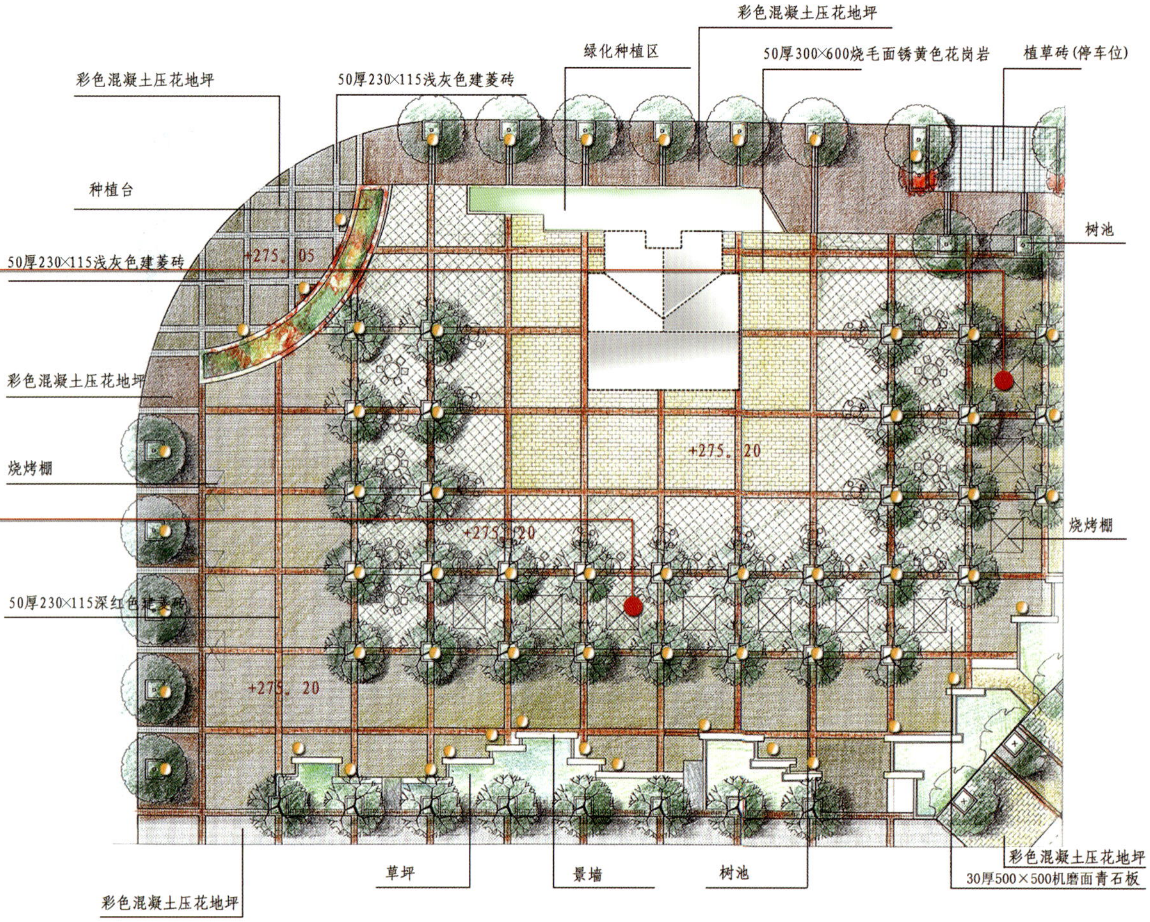

节点详图A DD-A01 慕尼黑啤酒广场

灌木丛示意图

座椅示意图

园林柱灯

埋地灯

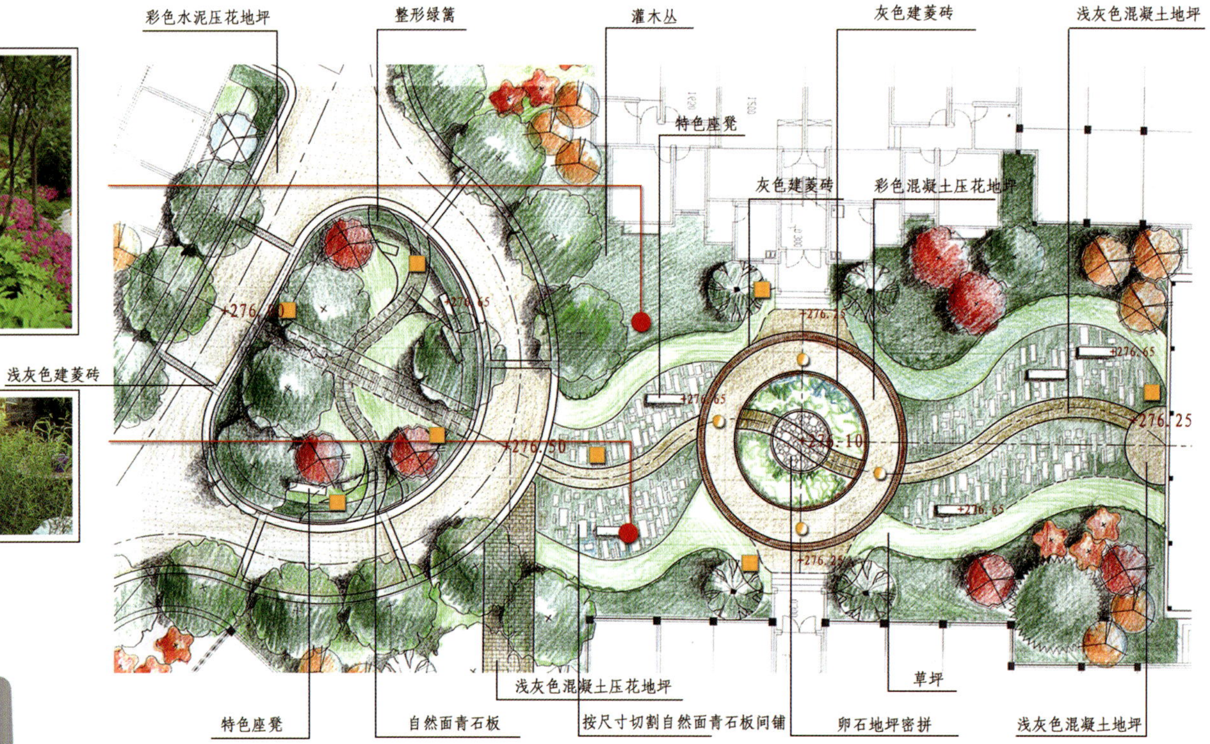

节点详图B DD-B01 马德里花园

水景与雕塑示意图

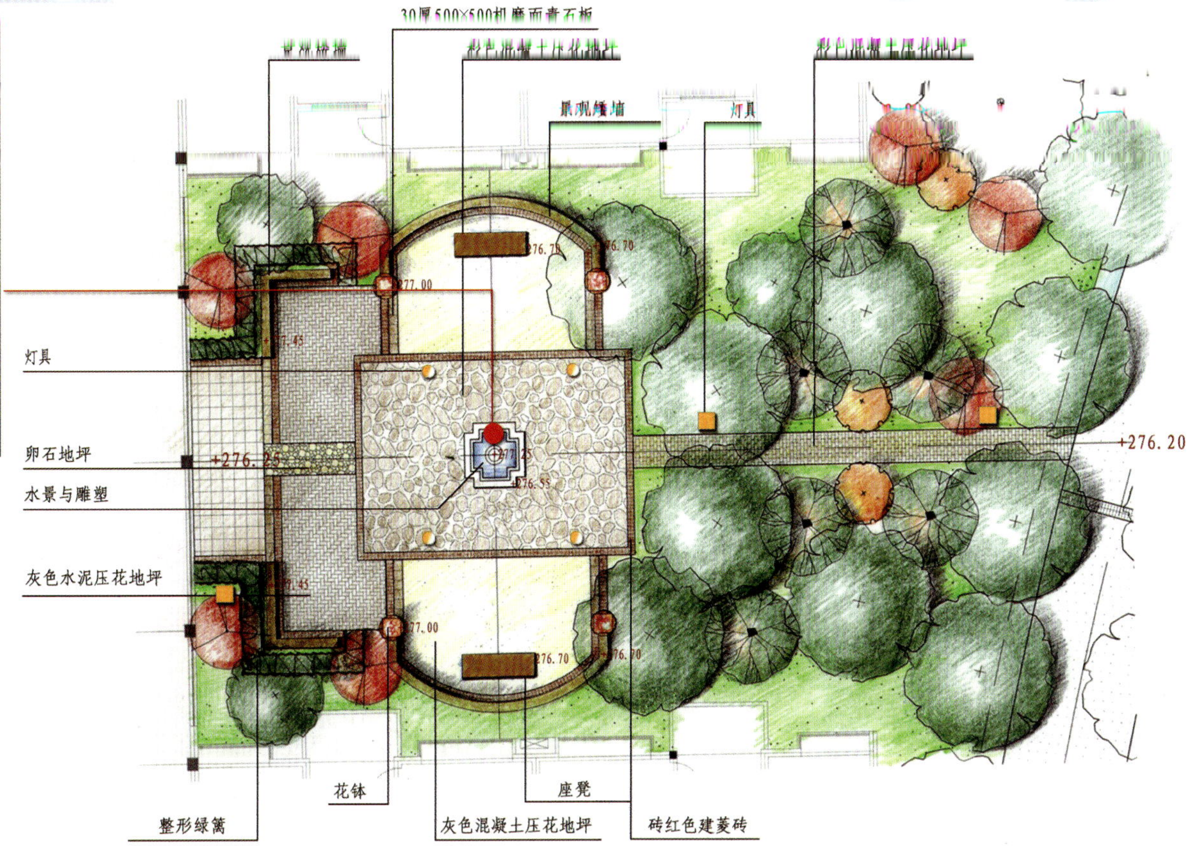

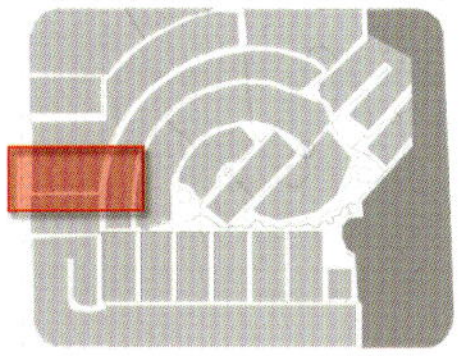

节点详图C DD-B02 巴塞罗那花园

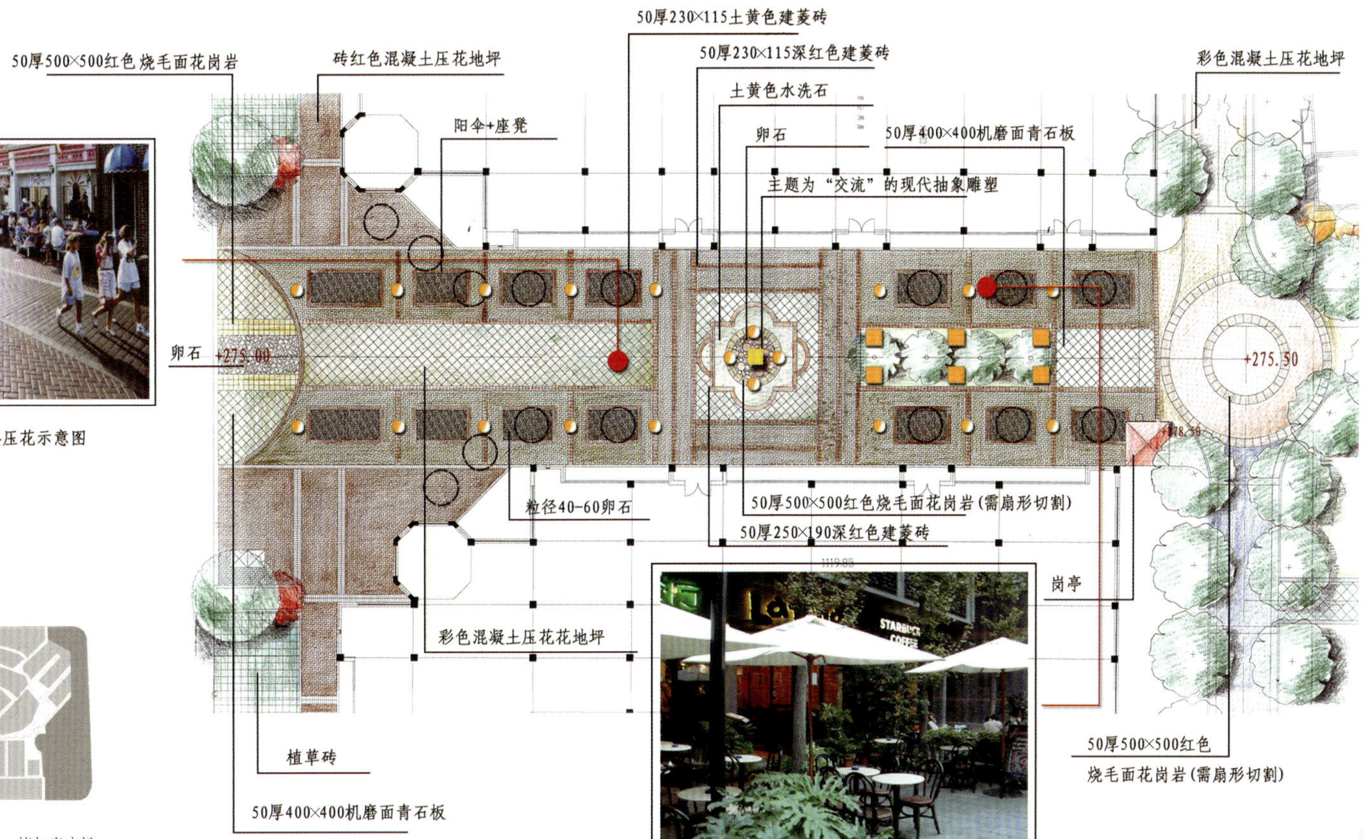

彩色混凝土古典压花示意图

■ 园林柱灯

● 埋地灯

节点详图D DD-B03 毕加索广场

阳伞+桌椅+小盆栽示意图

整形绿篱示意图

园林柱灯

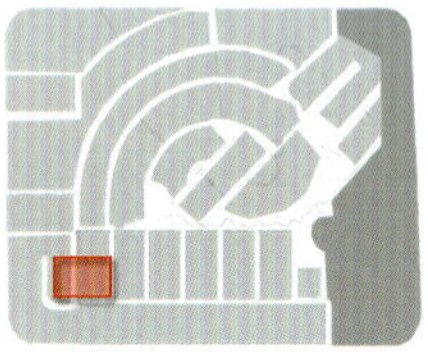

节点详图E DD-F01 标准住宅入口

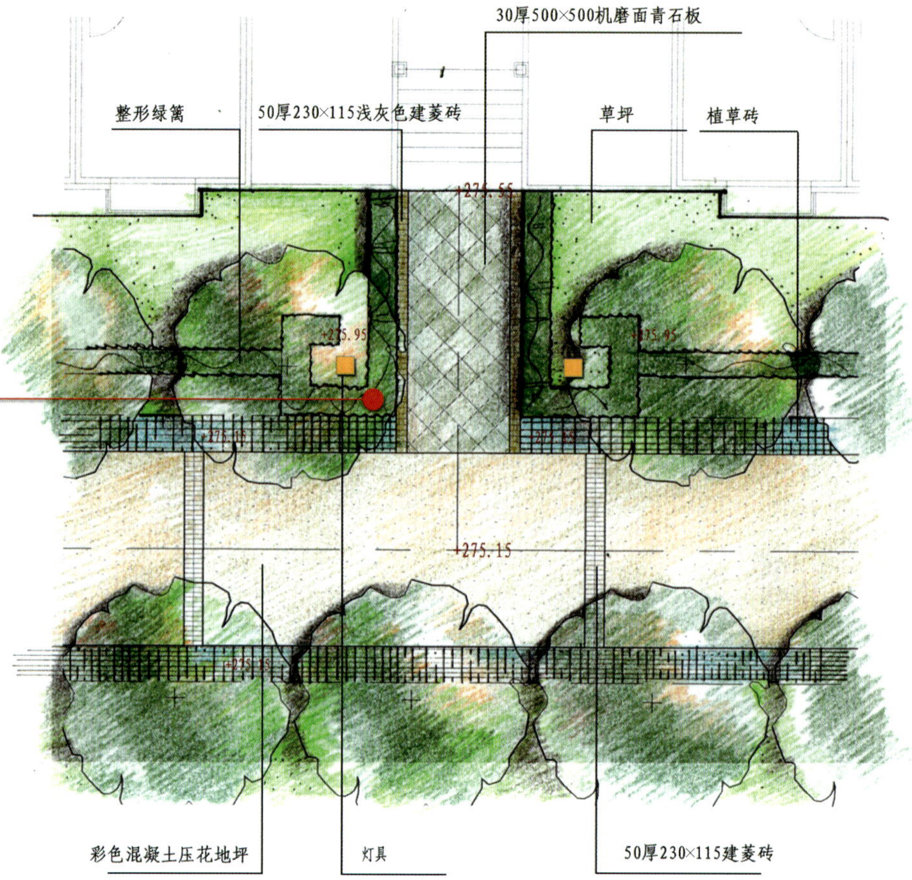

装饰性水面示意图

埋地上射灯

侧壁灯

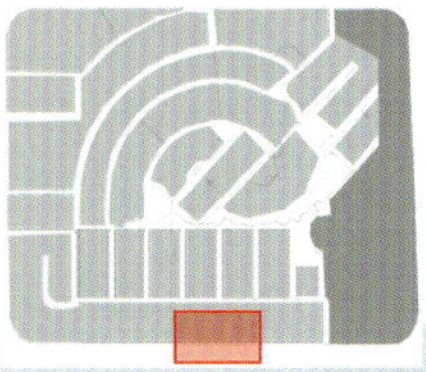

节点详图G DD-G04 莱切空间

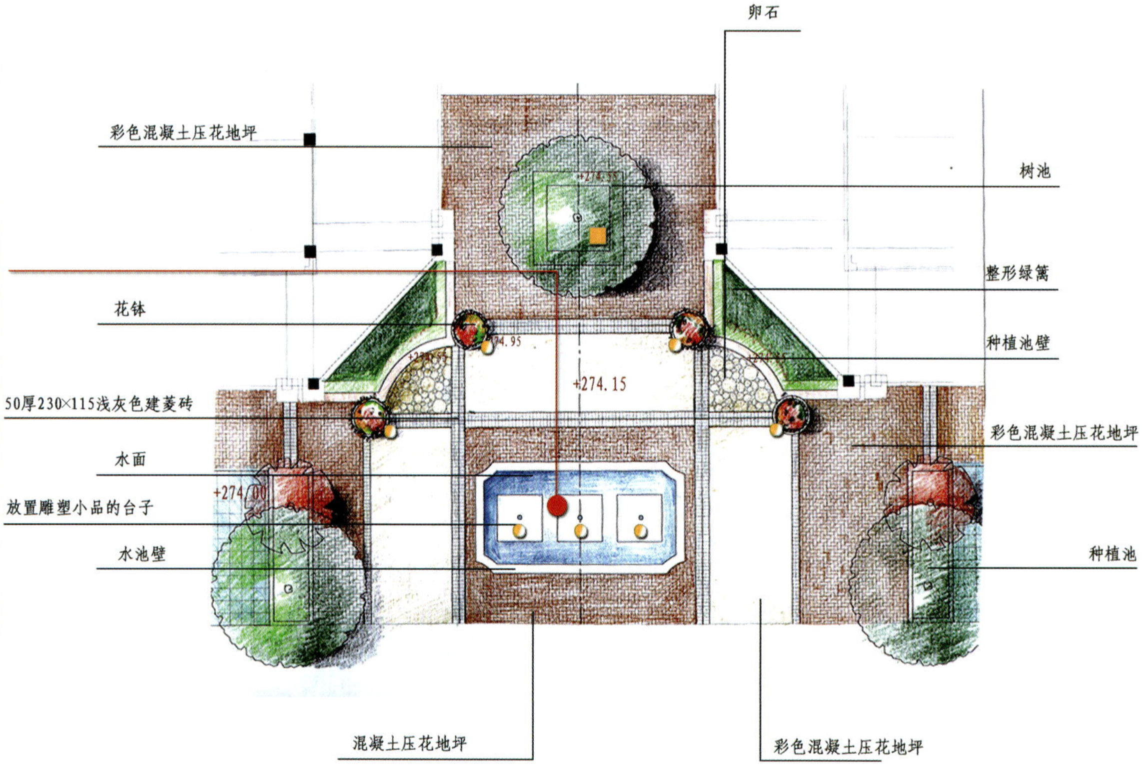

花钵示意图

小型装饰景观示意图

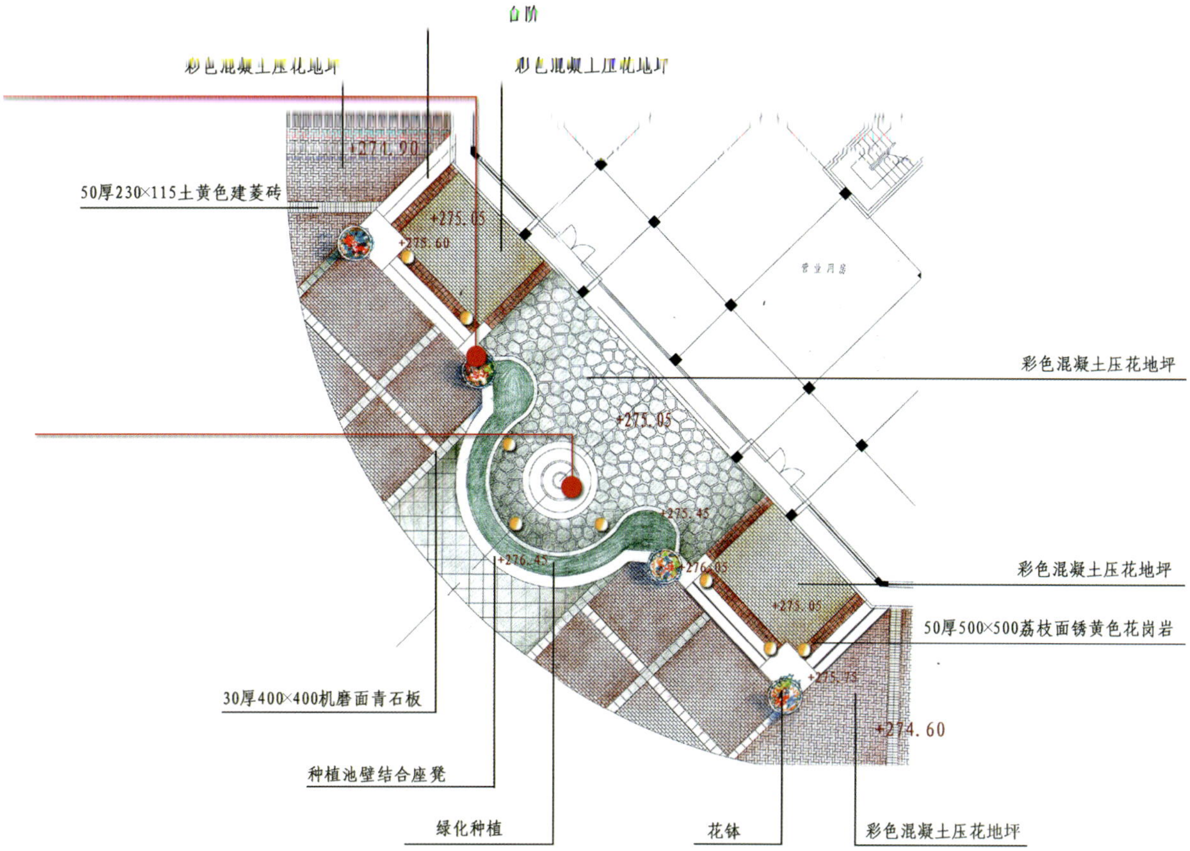

节点详图F DD-F02 爱琴迎宾广场

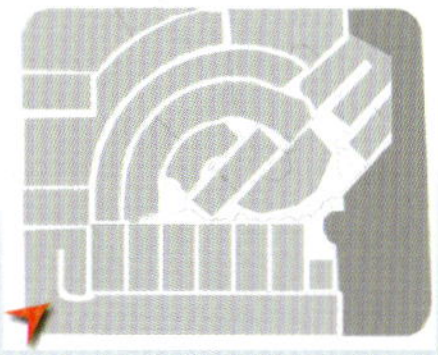

爱琴迎宾台效果图

竹林示意图

亭子空间示意图

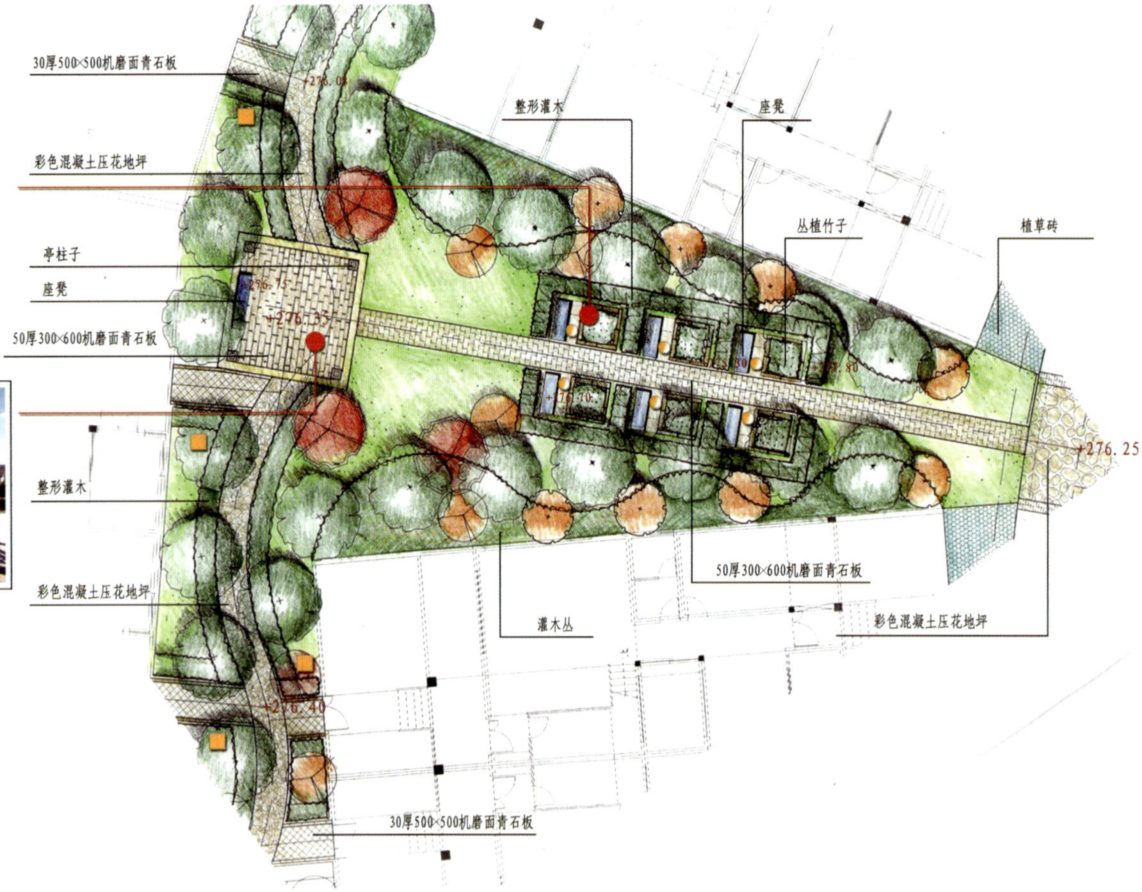

园林柱灯

埋地上射灯

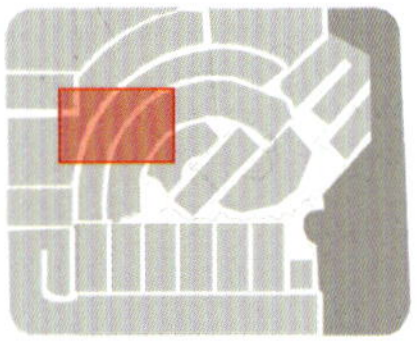

节点详图H DD-D01　邻里交流空间一

邻里空间一效果图

景墙示意图

花架示意图

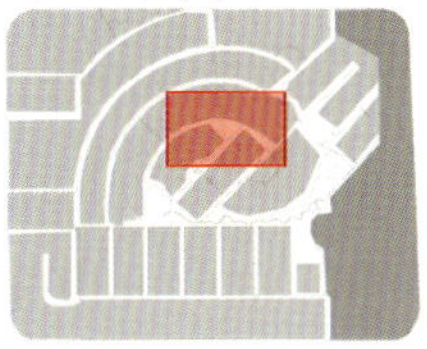

节点详图J DD-D03 南特高地

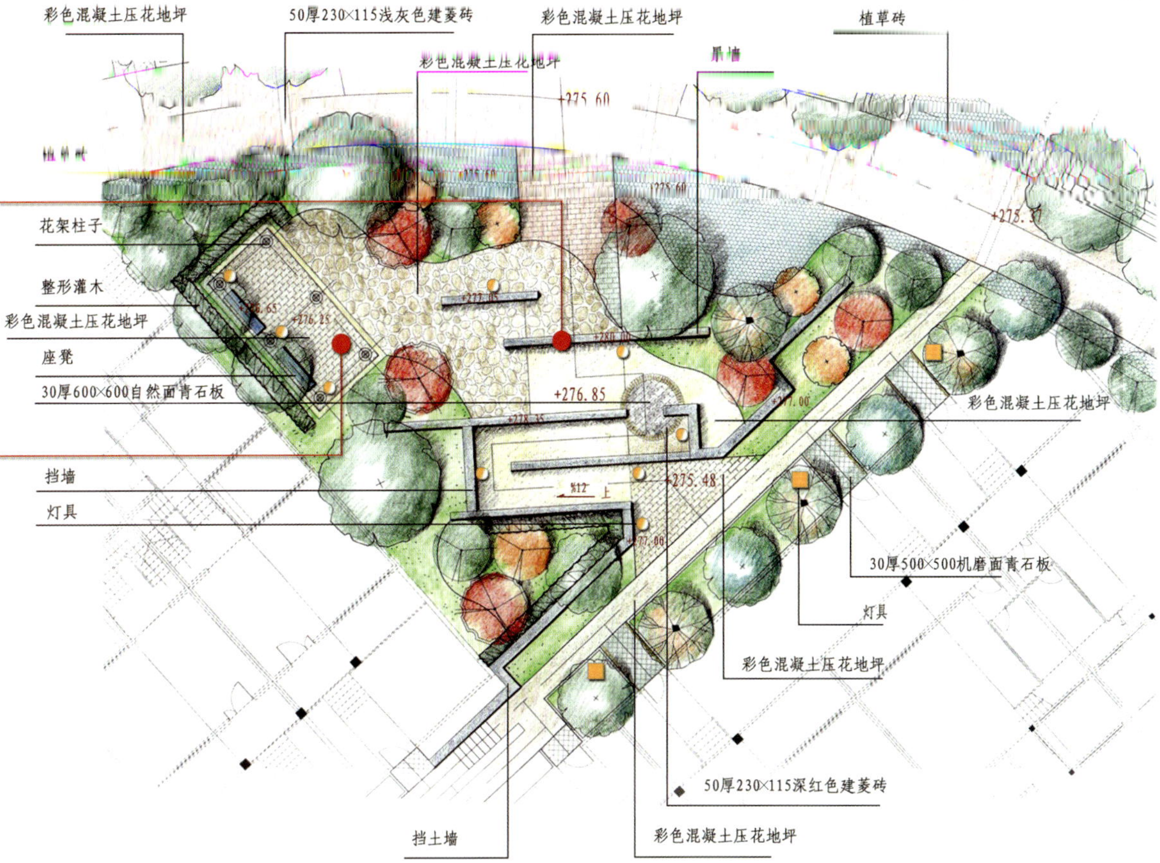

南特高地效果图

亲水木平台示意图

草坪景观示意图

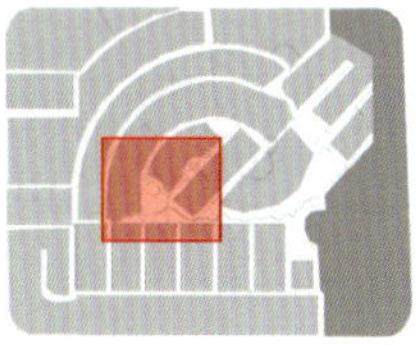

节点详图I DD-D02　西奈亭景观带

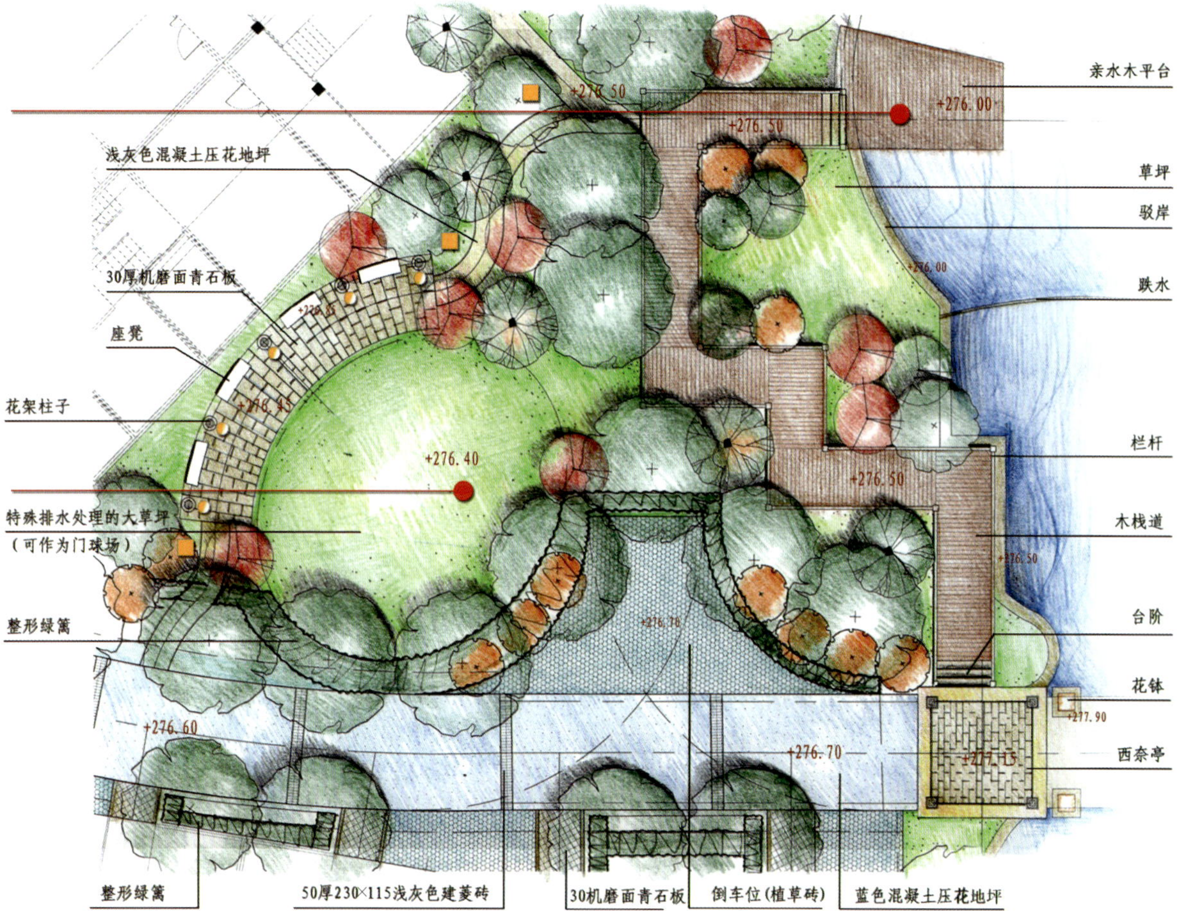

活动平台示意图

园林柱灯

埋地灯

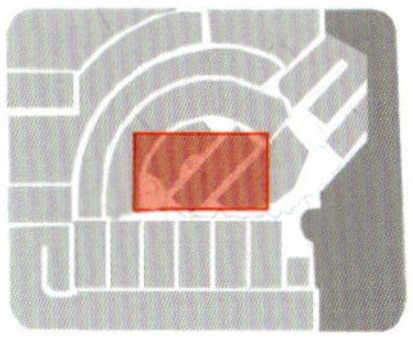

节点详图K DD-D04　邻里交流空间二

景墙+座凳示意图

整形的绿篱与灌木组合示意图

园林柱灯

内装墙灯

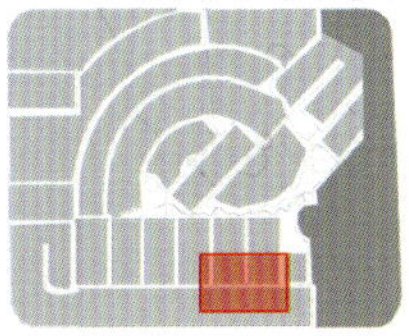

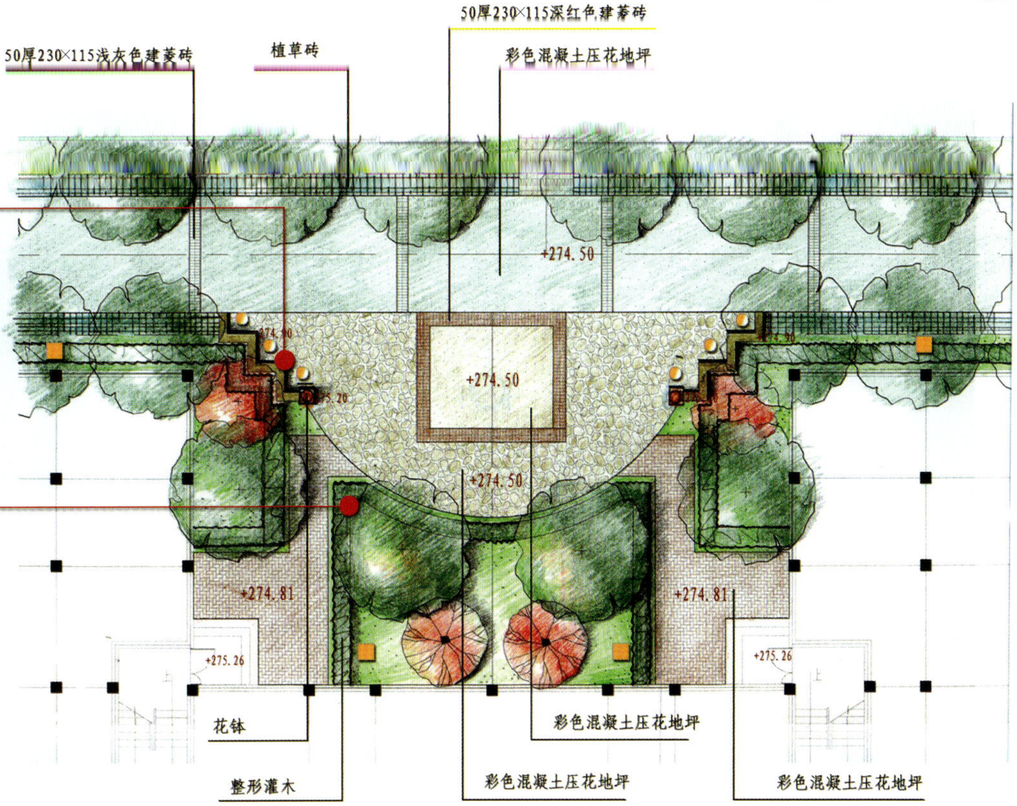

节点详图L DD-G01　博洛尼亚空间

花架示意图

园林柱灯

侧壁灯

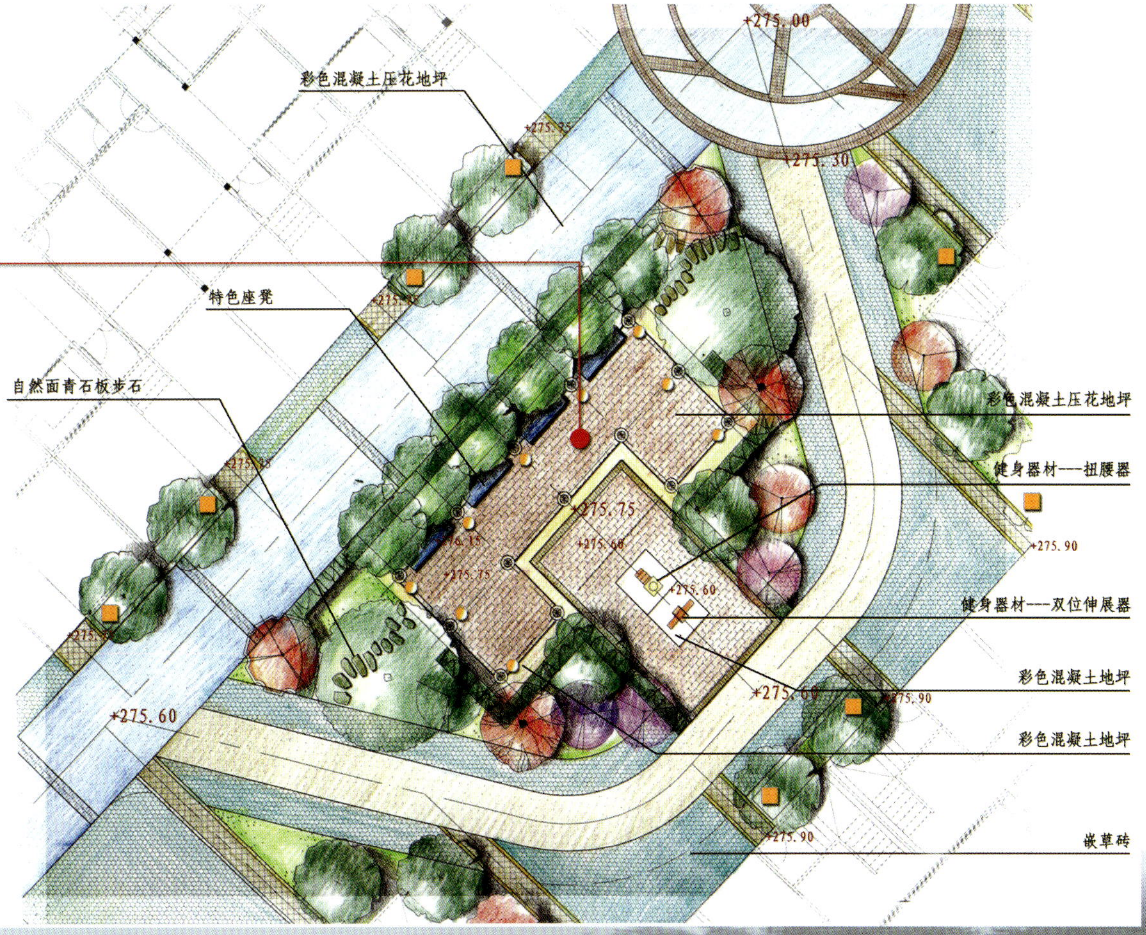

节点详图M DD-D05　凡尔赛公共活动空间

座凳示意图

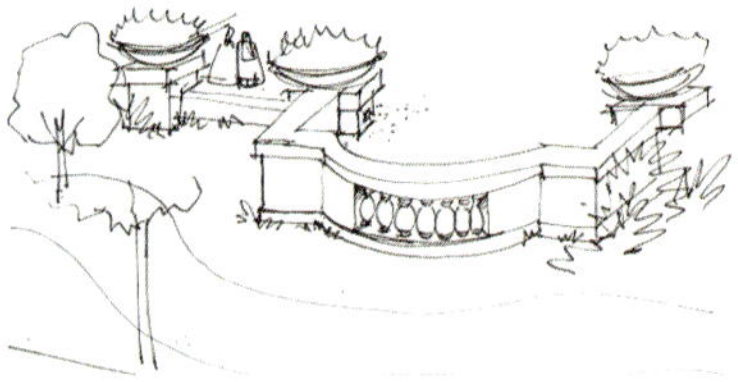

欧式露台造型示意图

园林柱灯

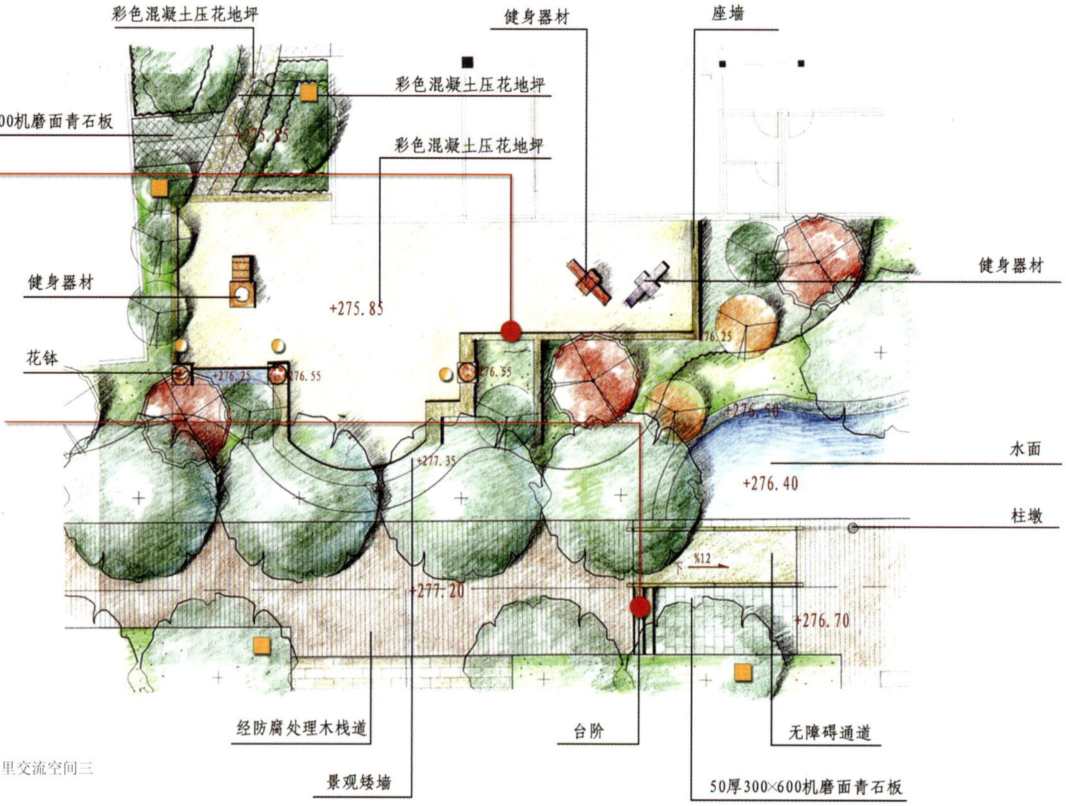

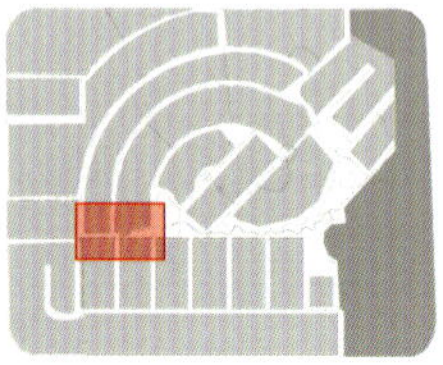

节点详图N DD-D06 邻里交流空间三

木栈台与水景示意图

结合整形灌木层的坡面示意图

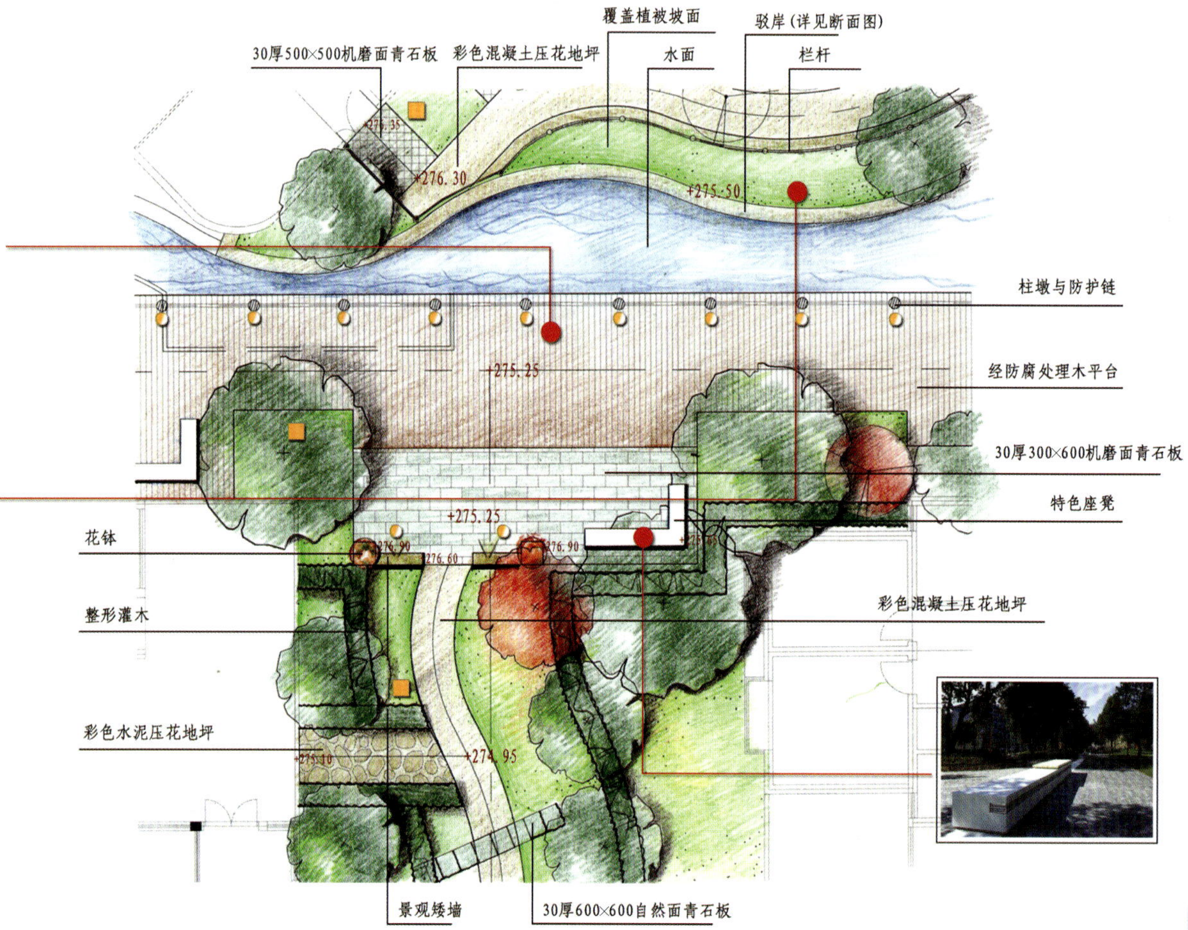

园林柱灯

内装墙灯 埋地灯

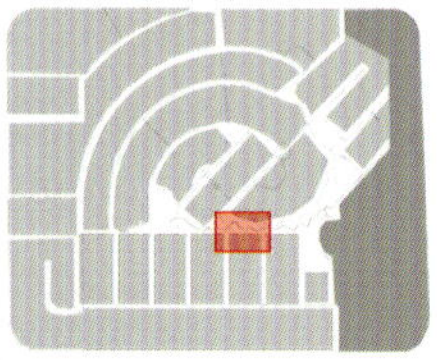

节点详图O DD-G02 邻里交流空间四

座墙示意图

装饰小品示意图

园林柱灯

内装墙灯

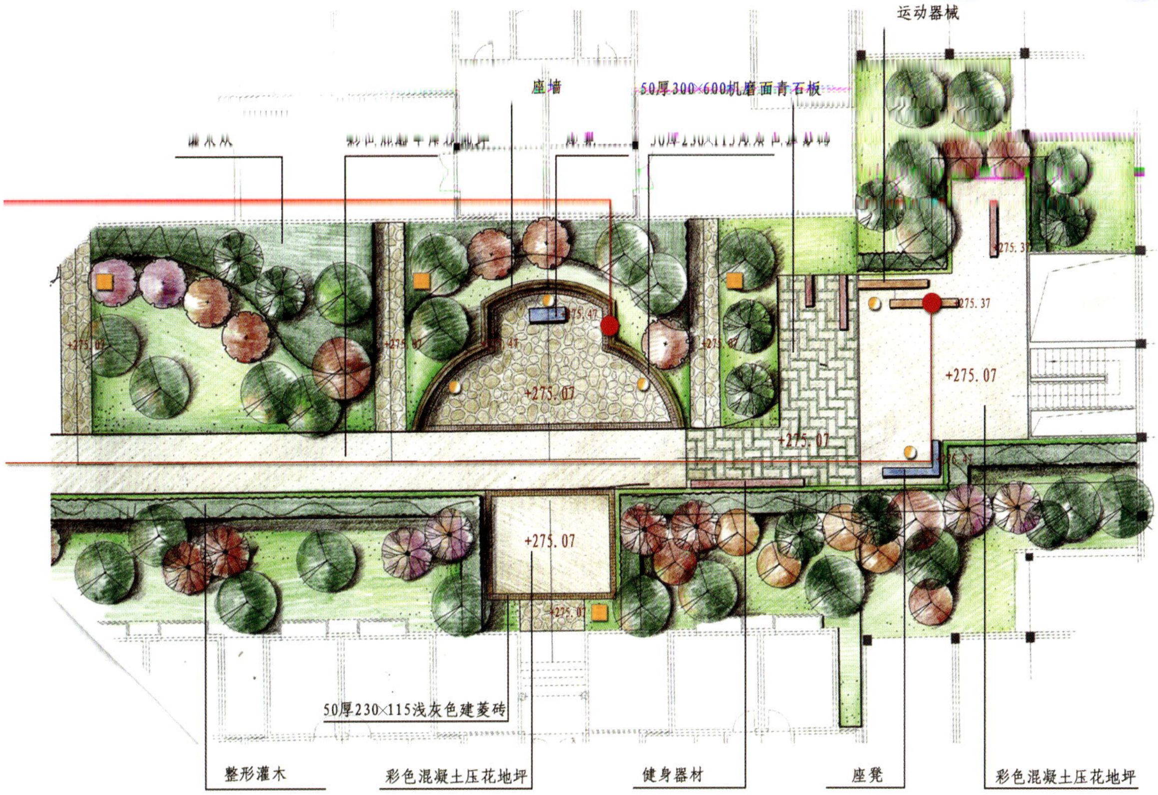

节点详图P DD-E01 伯尔尼空中花园

儿童滑梯示意图

园林柱灯

埋地上射灯

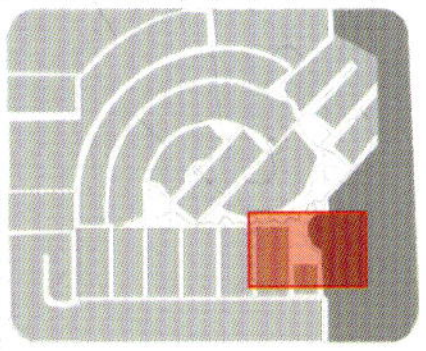

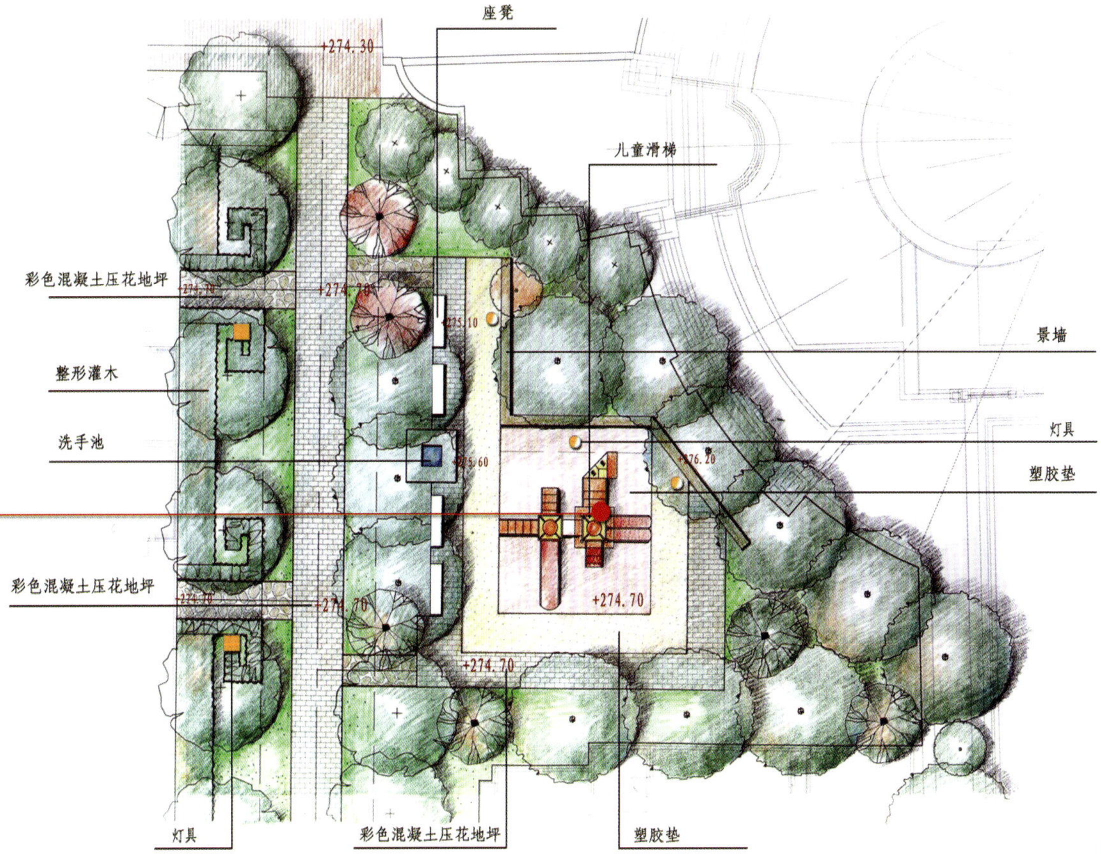

节点详图Q DD-G03 马可波罗儿童活动区

台阶示意图

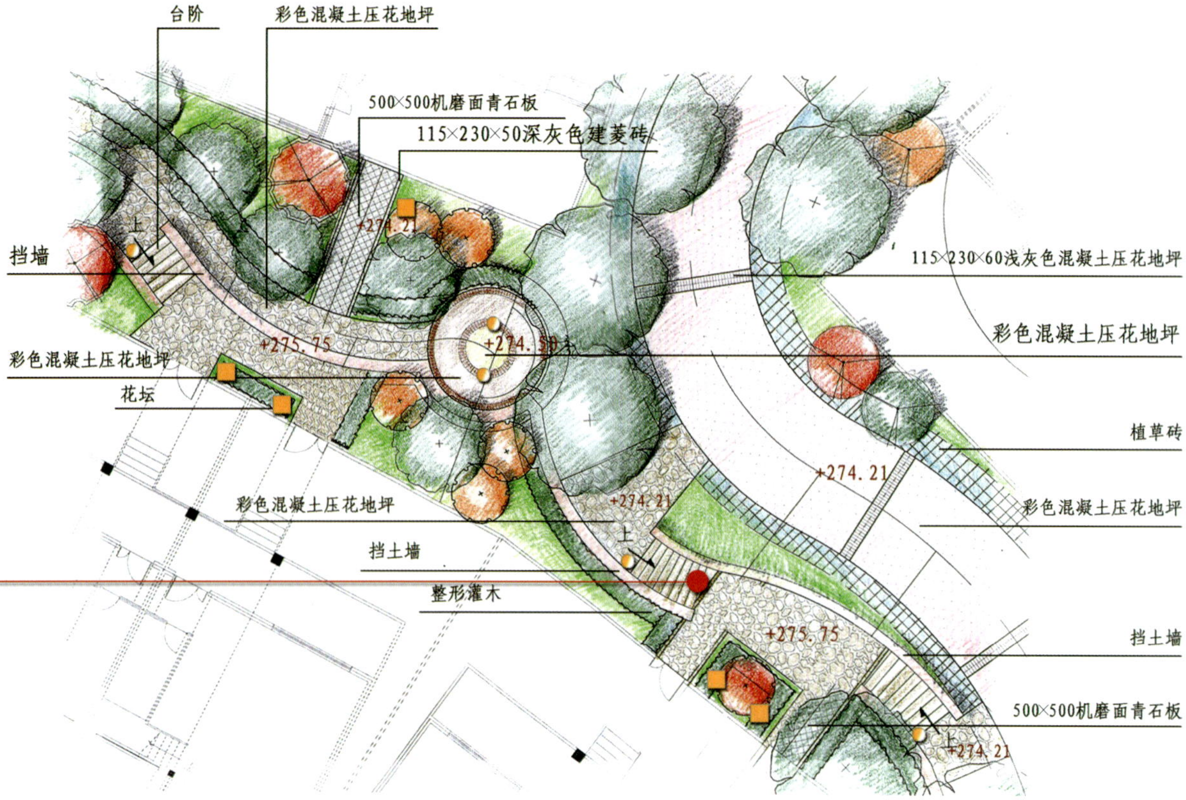

园林柱灯
侧壁灯 埋地灯

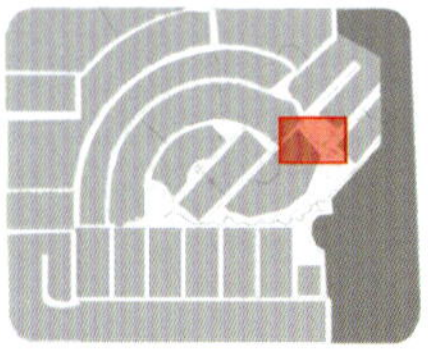

节点详图R DD-D07 典型台阶平面图

典型台阶示意图

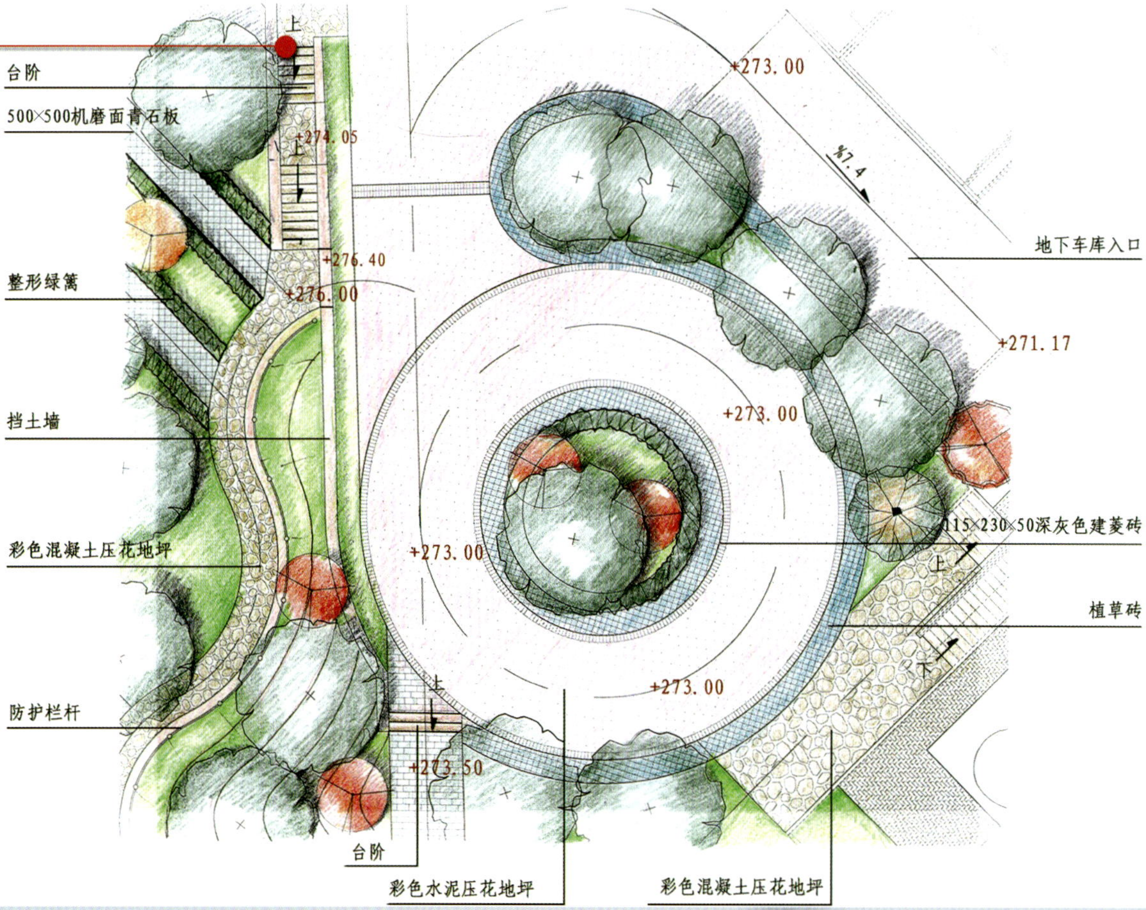

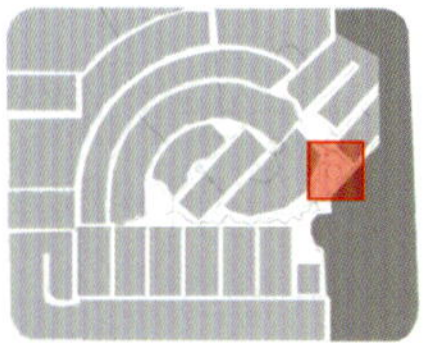

节点详图S DD-E02 蒙彼利埃交通空间

挡墙台阶示意图

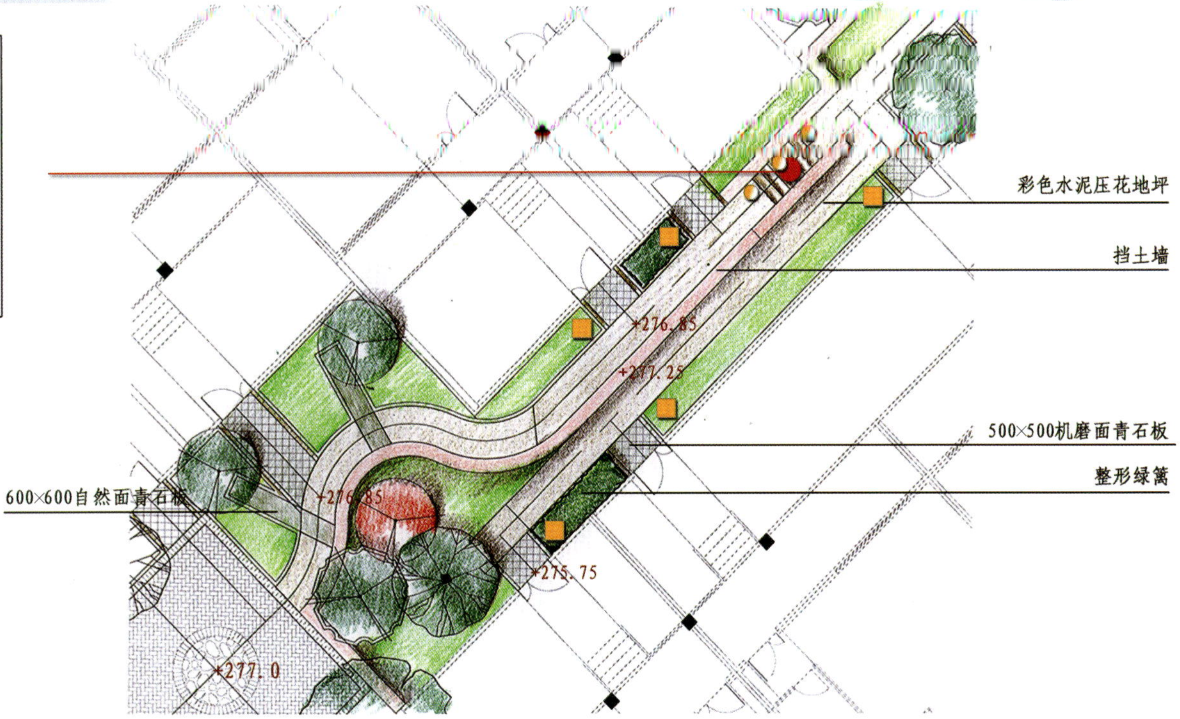

园林柱灯

侧壁灯

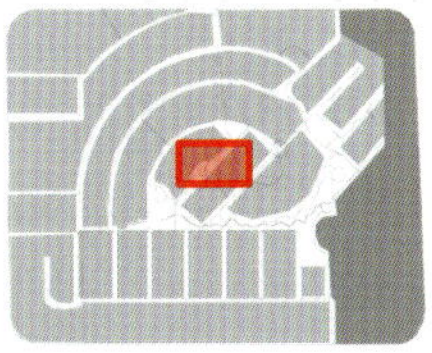

节点详图T DD-D08　典型高差地形示意图

黑色卵石贴面示意图

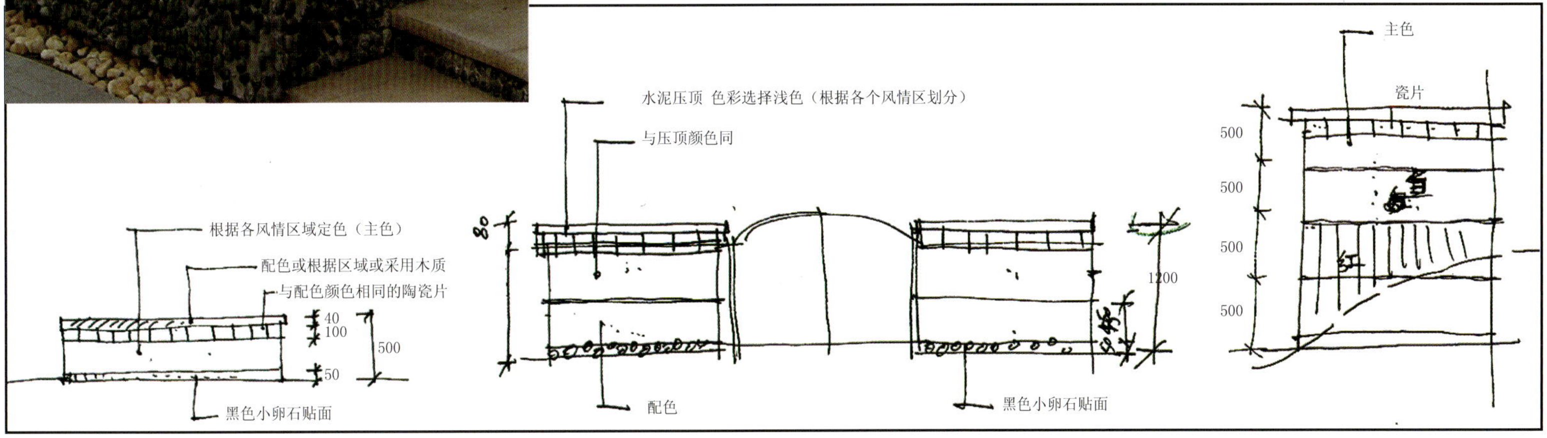

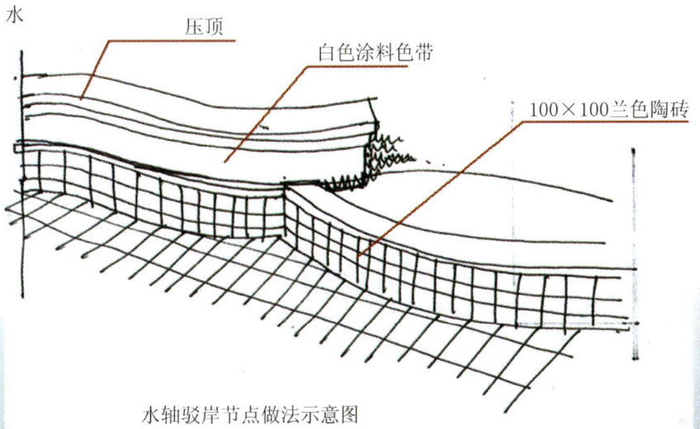

水轴驳岸节点做法示意图

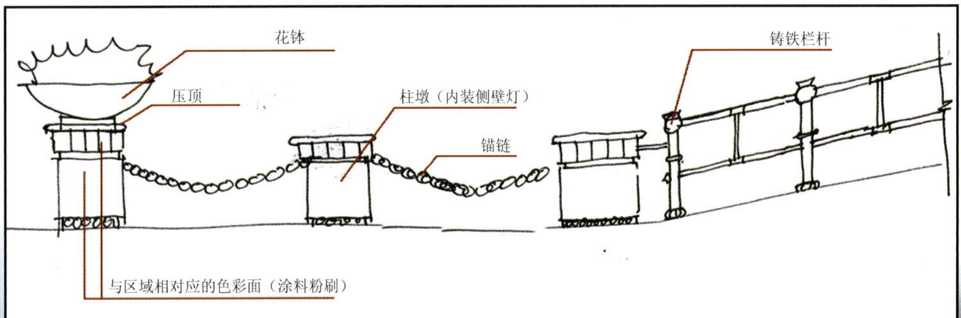

水轴岸边锚链与花钵示意图

宁波市翠林居专家公寓楼

本项目场地位于余姚市梁周公路西侧，场地三面临山（馒头山），东临梁周公路（用地红线与市政道路之间有50m宽的防护绿带），南北两侧有部分坡地，其余为平地。

宋朝诗人苏洞有诗云："曲径萦纡入翠林，无人风自落来禽。山中不记今为晋，一刻清闲直万金。"生活在现代城市钢筋混凝土环境中的人们，终日忙忙碌碌，神经紧张，越来越渴望其居住环境与城市，特别是工作环境有所区别，"回归自然，远避尘嚣"成为人居时尚。

景观设计师们充分考虑了建筑与人、室内与室外、休闲与活动等不同的空间体验，给住户提供一个优美舒适、有亲密归宿感的情感场所，让住户有乐于其所、情融其中的真实感受。设计着眼于住户买房后对高品质绿地的迫切需求，如户外庭院休闲空间，满足在自家院内"养花植草"之雅兴，实现私家花园的美梦，以游步道、植物划定每户"私家庭院"空间；同时，游步道、小溪将私家花园与公共景观空间连接起来，体现小尺度的"温馨家园"与开阔大尺度公共景观有机结合的效果。并且，设计师们精心而有节制的运用手中有限的材料，秉承"设计源于生活"、"科技回归人性"、"文化融入自然"的设计理念，从住户的需求出发，融会西方现代居住环境简约、休闲的设计风格和东方传统的人文思想，为住户呈上一份现代而又意境隽永的景观艺术作品。

总平面图

技术经济指标

（用地红线内）

规划用地总面积：2.18万m²

建筑占地面积：3,862m²

网球场面积：699m²

市政道路面积：1,553m²

景观设计面积：1.57万m²

水体面积：1,940m²

广场园路面积：3,919m²

景观建筑面积：90m²

绿地面积：9,771m²

（用地红线外）

景观设计面积：3,184m²

铺装面积：1,252m²

景观建筑面积：35m²

水体面积：60m²

绿化面积：1,837m²

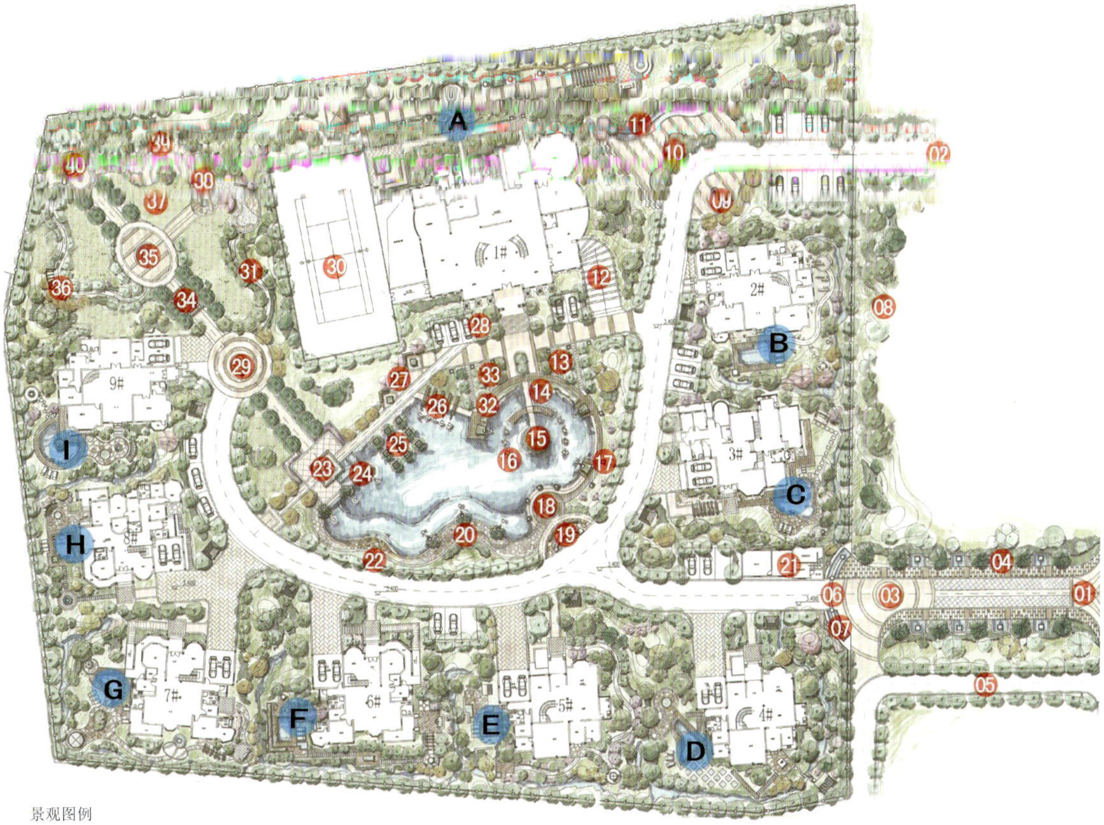

景观图例

01. 小区主入口
02. 小区次入口
03. 艺术铺装
04. 水景雕塑
05. 入口辅道
06. 入口欧式构架
07. 入口水幕
08. 风景林带
09. 特色水景
10. 树桩
11. 特色景墙
12. 车库入口构架
13. 景观树阵（雾喷）
14. 水生植物
15. 冬青古树
16. 涌泉
17. 特色花钵
18. 欧式景亭
19. 环形景墙
20. 特色座凳
21. 门卫
22. 框形构架
23. 特色水景（落水）
24. 跌水景观
25. 特色树阵
26. 特色框架
27. 特色雕塑
28. 古树桩景
29. 特色花坛
30. 网球场
31. 曲径通幽
32. 木栈道
33. 雾喷
34. 七彩构架
35. 特色水景
36. 环形廊架
37. 阳光草坪
38. 艺术铺装
39. 特色景墙
40. 特色花坛

A. 1号庭园（意大利台地园）
B. 2号庭园（日本枯山水庭园）
C. 3号庭园（日本茶庭风格庭园）
D. 4号庭园（中国自然山水园）
E. 5号庭园（中国江南人文园林风格庭园）
F. 6号庭园（德国极简主义庭园）
G. 7号庭园（西班牙抽象主义庭园）
H. 8号庭园（地中海海洋风情庭园）
I. 9号庭园（英国自然生态主义庭园）

景观分析图

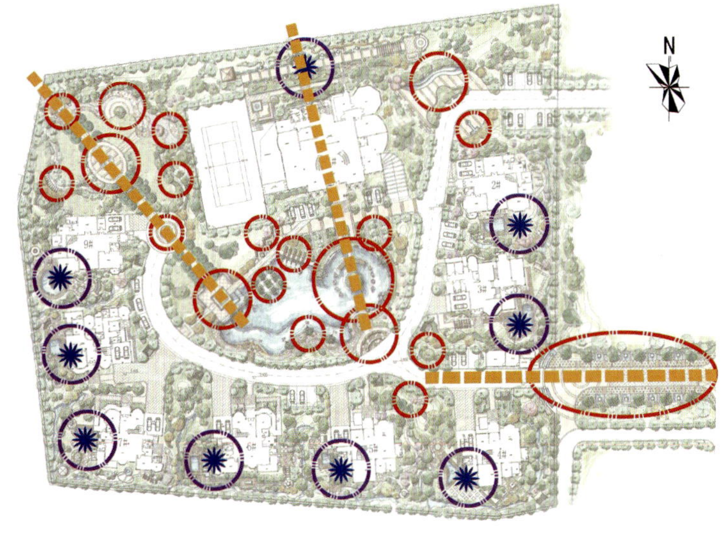

图例：
景观轴线
景观节点
私家庭院

景观节点示意图

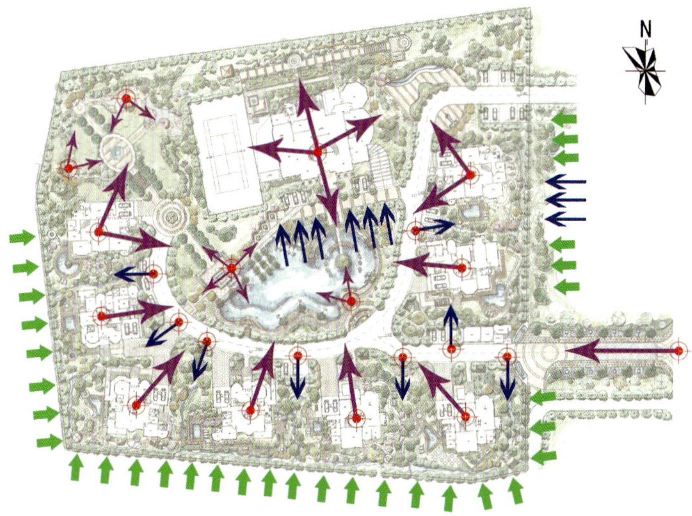

图例：
封闭视线
通透视线
半通透视线
观景点

景观视线分析图

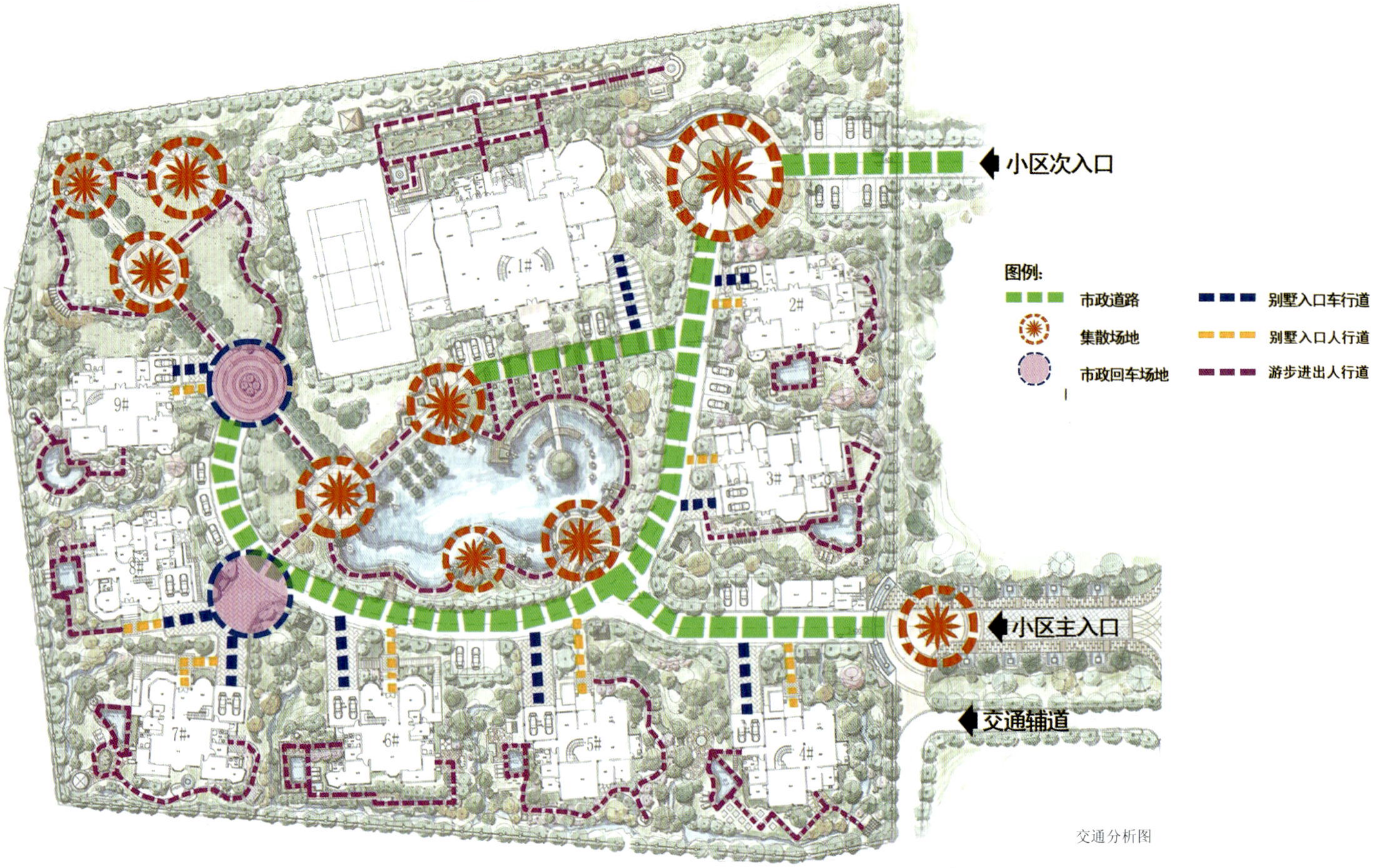
小区次入口
图例:
市政道路
集散场地
市政回车场地
别墅入口车行道
别墅入口人行道
游步进出人行道
小区主入口
交通辅道
交通分析图

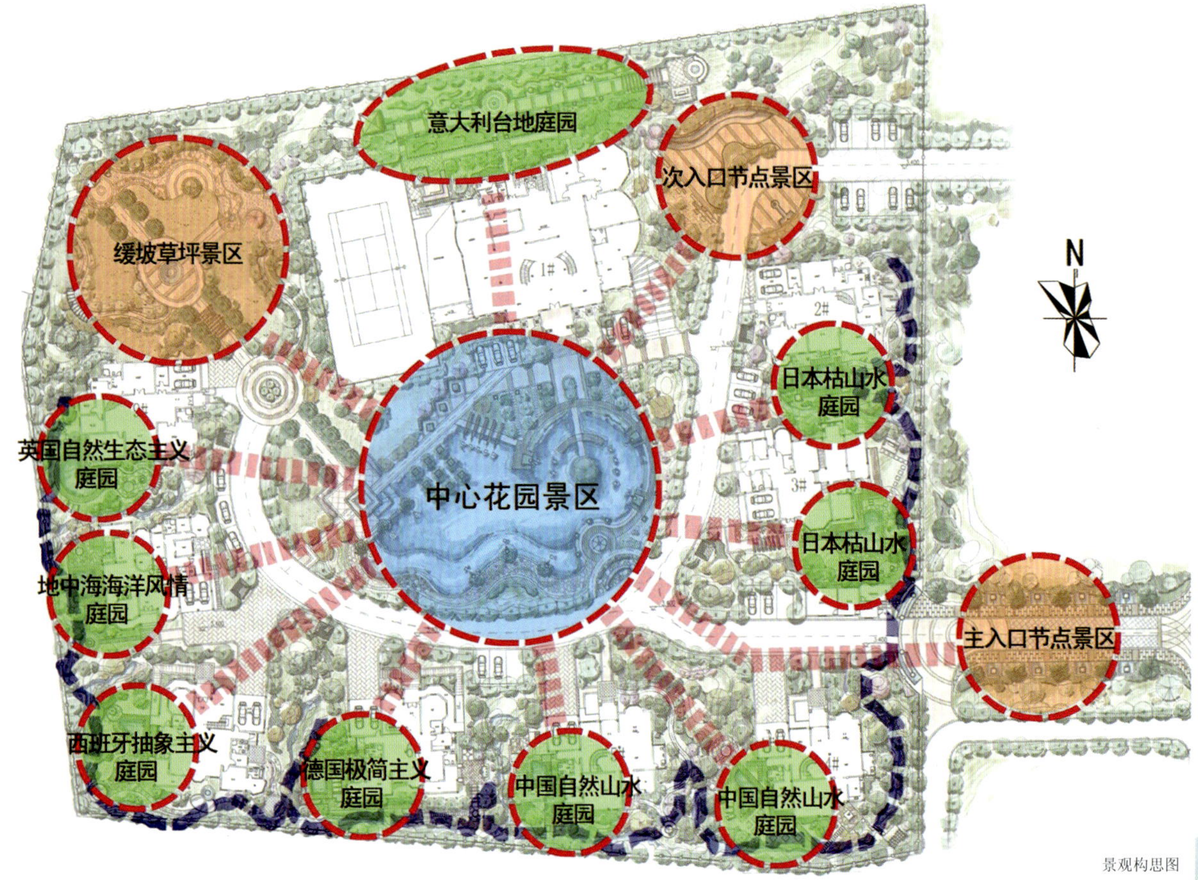
意大利台地庭园
次入口节点景区
缓坡草坪景区
N
日本枯山水
庭园
英国自然生态主义
庭园
中心花园景区
日本枯山水
庭园
地中海海洋风情
庭园
主入口节点景区
西班牙抽象主义
庭园
德国极简主义
庭园
中国自然山水
庭园
中国自然山水
庭园
景观构思图

图例

01. 欧式构架
02. 水幕
03. 慈竹林
04. 围墙
05. 艺术铺装
06. 人行道
07. 雕塑水景
08. 景观大树
09. 车行道
10. 花径
11. 卵石散铺
12. 微地形

主入口景观分析图

主入口景观效果图

01. 停车位 02. 特色水景 03. 微地形 04. 特色铺装 05. 置石 06. 休息座凳
07. 艺术景墙 08. 跌水 09. 组合花坛 10. 条石铺装 11. 植物群落

次入口景观分析图

次入口景观效果图

01. 景观市树
02. 欧式圆亭
03. 艺术景墙
04. 亲水台阶
05. 雕塑水景
06. 组合花坛
07. 水生植物
08. 木栈道
09. 草地汀步
10. 微地形
11. 列植榉树
12. 红色构架
13. 花池
14. 木座椅
15. 银海枣树阵
16. 跌水
17. 玻璃水亭
18. 景观水面
19. 景观路
20. 组合盆栽
21. 天然卵石
22. 水生植物种植带
23. 花架
24. 艺术铺装
25. 休息座凳

中心花园景观分析图

中心花园景观效果图

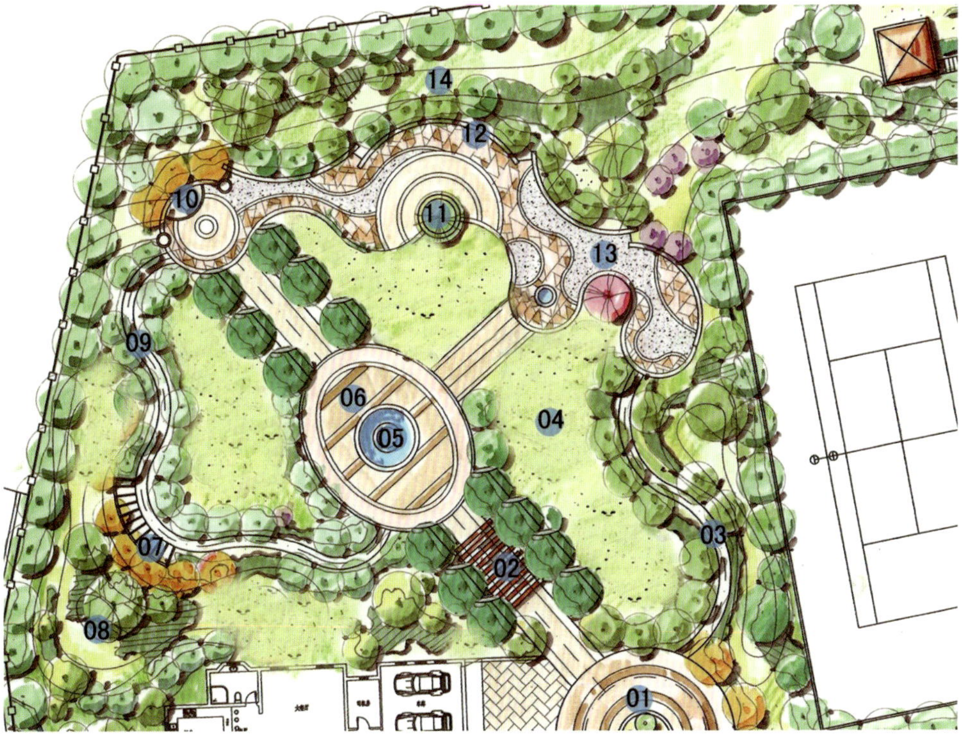

01. 艺术铺装
02. 花架廊
03. 曲径通幽
04. 缓坡草坪
05. 雕塑水景
06. 特色铺装
07. 弧形构架
08. 微地形
09. 花径
10. 组合花坛
11. 树池坐凳
12. 特色景墙
13. 健身场地
14. 群落植物

缓坡草坪区景观分析图

1号庭园分析图

01. 欧式景观亭
02. 艺术模纹
03. 特色水景
04. 欧式构架
05. 特色水景
06. 特色雕塑
07. 艺术花钵
08. 特色水景
09. 组合花坛
10. 葡萄藤架
11. 秋千
12. 特色水景
13. 特色护坡

意大利台地式风格庭园

意大利的园艺师匠心独具，他们将古老文明的奢华与恢弘融于乡间田园，华丽的大型雕塑水景及精心修剪的园艺造型，赋予花园以勃勃生机，并彰显着浓郁的文化底蕴，是世界园林中的一支奇葩。1#庭园因地制宜地采用意大利台地式风格处理地形，庭园的外侧是茂密的山林景观，以高大的暗绿色树林，衬托着庭院中心部分。

一号庭园景观效果图

2号庭园分析图

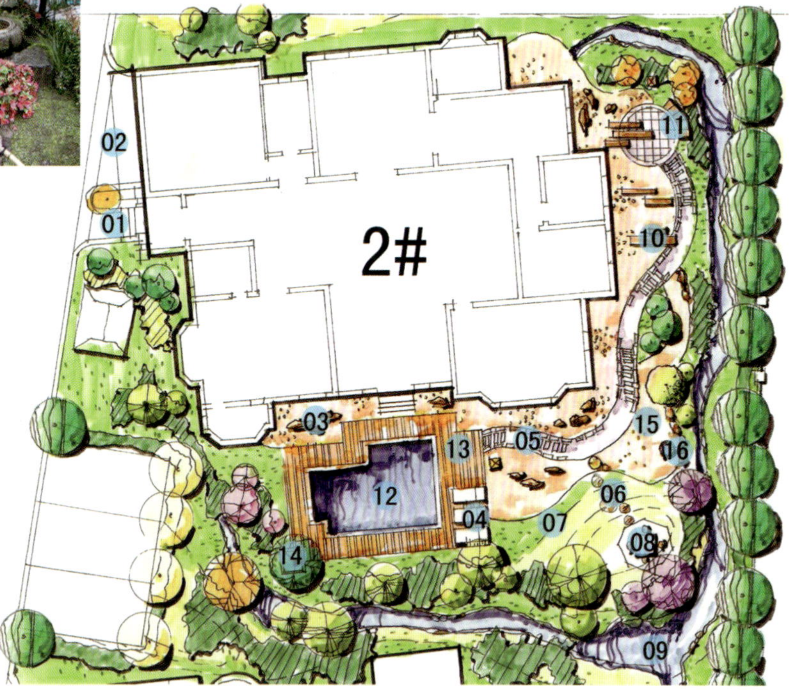

01. 住宅人行入口
02. 车行入口
03. 置石
04. 躺椅
05. 卵石路
06. 汀步
07. 草坪
08. 石灯笼
09. 旱溪
10. 条石
11. 休息空间
12. 游泳池
13. 木平台
14. 庭荫树
15. 白沙石铺地
16. 洗手钵

日本枯山水风格庭园

枯山水庭园是源于日本本土的缩微式园林景观，以小巧、静谧、深邃见长。其主要特点是用石块象征山峦，用砂石象征湖海，再点缀少量的灌木或苔草，用极少的构成要素达到极大的意韵效果，追求禅意的枯寂美。2#庭园通过巧妙地运用尺度和透视感，用细细耙制的白沙石铺地、叠放有致的几尊石组营造出一条“河道”。这里的主石，或直立如屏风，或交错如门扇，或层叠如台阶，分明让主人能感觉到“水”在高耸的峭壁间流淌，在低浅的桥下奔流的意境。

3号庭园分析图

01. 车行入口
02. 细沙石与植物组合花池
03. 原木花架
04. 门厅
05. 细砂铺地
06. 缓坡草地
07. 木栈道
08. 躺椅
09. 游泳池
10. 洗手钵
11. 石灯笼
12. 马赛克铺装
13. 汀步
14. 竹林
15. 小茶室
16. 旱溪

日本茶庭风格庭园

茶庭也叫露地，是源自茶道文化的一种园林形式，至今茶庭的景观作用已大于实用功能。茶庭式园林一般是在进入茶室的一段空间里，按一定路线布置景观，有很强的禅宗意境。3#庭园以拙朴的步石象征崎岖的山间石径，以蹲踞式的洗手钵联想到清冽的山泉，以沧桑厚重的石灯笼来营造和、寂、清、幽的茶道氛围。园内主要种植麦冬、竹类、藤蔓类、苔藓类、矮松、常绿灌木等，并将成片植栽的植物，修剪成不规则且自由起伏状，喻指茂盛的森林。

01. 车行入口
02. 人行入口
03. 微地形植物造景
04. 艺术景墙
05. 特色盆栽
06. 条石
07. 艺术铺装
08. 特色水景
09. 游泳池
10. 躺椅
11. 草地汀步
12. 木栈道
13. 置石
14. 小桥
15. 花架廊
16. 旱溪

4号庭园分析图

中国岭南园林风格庭园

“崇尚自然，师法自然”是中国园林所遵循的一条不可动摇的原则；同时，中国园林妙在含蓄，一山一石，耐人寻味。在这种思想的影响下，4#庭园主要突出岭南园林特色，它不同于北方园林的壮丽，江南园林的纤秀，而具有轻盈、自在与通透的特点，把水、石、植物、亭榭、小品有机地融合为一体，采用借景与障景、分景与隔景等造园手法，形成了一个个相互渗透而又相互隔离的人居小环境空间，把自然美与人工美统一起来，创造出与自然环境协调共生、天人合一的艺术综合体。

四号庭园效果图

5号庭园分析图

01. 车行入口
02. 人行入口
03. 廊架
04. 艺术铺装
05. 组合花坛
06. 游泳池
07. 躺椅
08. 矮景墙
09. 天然条石
10. 艺术景墙
11. 旱溪
12. 休息平台
13. 花境
14. 疏林草地
15. 月到风来亭
16. 曲径通幽
17. 雨打芭蕉
18. 微地形

中国江南人文园林风格庭园

江南人文园林风格以清高风雅、淡素脱俗为最高追求，充满着浓郁的书卷气。5#庭园空间较狭小，空间布局以内向布局构成景观，园路曲折蜿蜒，空间内外相互穿插渗透、景中套景、层次丰富，建筑小品轻巧、纤细、玲珑剔透、淡雅朴素；特别注重以植物造景为主题寄托情感，体现人文意境。叠山理水、花木桥廊巧妙结合，小中见大，达到“虽由人作，宛自天开”的境界。

6号庭园分析图

德式极简主义风格庭园

德式庭园充满了综合理性化主义的色彩，强烈、简洁、几何形构图、系列化秩序、客观表现景观本身等特征，6#庭园主要体现德式极简主义风格庭院特色。具体体现在以下几个方面：（1）平面构图均采用几何形构图，方形的游泳池、花坛、休息小广场，圆形的亭子等，自然中有很多的人工痕迹表达，自然与人工的冲突给人强烈的印象。（2）光与云作为自然环境的要素被设计师以抽象的形式，创新地引入到庭院内部空间中，绿树、白墙、蓝天和光景，交汇于一汪池水中，为小院创造了一个宁静、和谐的氛围。（3）玻璃和不锈钢材料制成的景观亭和轻型钢质花架廊达到了只有现代园林所特有的质感、光影、色彩、结构等特征。

01. 车行入口
02. 人行入口
03. 微地形
04. 雕塑
05. 马赛克铺装
06. 色块
07. 躺椅
08. 游泳池
09. 绿墙
10. 组合花坛
11. 木栈道
12. 造型植物
13. 玻璃亭
14. 原木花架廊
15. 艺术铺装
16. 水幕
17. 休息座凳
18. 旱溪
19. 廊

01. 车行入口
02. 人行入口
03. 走廊
04. 微地形
05. 旱溪
06. 伞亭
07. 木平台
08. 游泳池
09. 躺椅
10. 马赛克铺装
11. 圆亭
12. 卵石路
13. 砂池
14. 雕塑
15. 彩色构架
16. 秋千
17. 植物群落

7号庭园分析图

西班牙抽象主义庭园

西班牙庭园主要特点包括水池和喷泉的使用频率很高，此外，还有铺有石子的小路、围绕庭院的绿色植物、小型广场、有植物遮荫的走廊或阳台，7#庭园景观设计主要体现这种风格。圆形的景观亭和低于地平面的游泳池，黑白灰三色马赛克铺装，自然弯曲的卵石路和原木结构的秋千能够很好地满足住户不同年龄阶段人们的需求，形成一种其乐融融的生活环境。

七号庭园景观效果图

8号庭园分析图

地中海海洋风情庭园

一个成功的地中海风格庭院是两方面因素的结合，其一是不加修饰的天然风格，其二是对色彩、形状的细微感受。8#庭园把地中海式的悠闲和纯朴的生活方式都反映在总体的庭院设计中。基本布局呈几何形状，基础色调源自风景和海景的自然色彩，景墙或刷漆的墙壁构成了泥绿色、海蓝色、锈红色的背景幕墙。园内摆放大小形状不一的花盆，色彩鲜艳的花卉摇曳生姿，铺满瓷砖的休息小广场是户外露天就餐的好去处，以石头、鹅卵石、原木等为主的独特的装饰材料，彰显了住户的生活品位和文化内涵。

01. 车行入口
02. 人行入口
03. 汀步
04. 雕塑喷泉
05. 庭荫树
06. 木平台
07. 游泳池
08. 躺椅
09. 艺术铺装
10. 雕塑
11. 花架
12. 旱溪
13. 花台
14. 花径
15. 条石
16. 微地形

1. 车行入口
02. 人行入口
03. 微地形
04. 木铺装
05. 雕塑小景
06. 花架
07. 庭荫树
08. 艺术铺装
09. 木平台
10. 游泳池
11. 躺椅
12. 汀步
13. 圆形构架
14. 旱溪

9号庭园分析图

英国自然生态主义庭园

英国绅士们向往自然，向往新鲜的空气和纯净的水源，渴望一尘不染，这里没有浮夸的雕饰，没有修葺整齐的花木，设计师的巧妙布置使花园如同人自然浑然天成的杰作。在9#庭园里，惬意就是生活，就是自然。9#庭园结合现状地形特点，以发挥和表现自然美出发，以略有起伏的大片草地，在大草地之中的孤植树、树丛、树群作为庭院主景。道路、林缘线多采用自然圆滑曲线，追求“田园野趣”，小路多不铺装，任住户在草地上漫步或做运动。植物采用自然式种植，种类繁多，色彩丰富。

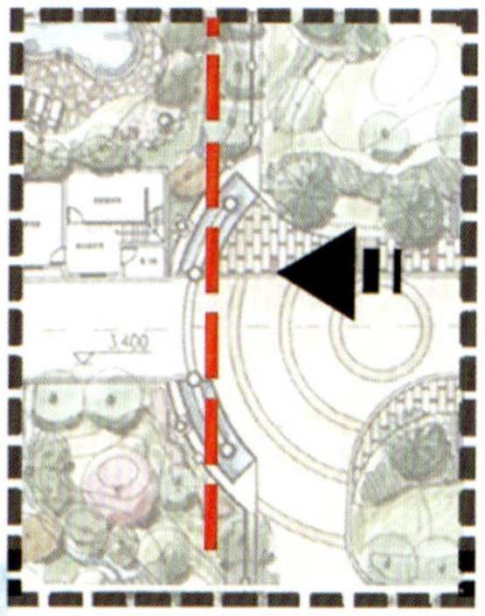

主入口景观分析图

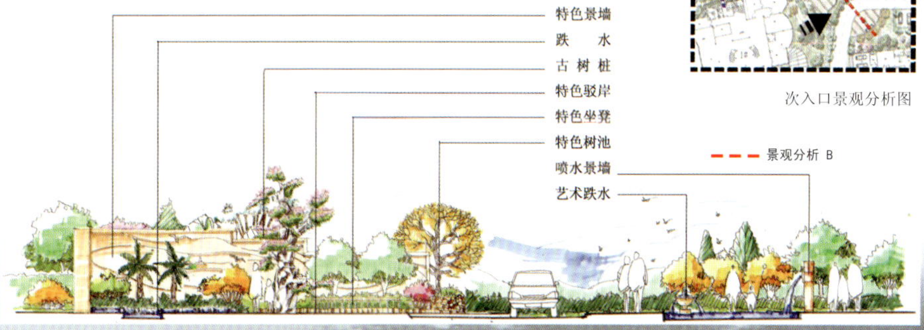

次入口景观分析图

宁德市天安•金域兰湾

设计理念

“临山而居，近水而栖”的山水名区、素质人居的概念。创造天更蓝、水更净、地更绿、居更佳的依山傍水的人居理念。

1. 在高楼林立的城市里，高楼挡住了阳光，人们生活在沉重的钢筋水泥建筑物的阴影之下，车水马龙不再是城市一道美丽的风景，更多的是带给人一种紧张节奏和惶惑不安。人们需要阳光空气，渴望回归自然田园牧歌式的理想家园。小桥流水绿树草坪，在这样一个住宅区内，闲暇之际，在草地上打个滚，在秋千上荡一荡，在凉亭里泡杯茶，生活就这样充满了阳光和新意。

2. 人居环境是人类活动的重要载体，承担着人们对美好生活的不同需求。当今生活压力之大，无论是国人所追求的雅致与悠闲，西人所描述的诗意与浪漫，都道出了人们所期望的回归自然的理想模式，说明人们需要与自然生态环境和谐共生的生活空间。

3. 营造居住社区时，建筑已不再是单一的组成形式，社区景观也不仅只是一群建筑物的聚集与栽植的点缀而已，它们是一个环境的综合体。因此，在住宅环境设计中，应积极地创造人与人、人与自然的交往，用生态景观来活化建筑空间，使社区充满自然山水气息，成为人们情感交流、实现自我完善的可持续住区。

设计原则

1. 以人为核心，满足居民“人性回归”的渴望，力求创造山水环境宜人、愉悦舒适；人融自然风景、流连忘返、放松身心；享受品质生活。

2. 以生态为本，营造绿色环保的健康社区。自然与科学的有机结合，不仅保证了小区的生态平衡，更建造出实用、安全、经济、耐用的绿色家园。

3. 把人的行为与环境设计结合起来，为居民提供交往空间与交往机会。

4. 用流畅的曲线构图，营造一种山水人居的住居环境。

5. 小品、道路材质的应用以自然材料为主，如：石台阶、台地式入口、木质拱桥、碎拼花岗岩、嵌草砖园路、沙石、置石等。

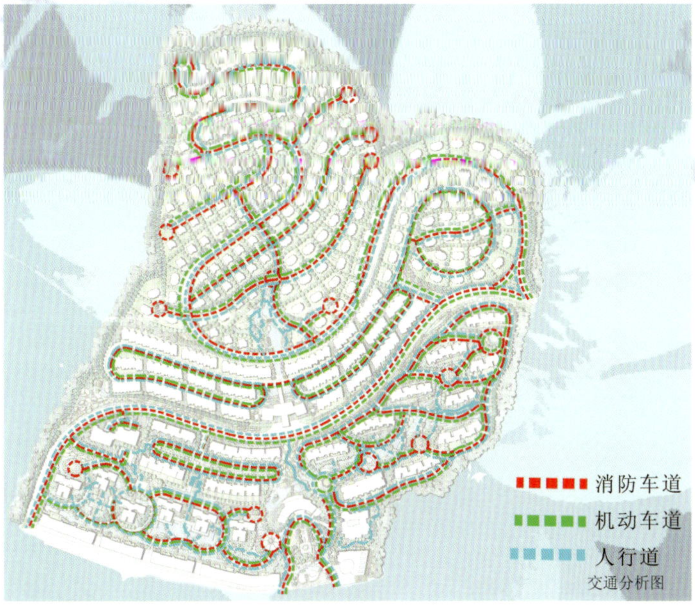

交通分析图

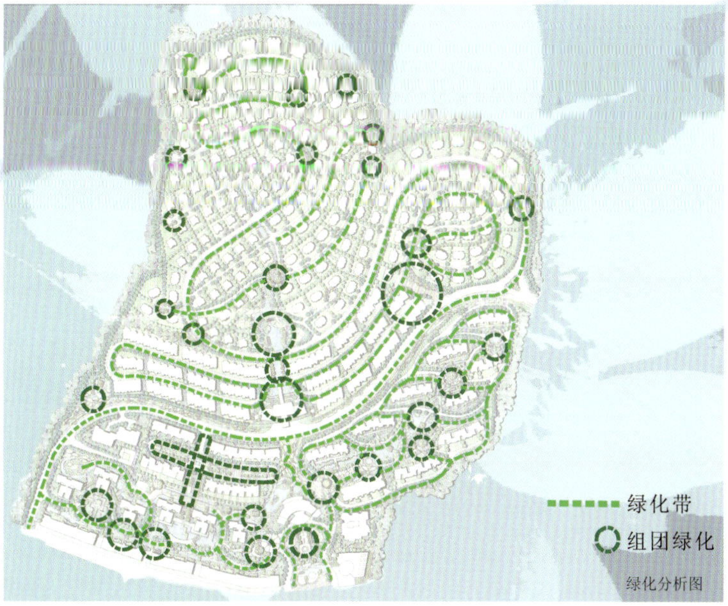

绿化分析图

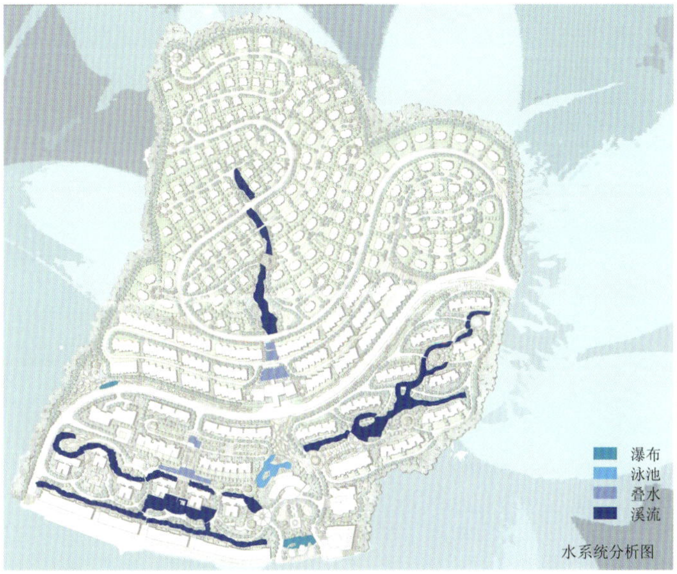

水系统分析图

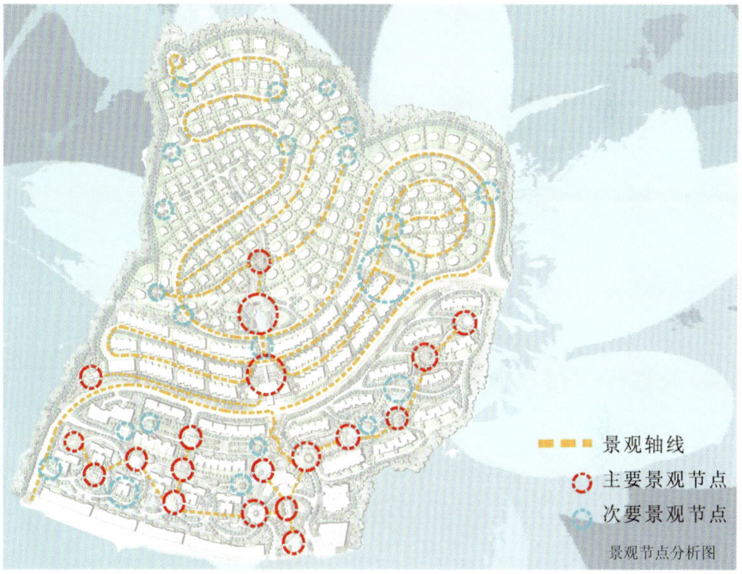

景观节点分析图

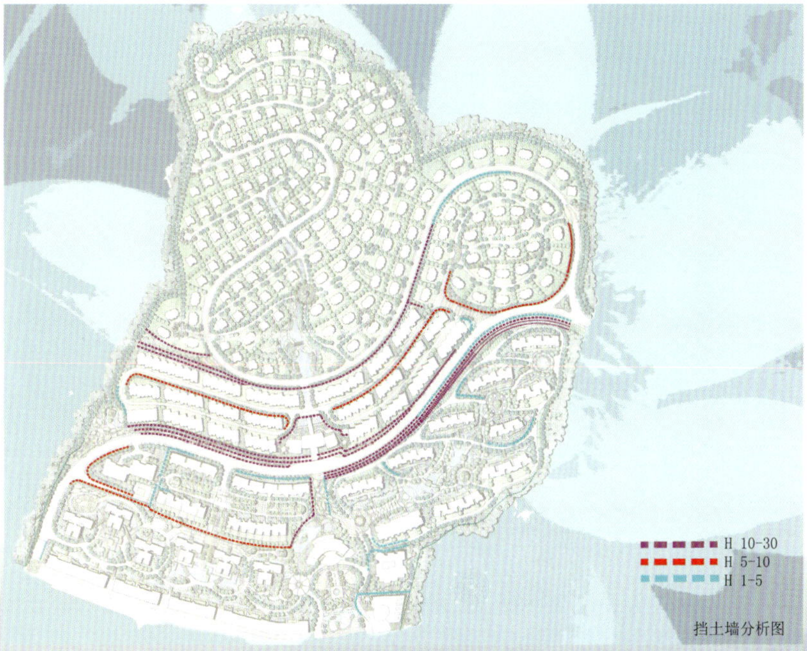

挡土墙分析图

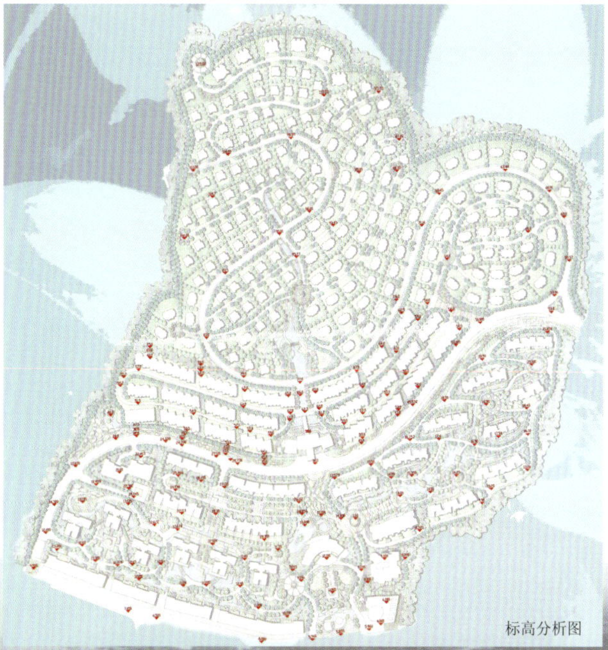
标高分析图

入口广场景观图

入口广场景观图

生态泳池效果图

流水幕墙效果图

廊桥荷风效果图

儿童乐园效果图

休闲园效果图

休闲亭效果图

特色景墙效果图

静宜园效果图

邀月亭效果图

休闲廊架效果图

紫藤观水廊桥效果图

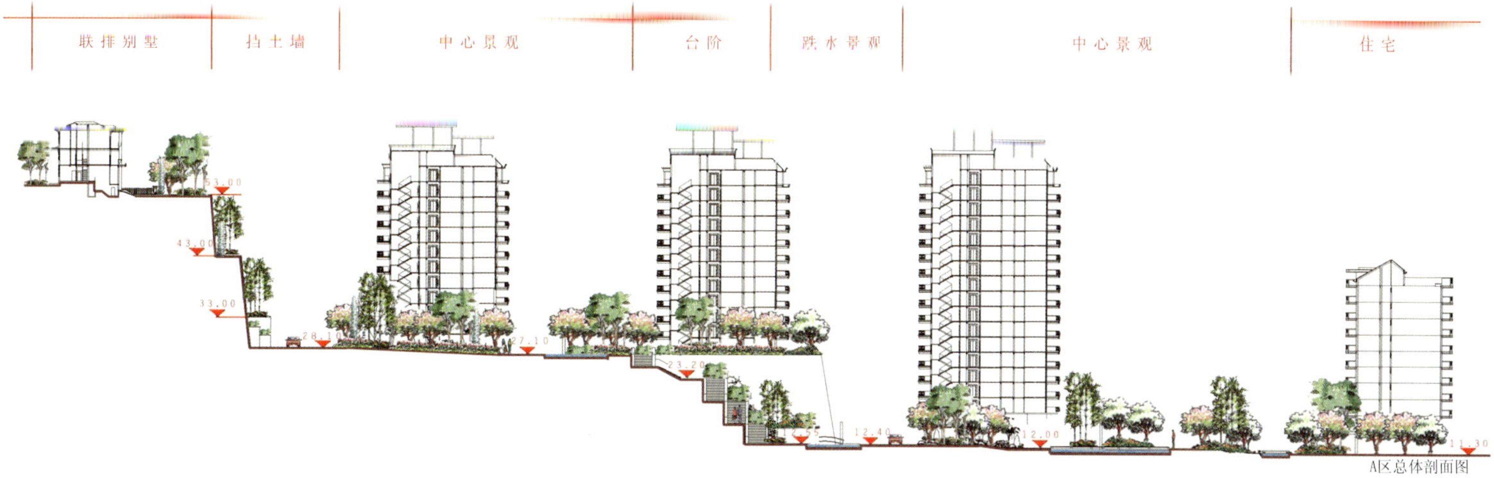

A区总体剖面图

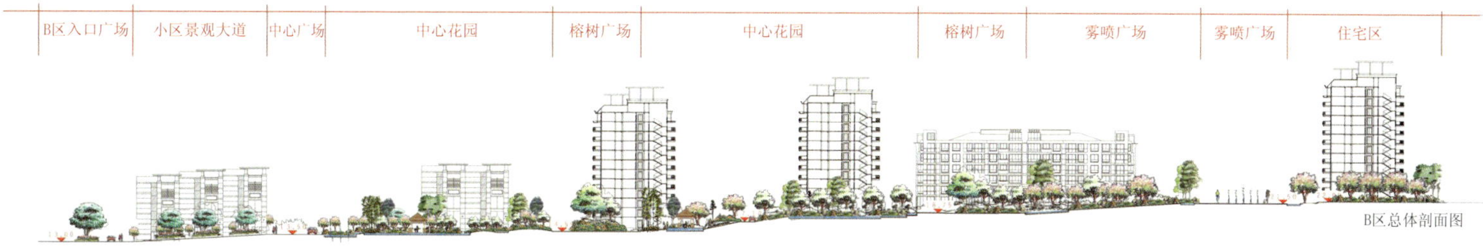

B区总体剖面图

挡土墙图

濮阳市近水楼台

清华如意•近水楼台项目，位于黄河路东段，清华苑东。占地面积5.87万㎡，总建筑面积10万㎡，1000余户，是由清华房产和如意置业继碧水云天、华府山水项目之后又一杠鼎巨献。项目东接油田师苑小区、北承测井南院家属区、西临清华苑社区、南对华府山水项目，社区密集，人口集中。

项目规划本着以水为源、以人为本的规划理念，特邀北京华特设计公司规划。同时小区多层、小高层、高层多种建筑形态并存，打造我市第一个全电梯洋房社区。拉开了我市居住新理念的全新变革，一个电梯时代的到来。

景观设计上项目吸取碧水云天和华府山水项目的精髓，集水系、坡地、园林、洋房为一体的新时代江南景观印象，由大变精、由点变面、由内到外，无不引领时代对居住景观的全新诠释，让江南不再遥远，让空间更加私密。建筑户户临水，步移景异间给人梦一般的景观感受。

以层次分明的院落空间和水景空间为主体，以框景、对景等为造园手法，运用了中国古典园林中的屏风、石灯笼、花窗、门框等元素，以简约洗练的现代设计语言来表达，充分利用中国传统造园的隔、抑、曲手法，创造出一个有“起、承、转、合”的完整而富有变化的空间序列。灰色系为基调的硬质铺装为第五园提供最宁静、幽雅的底图。将中国的人文精神与现代人的生活需求有机结合，重在情感上的感受和精神上的领悟，全方位塑造社区文化和人居环境。并与自然之间保持着和谐的，相互依存的融洽关系。

总平面图

0.5m
1.0m
1.5m
2.0m
水系
地形分析图

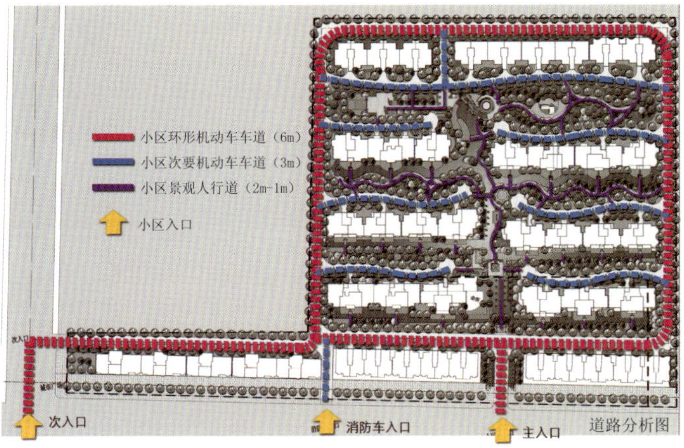
小区环形机动车车道（6m）
小区次要机动车车道（3m）
小区景观人行道（2m-1m）
小区入口
次入口
消防车入口
主入口
道路分析图

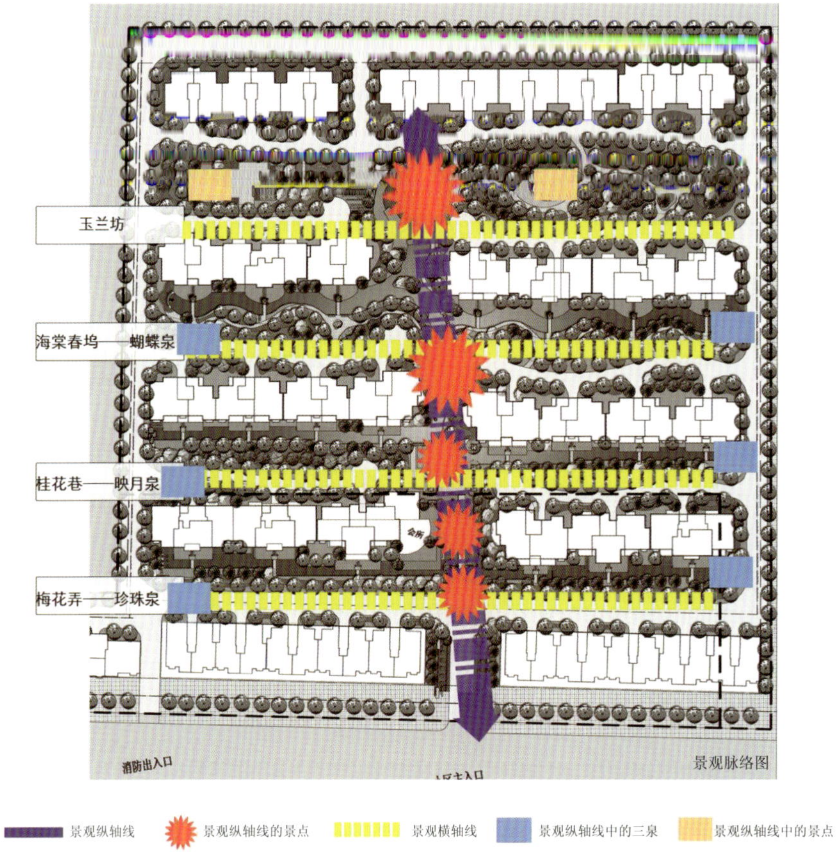
玉兰坊
海棠春坞——蝴蝶泉
桂花巷——映月泉
梅花弄——珍珠泉
会所
消防出入口
景观脉络图
景观纵轴线
景观纵轴线的景点
景观横轴线
景观纵轴线中的三泉
景观纵轴线中的景点

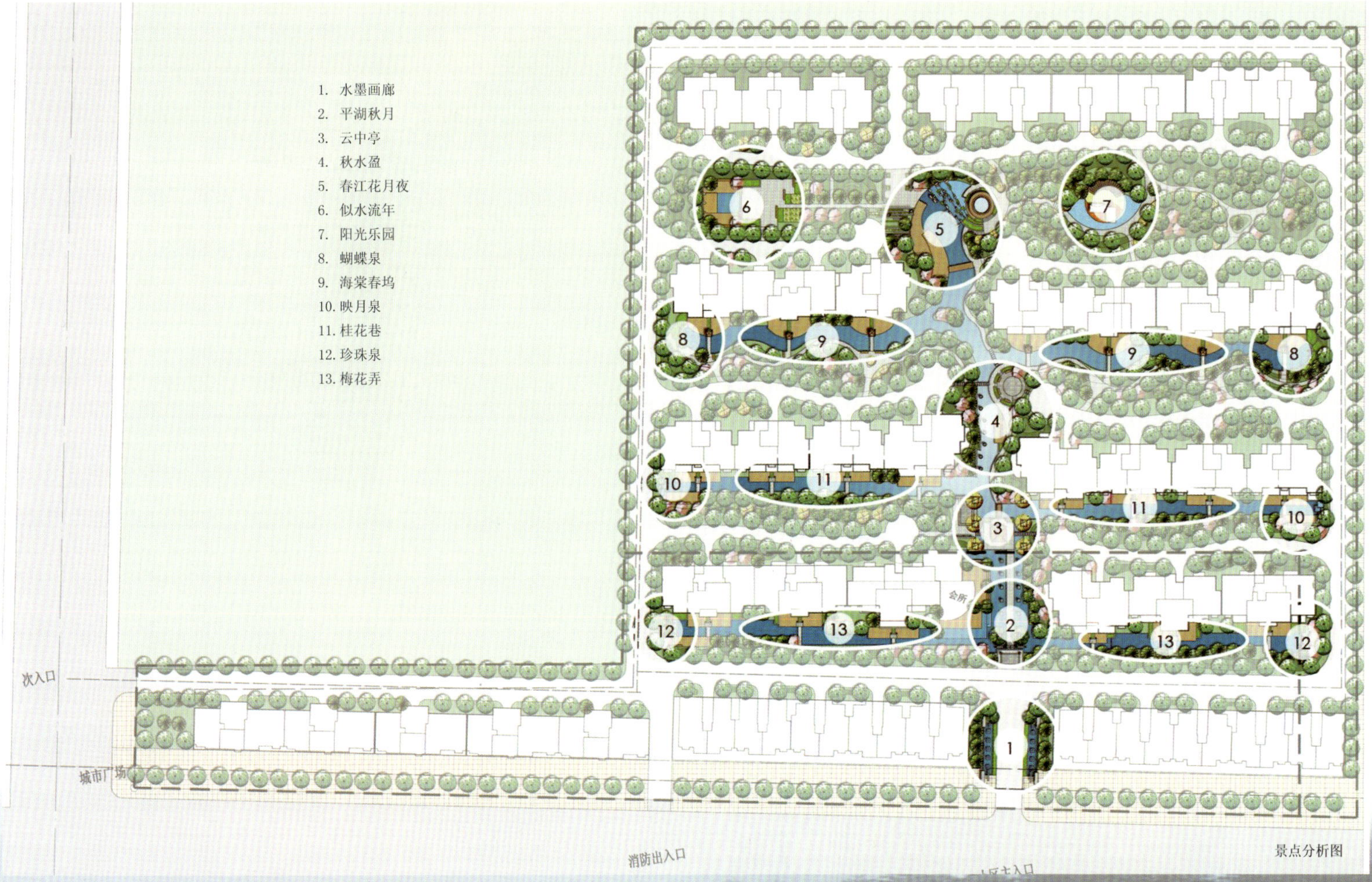
1. 水墨画廊
2. 平湖秋月
3. 云中亭
4. 秋水盈
5. 春江花月夜
6. 似水流年
7. 阳光乐园
8. 蝴蝶泉
9. 海棠春坞
10. 映月泉
11. 桂花巷
12. 珍珠泉
13. 梅花弄
次入口
城市广场
会所
消防出入口
景点分析图

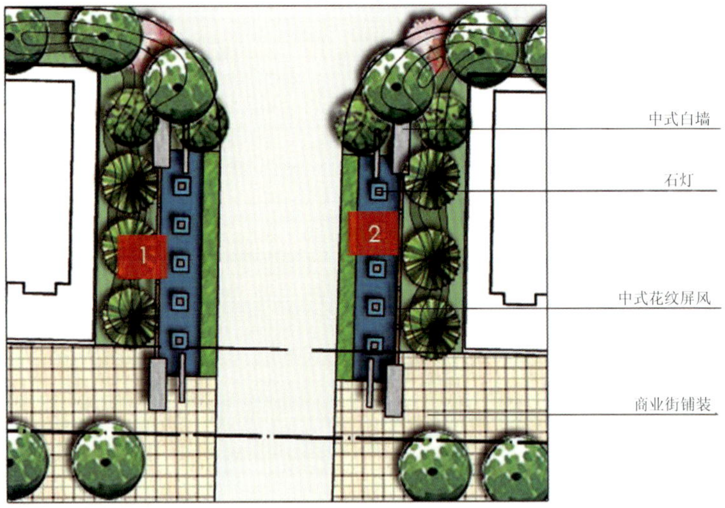

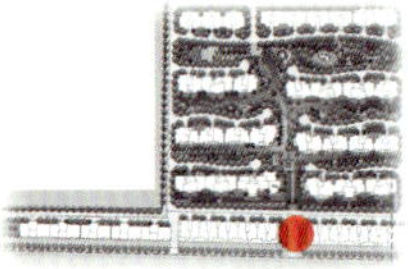

水墨画廊平面图

将中式“回”形纹的窗棂运用到入口的水景中，成为两扇特色的中式屏风，屏风前面的石灯泛着黄色的烛光，在夜晚引导着回家的人群。而屏风后面的翠竹透过屏风宛如一条绿色的拱廊，成为一条视觉通道，将我们的视线从车水马龙的入口引入到小区内部，落到入口尽头的木质框景景墙中。

1 特色屏风墙

石灯柱 2

四块如镇山石一般的石墩分布在广场四周，石墩中心泛着灯光。广场上的铺装也采用中国传统方式瓦片竖插入其中，透过前方的框景屏风，看到左右两边的桂花，成为一幅二桂当庭的画卷。入口桥上的栏杆反映出桥上人的倒影，在会所的休息平台上，我们观赏着这些倒影，我们已经分不出是“在桥上看风景，还是看风景的人在会所上看你”。

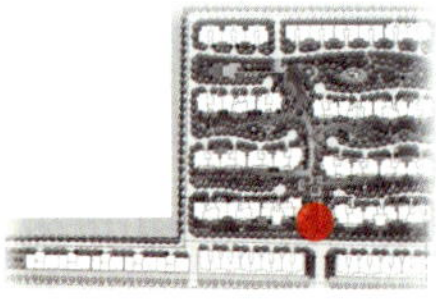

平湖秋月平面图

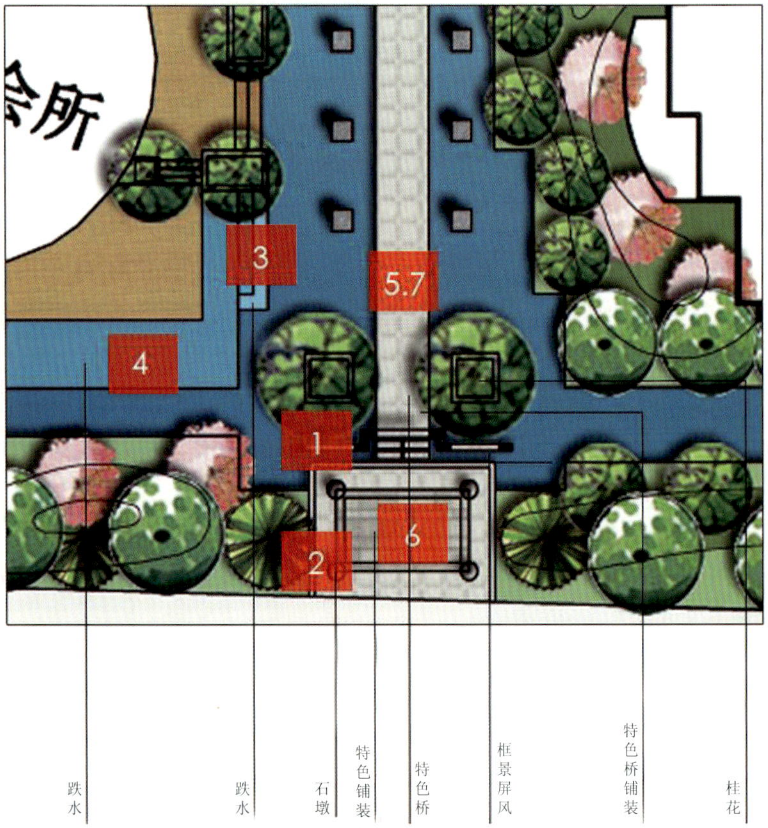

1 入口框景屏风

入口石墩 2

跌水 3

跌水 4

5 特色桥铺装

毛石拉条

6 入口广场铺装

外沟边为瓦片

特色桥 7

桥（通过特殊工艺，使人走在上面桥栏杆有人倒影）

入口景墙图

平湖秋月效果图一

平湖秋月效果图二

平湖秋月效果图

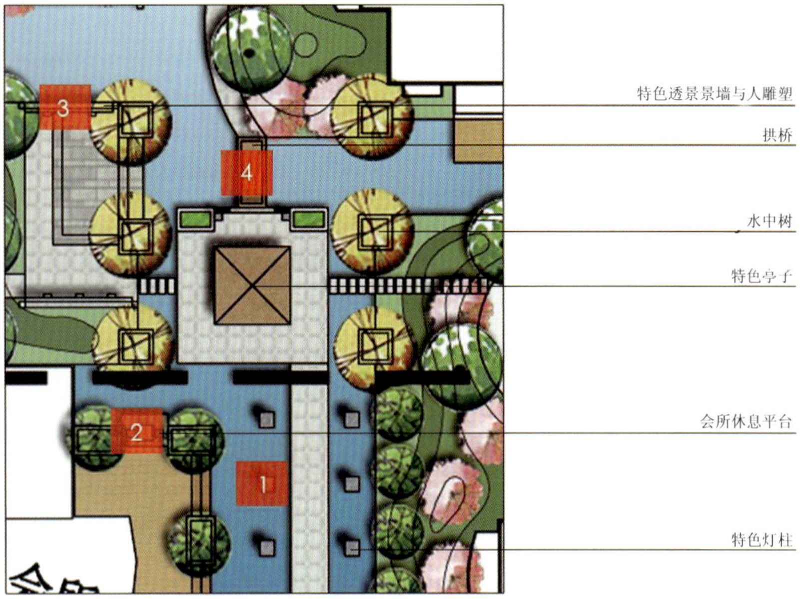

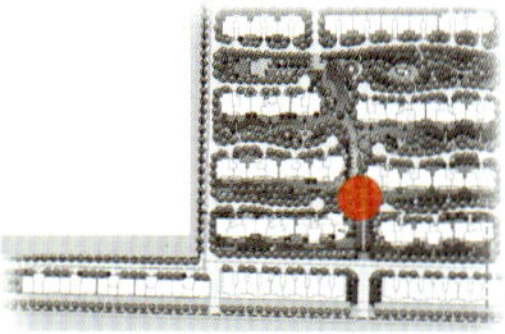
云中亭平面图

湖心亭中融入中式元素，在亭中既可远看南边的平湖秋月景点，又可观赏北边的秋水盈景点，站在湖心观赏这一切良辰美景——朝飞暮卷，云霞翠轩，雨丝风片，烟波画船。中式拱桥连接河两岸，岸边两排水中树的枝条随风荡漾，飘散在风尘烟雨中。

我们徜徉在如画的美景中，分不清什么是景什么是画，水边山坡上桃花的红、银杏的黄、垂柳的绿构成缤纷的色彩，一扇扇景墙将美景纳入其中。

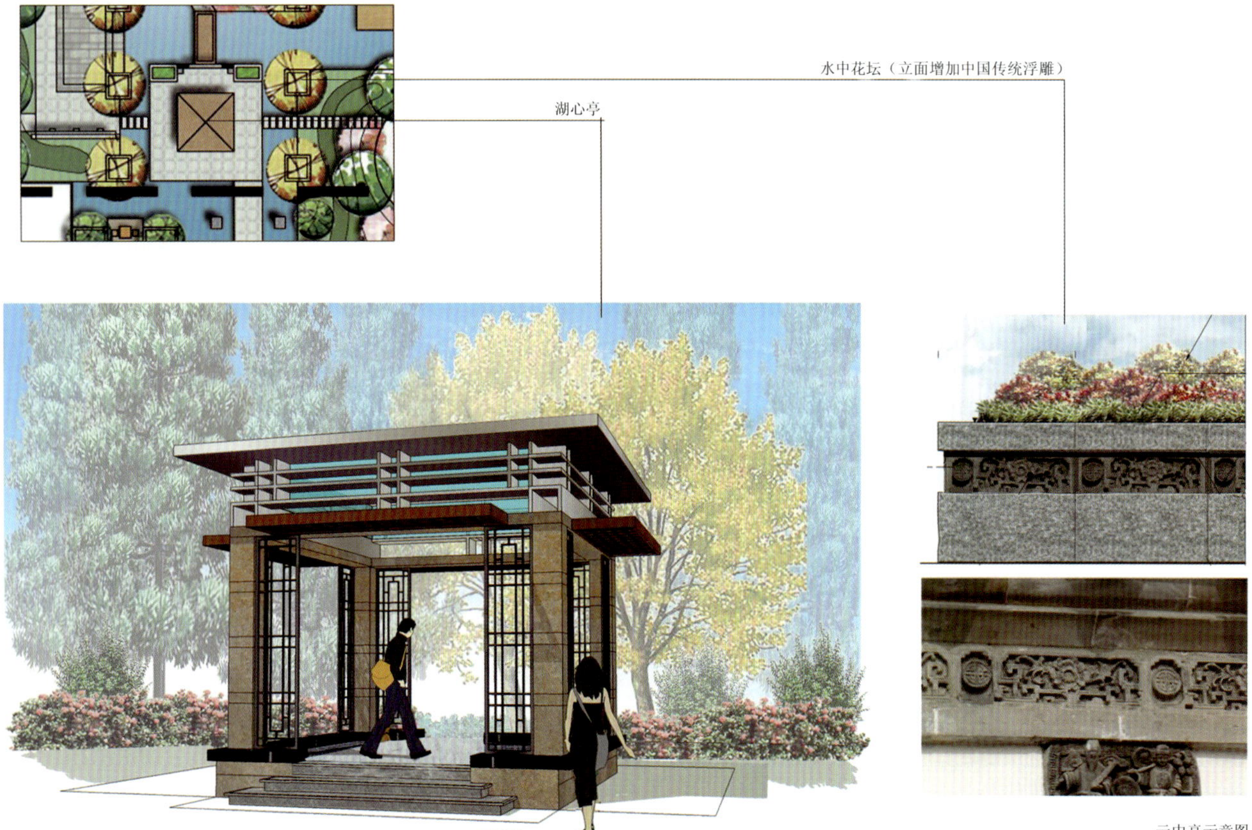

云中亭示意图

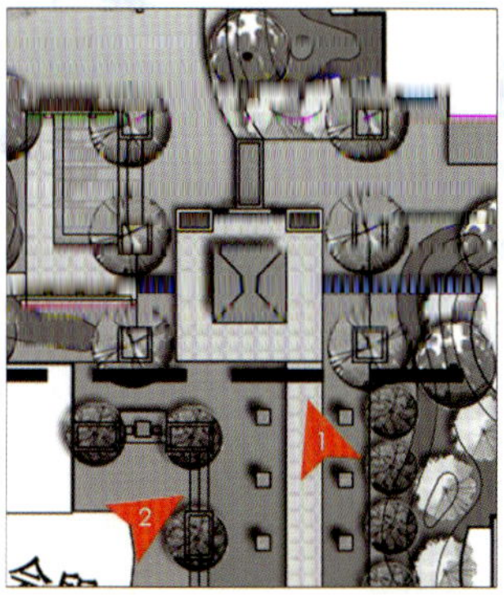

云中亭效果图

视点一

视点二

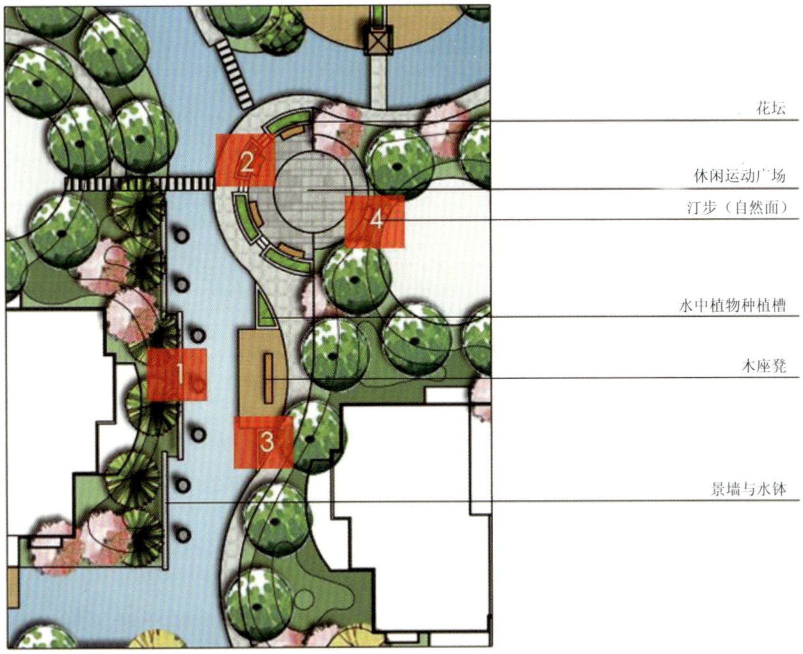

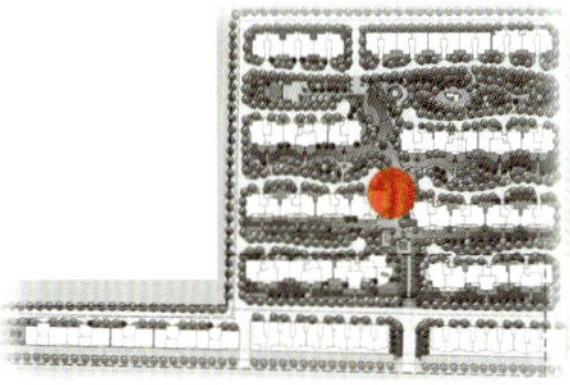

秋水盈平面图

以三堵景墙宛如三幅画布徐徐展开，在上面绘制一幅幅中国山水水墨画，水从画中倾泻而下，涌入水钵中，在河对岸我们静静地领略这幅水墨画，抛开尘世的喧嚣，在富有禅意的空间中，得到心灵的平静。

景墙东北角的运动休闲广场提供一个人们在如画的风景中活动休息，既可远观山水画景墙，又可在此与友人一起翩翩起舞。

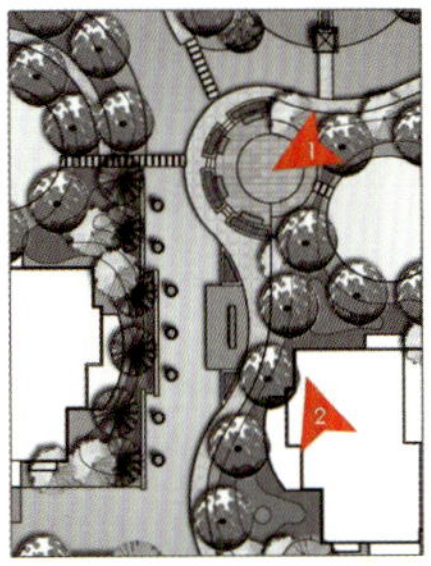

秋水盈效果图

视点二

视点一

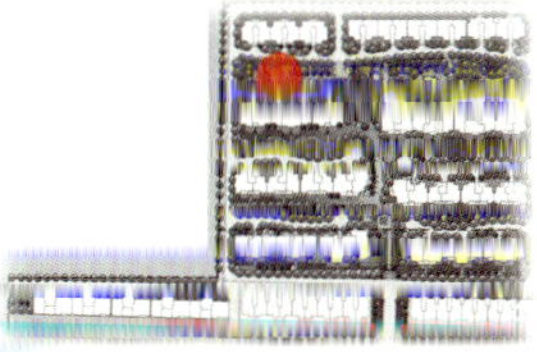

似水流年平面图

在木板平台上观赏对面绿篱花篱，在绿篱中欣赏跌水水景，木景墙当中穿插灯柱，即使在夜晚也能领略水的流动与植物的风采，达到“人景交融”的目的，旁边的坡地，帮我们实现居住在坡地上的慢生活理想，沉醉在风景中的新时光渴望。

似水流年效果图

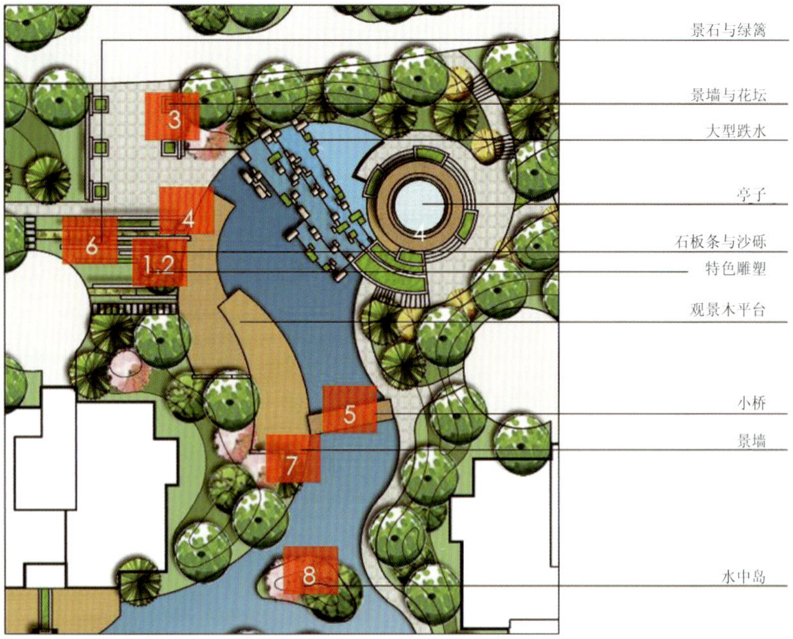

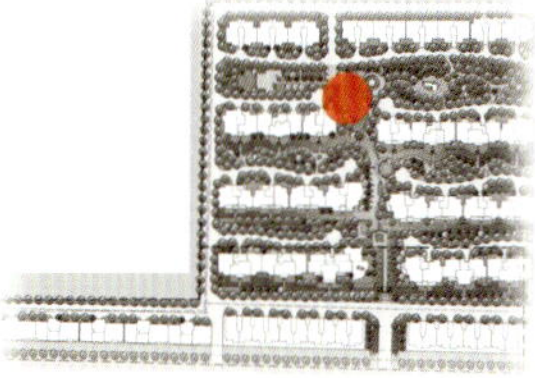

春江花月夜平面图

黄锈石与青色瓦片组合的大型跌水，水源高处为一中式景观圆亭，呼应“近水楼台”的“台”字，站在高处，凭栏远眺品议过往人生。

小区景观通道北边入口视觉焦点为竹林、白色砾石、特色中国文物雕塑，雕塑在石板条穿插的竹林中若隐若现。

1 石板条与沙粒

2 石板条与草坪

3 景墙

8 水中植物种植槽

景墙 7

6 特色雕塑

5 小桥

景石与绿篱 4

平面图

效果图

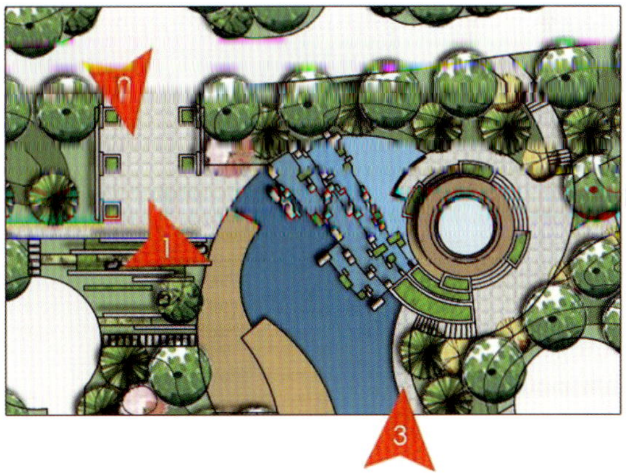

视点一

春江花月夜效果图

视点二

视点三

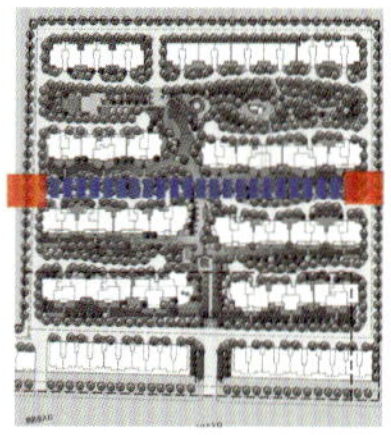

蝴蝶泉景点

水道

蝴蝶泉效果图

映月泉景点

水道

映月泉效果图

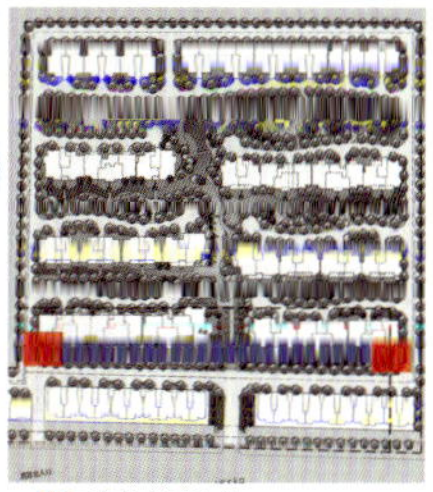

珍珠泉景点

水道

珍珠泉效果图

小庭院各式入口效果图

1. 有的入口不连接外围道路所以不需要木栅栏进行安全维护。
2. 有的入口因为与外围道路连接，为了安全考虑，增加木栅栏进行围合，其中有两种方式：
a:木栅栏放在入口平台两边；
b:木栅栏放在河对岸。
3. 在中式庭院的一个特色就是溪流围绕建筑，我们在石汀板边设计小跌水，增加水的流动性。

青岛市宝龙国际社区

青岛宝龙国际社区地块位于青岛市城阳区新行政中心区文阳路上，青岛新天地景观长廊的西侧，总建筑面积21万m²，容积率<1.5，绿化率38%；由20幢高层住宅楼、5幢多层住宅楼及34套联排别墅组成，总户数计1268户，车位配比达到1:1比例。宝龙国际社区有50m²~260m²多种面积户型。

宝龙国际社区配套医务室、为社区每位业主建立健康档案、每年组织一次全体居民体检；配套燃气自动关闭装置；室内采用自平衡式通风系统。

总平面图

总体鸟瞰图

沿街效果图

中庭效果图

山西省怡景华庭

一、景观规划理念与目标

规划理念：

1. 居住区环境景观的私密性与亲和性；
2. 景观空间的可达性、可赏性与可参与性；
3. 生态性和以人为本的设计。

景观主题：如封似闭，圆转如意

思想体现：传承并提炼中华五千年的文化精粹，用园林的结构布局完美平衡现代建筑的美感。

二、规划原则

1. 场地适宜原则

(1) 充分强化地形地貌特征和基地条件的可利用性；
(2) 充分体现居住区环境景观的亲和性和可参与性；
(3) 充分注重水体景观的丰富性，作为整体的点睛之笔；
(4) 充分体现怡景华庭的时代风貌和企业精神；

2. 功能凸现原则

以人为本，强调居民的舒适愉悦与可参与性；营造开放与私密兼顾的休闲空间。

(1) 运动健身；
(2) 亲水赏景；
(3) 休闲娱乐；
(4) 茶余饭后的游憩；
(5) 休闲服务(棋牌、茶座、停车、拍照等)

三、生态优先原则

强调自然因子的生态适应性与生态环境的恢复与再现，注重水土保持和维护，以抗逆性强的乡土树种为主，形成可持续发展的植物群落。

四、经济合理性原则

1. 通过环境景观建设，以提升房产的价值；
2. 力图在最少的地形整治的前提下，达到土方平衡，减少工程造价；
3. 创造丰富的功能与景观设施，尽量考虑既具观赏性，又实用简洁便于管理；
4. 尽量少用名贵树种和大树移植，发挥乡土树种的景观潜质。

路
地下车库出入口
地下车库边界
车行出入口
锅炉房
人民北路中心线
绿线
红线
变电站
景观大道
幼儿园
小区主入口
0 10 20 30 40 50M

总平面图

景观分析图

景观透视图一

鸟瞰图

景观透视图二

景观透视图三

上海市大华滨江雅苑二期

居住环境是人类一个永恒的话题，其目的在于处理好人、建筑和环境三者的协调关系。随着科学技术的发展和人民生活水平的不断提高，人们在满足居住物质和生理需求的前提下，开始注重居住的精神和心理需求。居住环境“园林化”，为居民放松、休憩、活动和交往提供了有益的空间，良好的居住环境逐渐成为人们生活的第一要素。

该方案构思的目标是能够营造一种容纳与体现现代美式休闲风格的场所概念。L&A对于该方案的构思借鉴了过去所完成的成功项目，对场地创造性加以利用，能够为多种休闲娱乐活动提供统一的环境。人们在其中可住、可行、可游，同时使得居住生活与社区活动紧密地融合在一起，共同塑造出和谐而且生机勃勃的景观环境。

方案构思的主旨在于能够对场地当中现有的各种自然条件与人文条件进行综合考虑，进而进行全面组织和设计，从而达到以下四个基本目标：

1. 人性化

该方案的特点在于运用景观设计的基本元素，在充分把握场所精神与文脉的基础之上，注重景观形态对人的心理感觉的影响。从整体规划的高度进行设计，将方案的各个部分融合在一起。

2. 高品质

设计标准要求层次高，以利于形成环境优雅、美观和谐的社区。

3. 简约性

简单、易行是贯穿设计的主线。有意识地对景观设计的要素进行简化处理——包括形式与空间的简化，在满足社区功能要求的基础之上形成能够满足和促进居民利用场地进行活动的设计，借以加强人和自然环境之间的沟通和交流。

4. 永续性

一个没有时间限制的设计理念。不单单地只是局限于某一特定的时间，同样适合现在未来的要求。

01. 入口梧桐大道
02. 叠泉
03. 中心广场
04. 特色雕塑
05. 汀步
06. 垂荫花架
07. 杨帆场
08. 晨练场
09. 健康步道
10. 特色花坛
11. 清风亭
12. 村阵广场
13. 谈心园
14. 儿童游乐场
15. 临水平台
16. 地下车库出入口
17. 聚餐休息区
18. 荫凉休憩区
19. 雕塑花园
20. 草坪休闲区

总平面图

道路分析图

竖向分析图

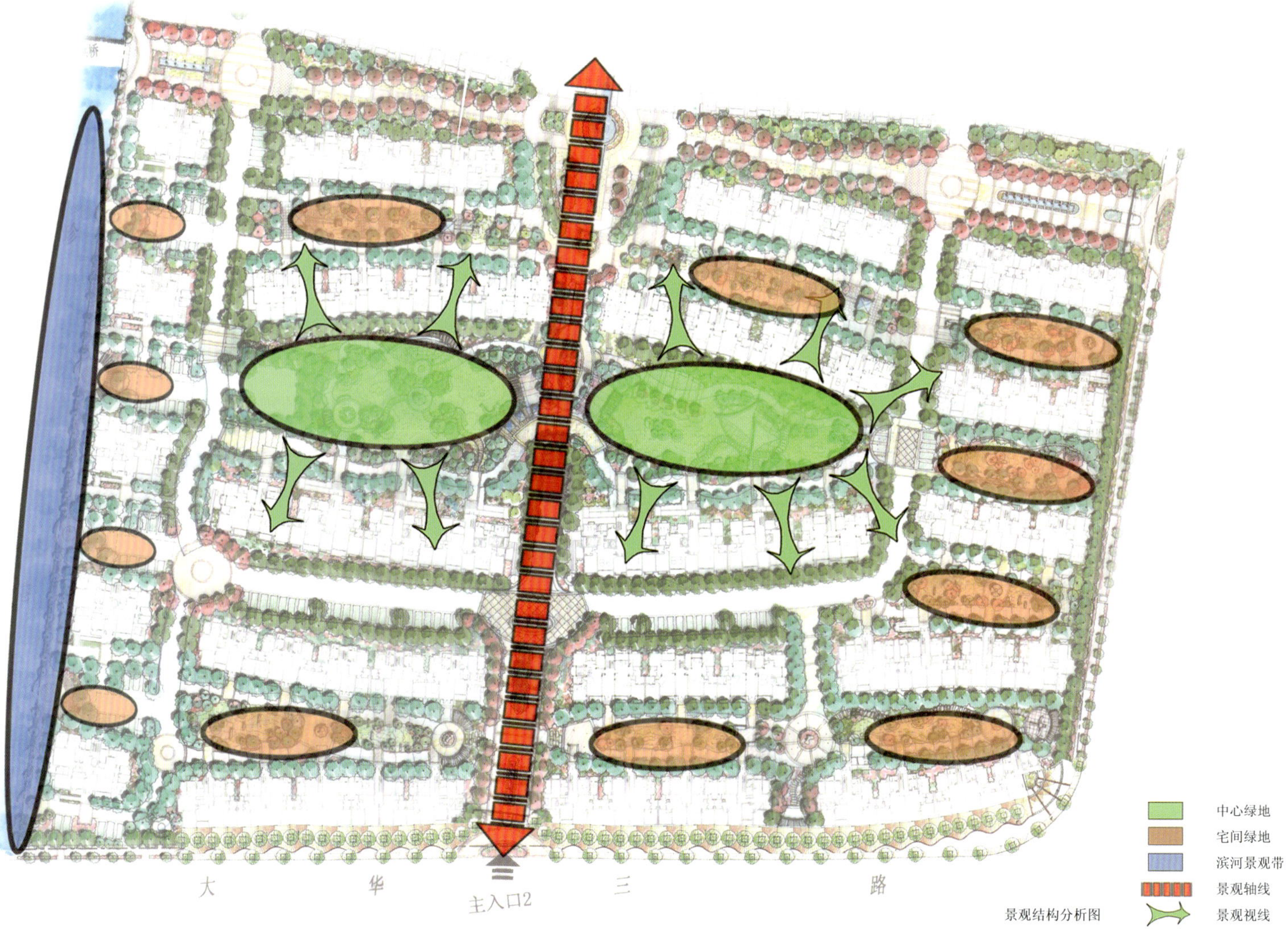

景观结构分析图

1. 景观张拉膜
2. 自然切割花岗岩
3. 板岩铺地
4. 混凝土砖铺地
5. 室外聚餐区
6. 花卉
7. 景观雕塑
8. 景观草坡
9. 晨练场

东广场平面图

东广场透视图

1. 雕塑花园
2. 儿童游乐场
3. 木花架
4. 室外聚餐区
5. 荫凉广场
6. 室外遮阴伞
7. 花岗岩座凳

西广场平面图

中心广场透视图

1. 景观雕塑
2. 鹅卵石
3. 景亭
4. 花岗岩入口铺地
5. 花卉
6. 板岩铺地
7. 花岗岩踏步石
8. 花岗岩坐凳

宅间小组团01平面图

宅间小组团01透视图

1. 景观雕塑
2. 景亭：板岩铺地
3. 混凝土砖铺地
4. 花岗岩座凳
5. 花卉
6. 自然切割花岗岩铺地

宅间小组团02平面图

宅间小组团02透视图

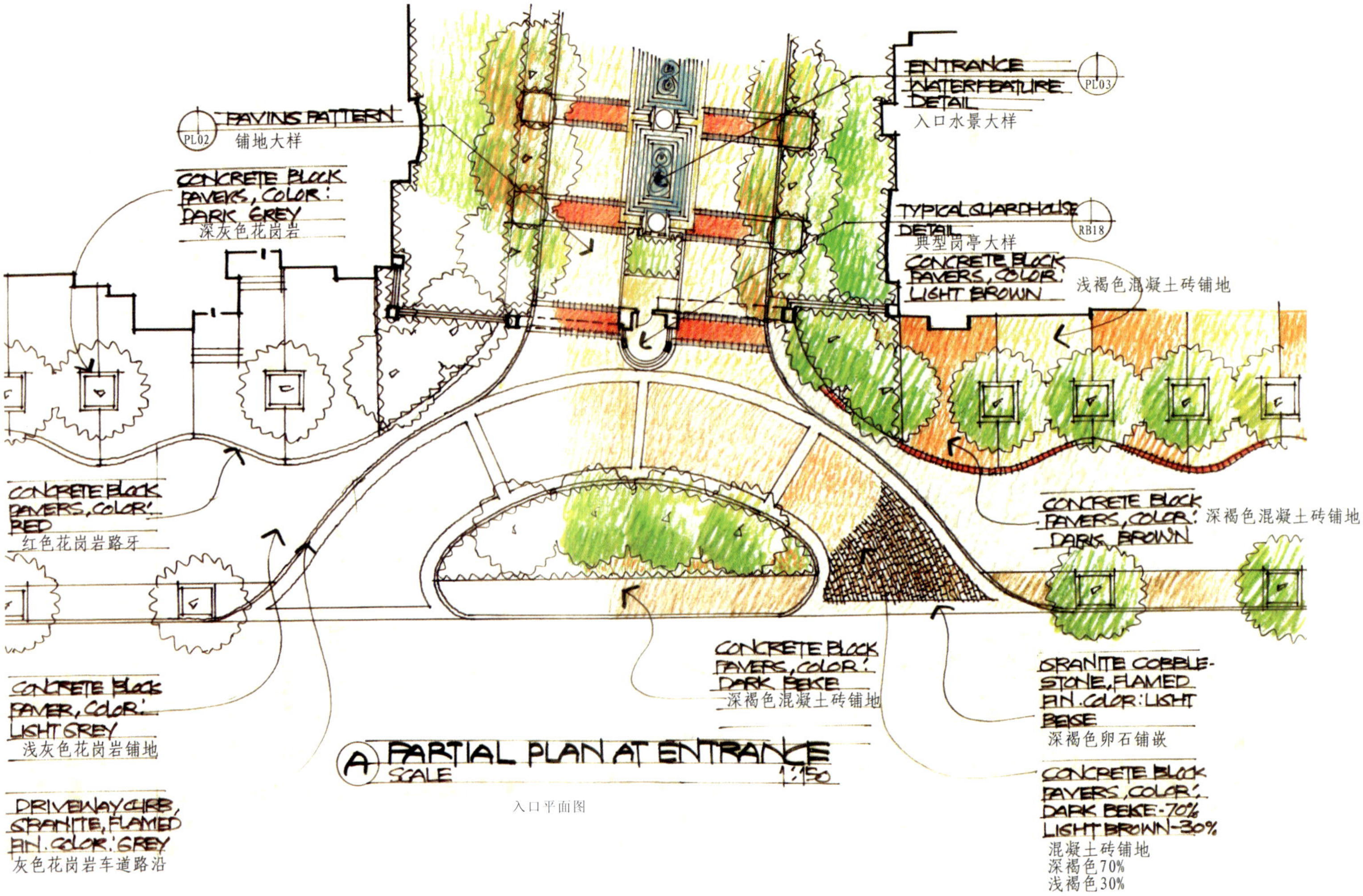

入口平面图

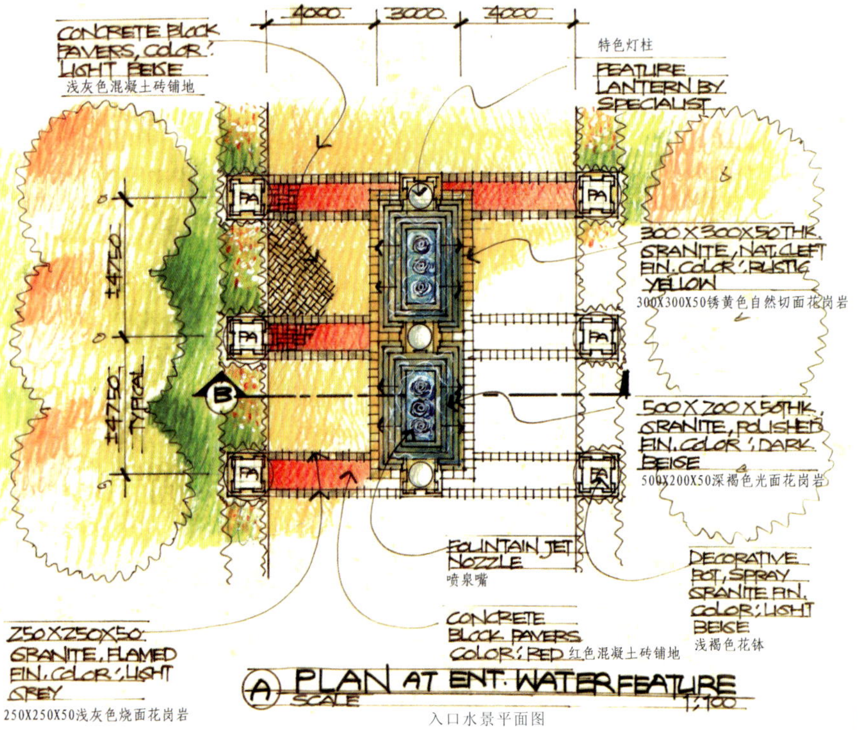

入口水景平面图

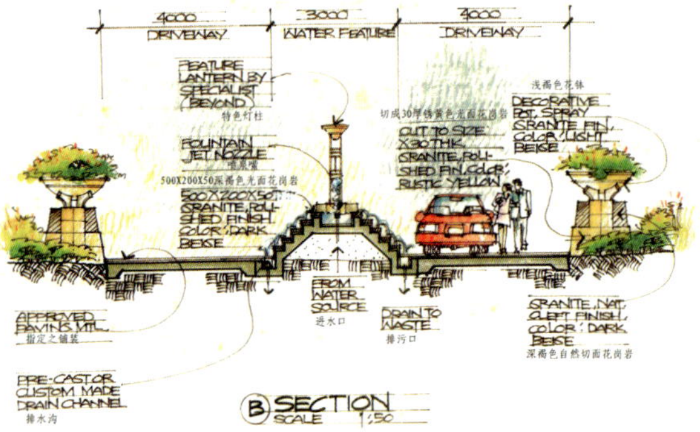

入口水景剖面图

入口水景透视图

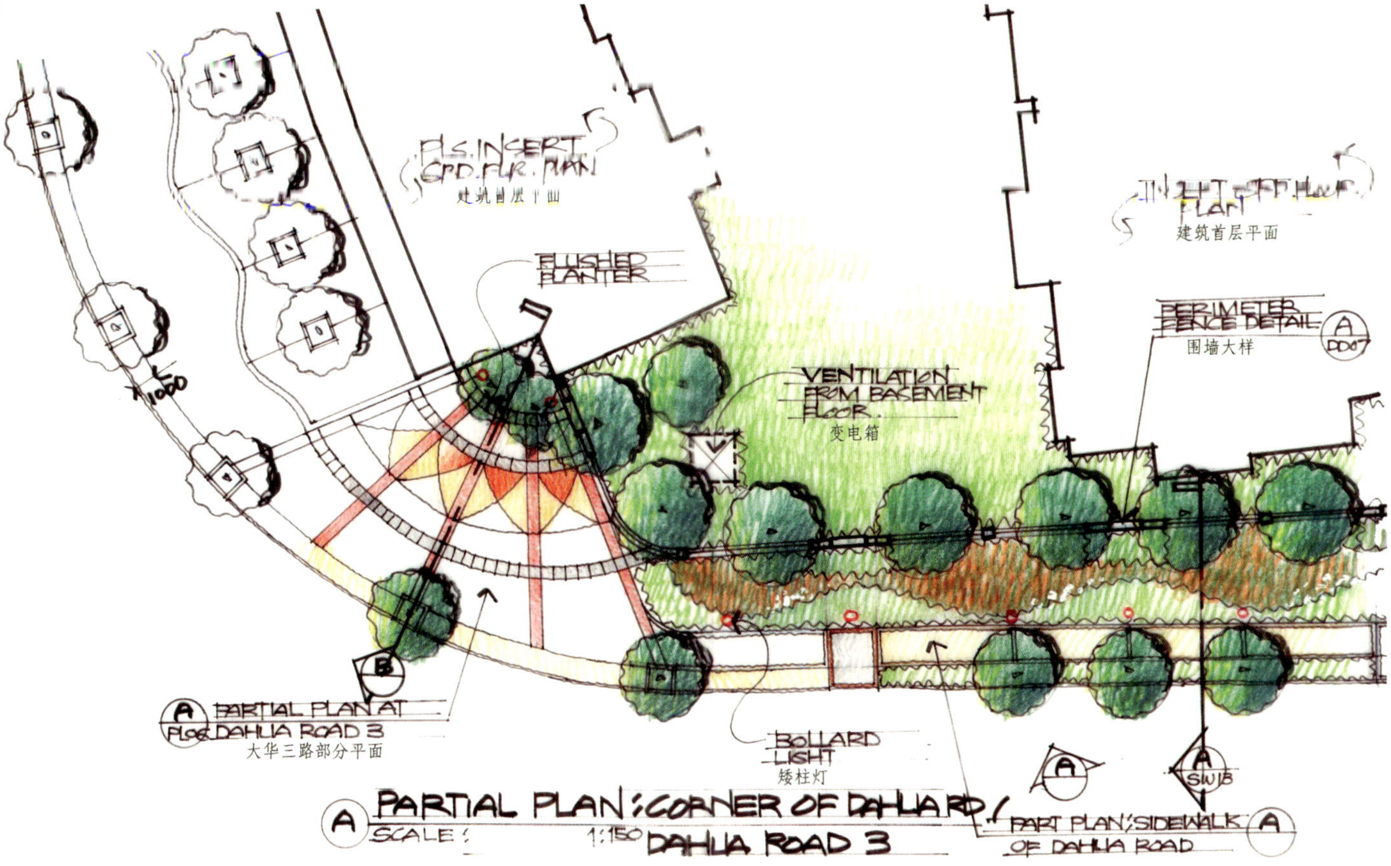

大华路与大华三路拐角广场平面图

大华路人行道平面图

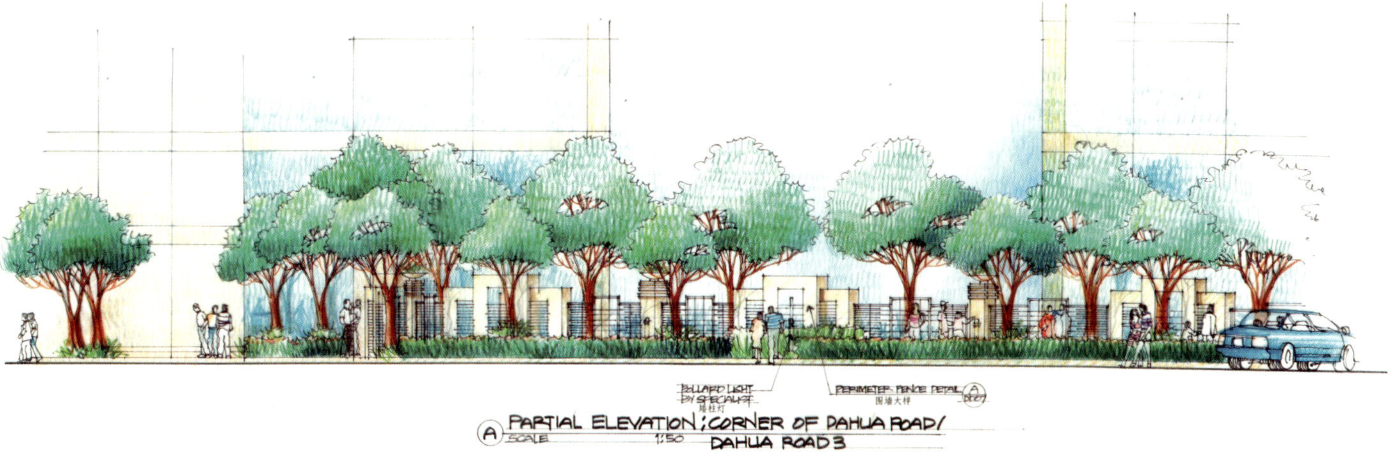

大华路与大华三路拐角广场立面图

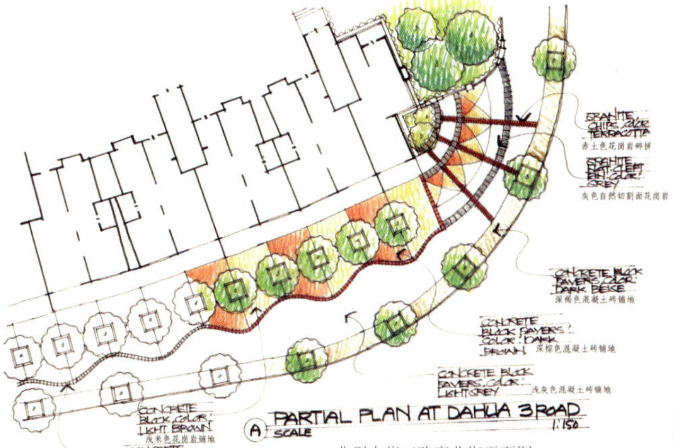

典型大华三路商业街平面图

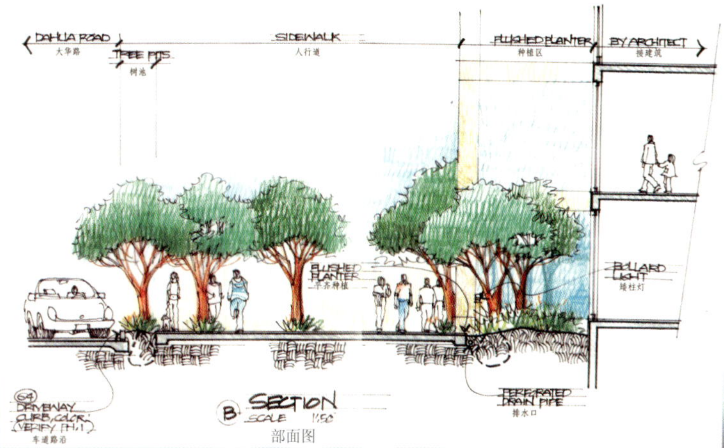

部面图

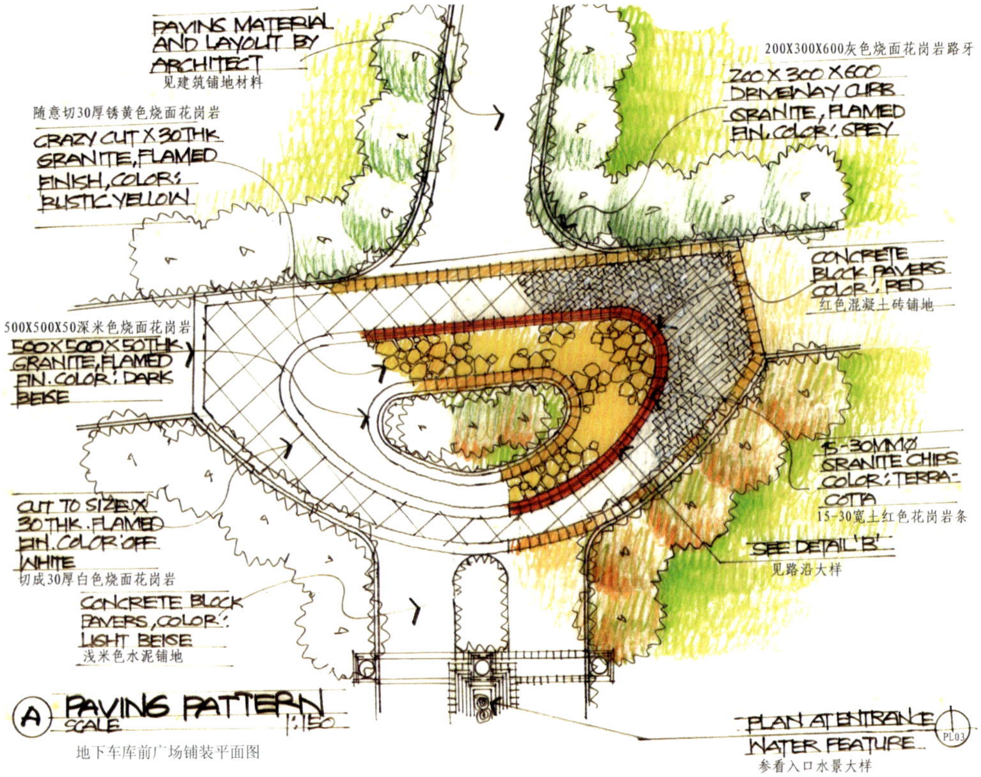

地下车库前广场铺装平面图

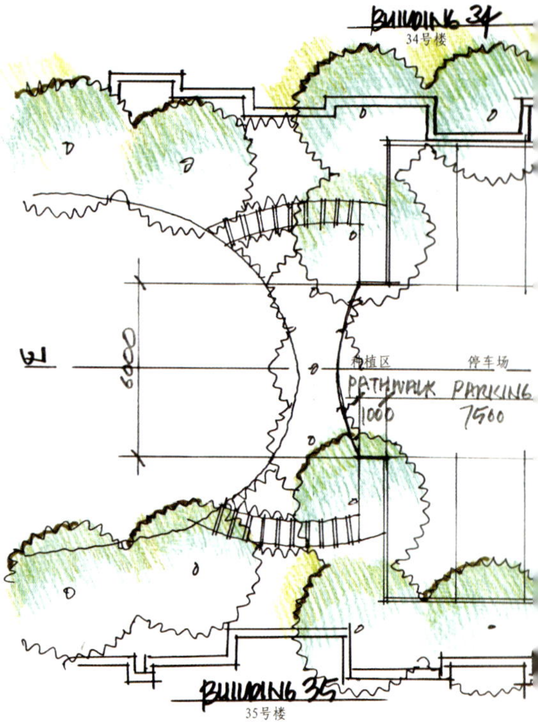

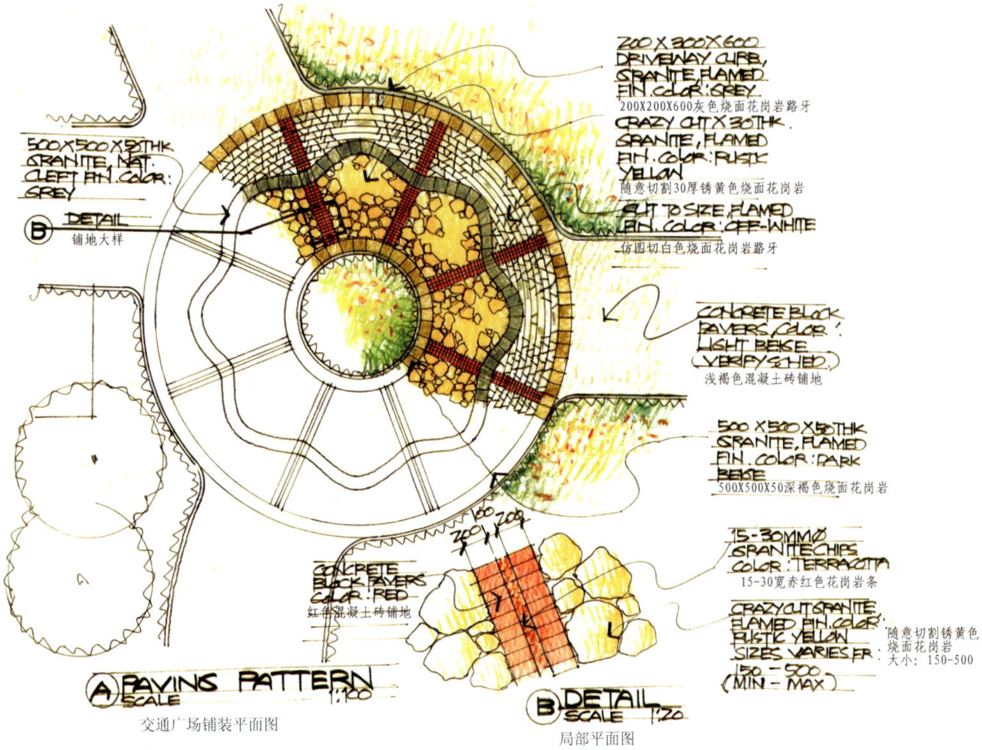

交通广场铺装平面图

局部平面图

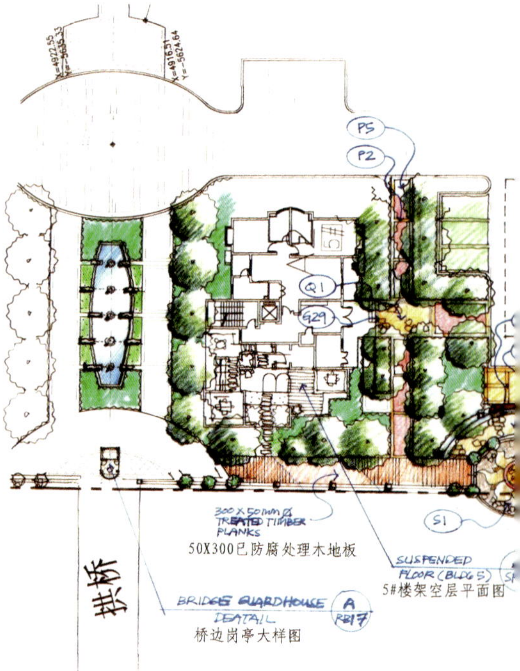

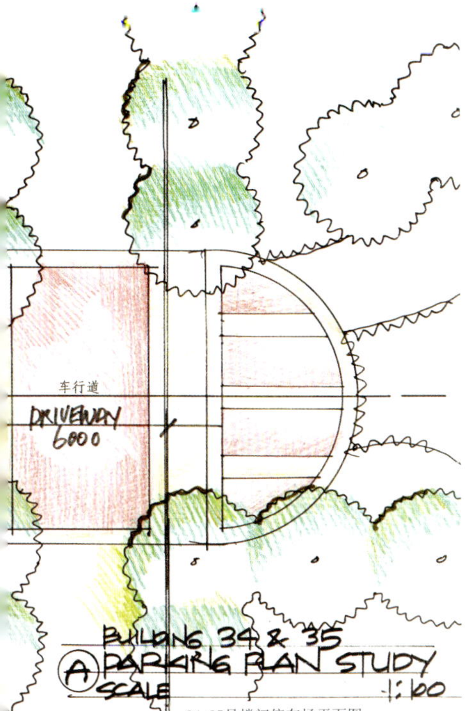

34.35号楼间停车场平面图

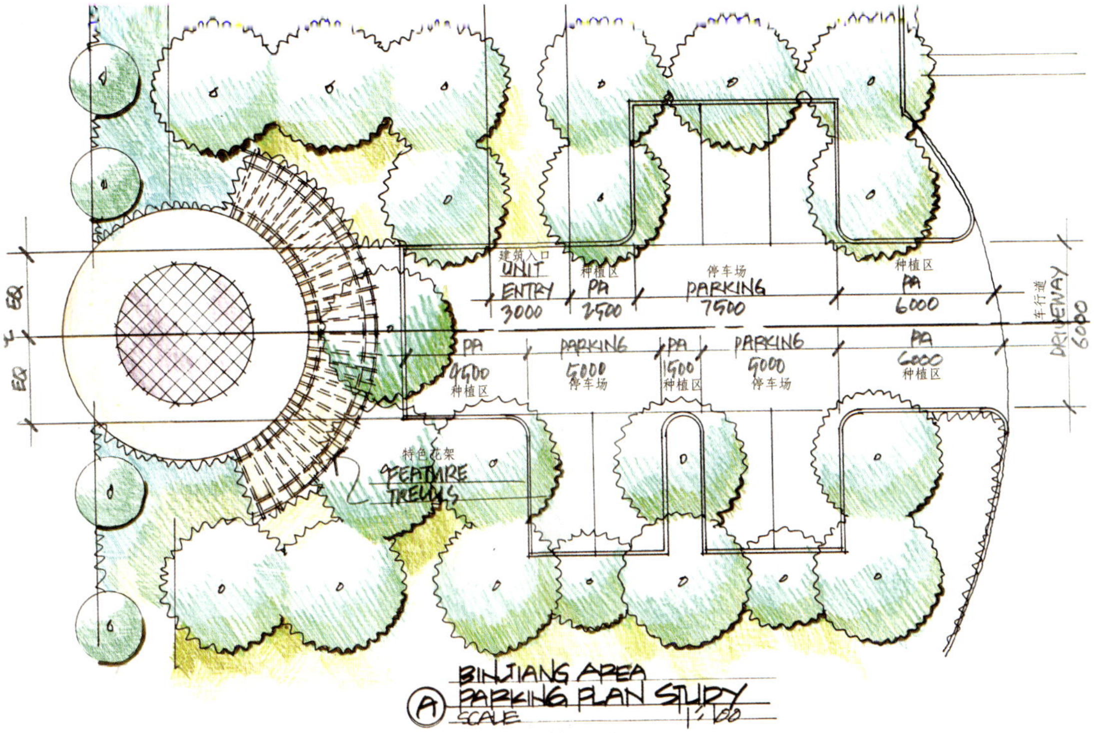

建筑间停车场平面图

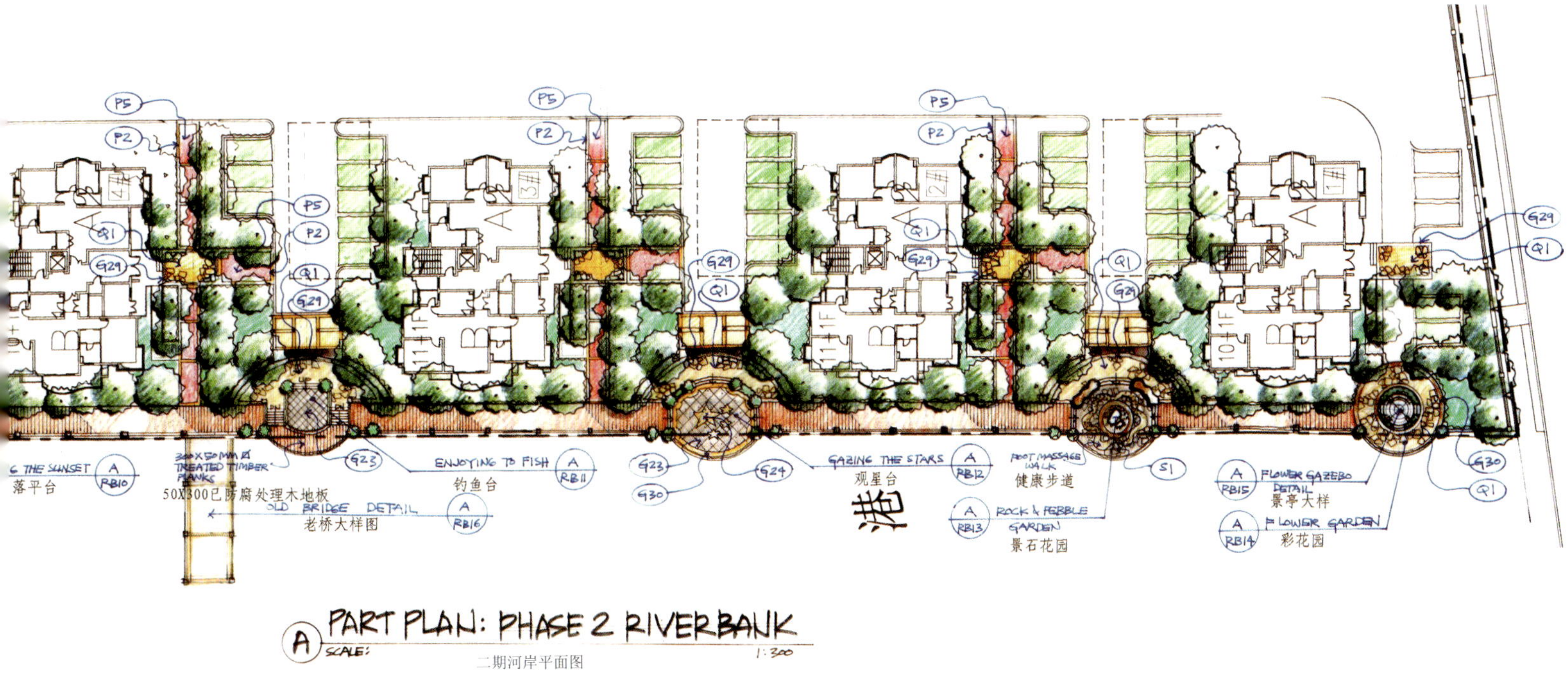

二期河岸平面图

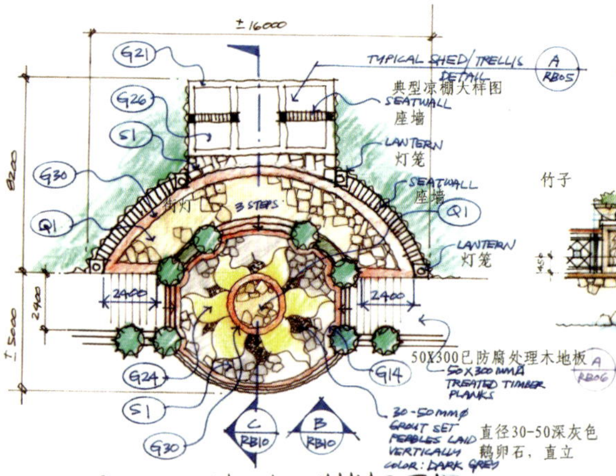

A PART PLAN: WATCHING THE SUNSET SCALE: 1:150
观日落平台平面图

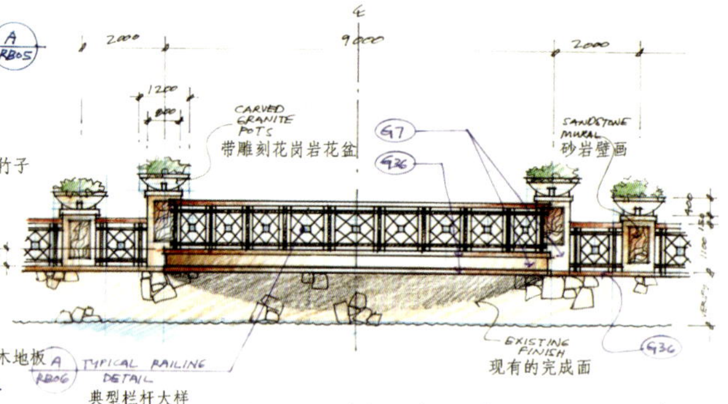

B ELEVATION SCALE: 1:75
立面图

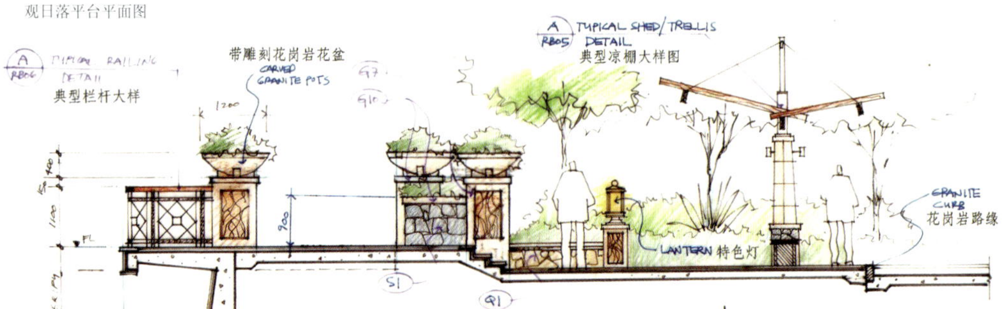

C SECTION SCALE: 1:50
剖面图

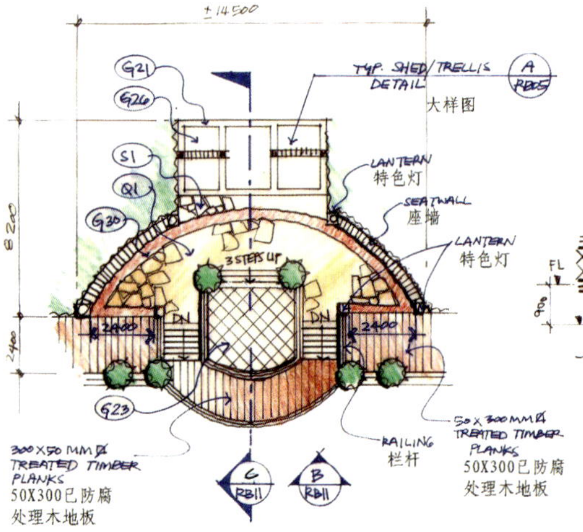

A PART PLAN: ENJOYING TO FISH SCALE: 1:150
钓鱼台平面图

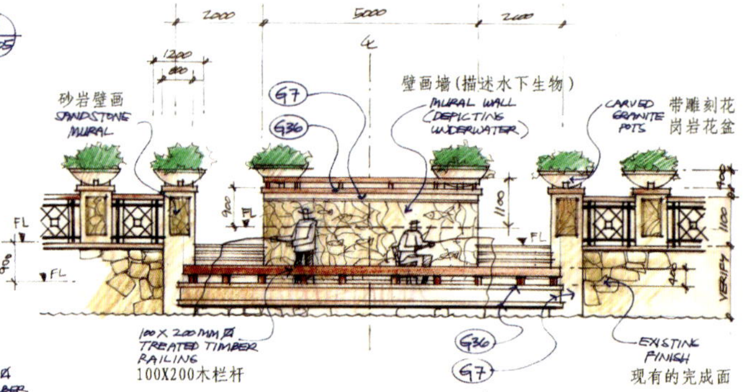

B ELEVATION SCALE: 1:75
立面图

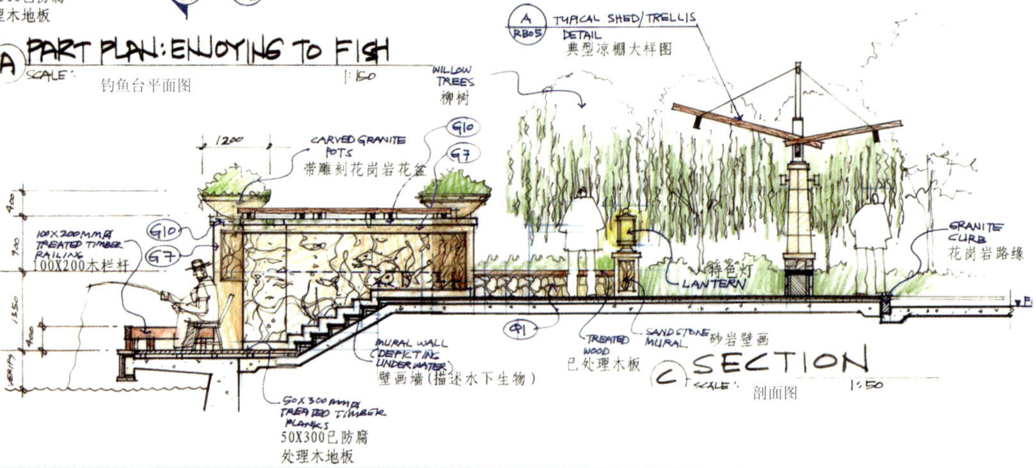

C SECTION SCALE: 1:50
剖面图

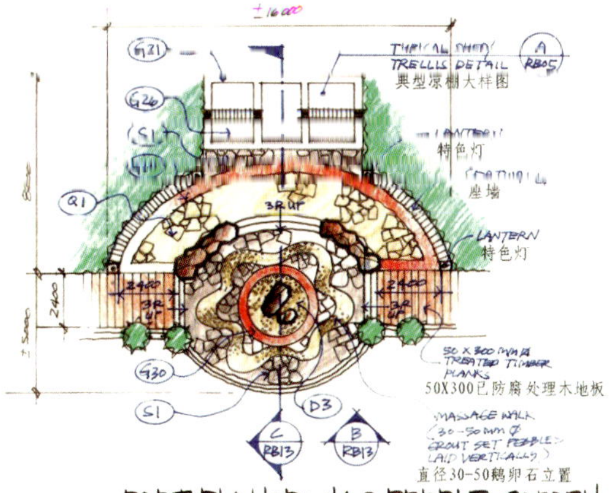

A PART PLAN: ROCK & PEBBLE GARDEN
SCALE: 景石花园平面图 1:150

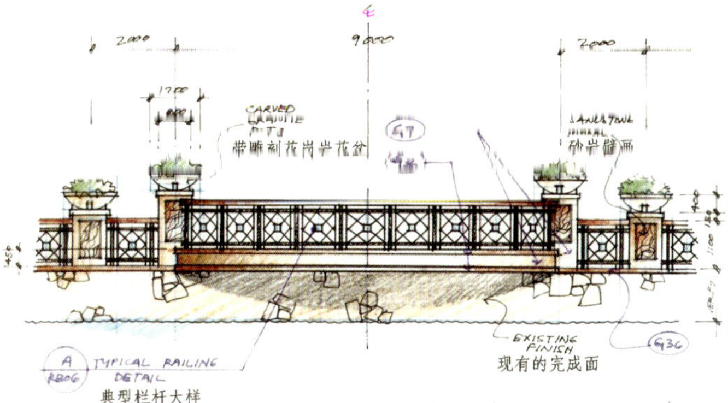

B ELEVATION
SCALE: 立面图 1:75

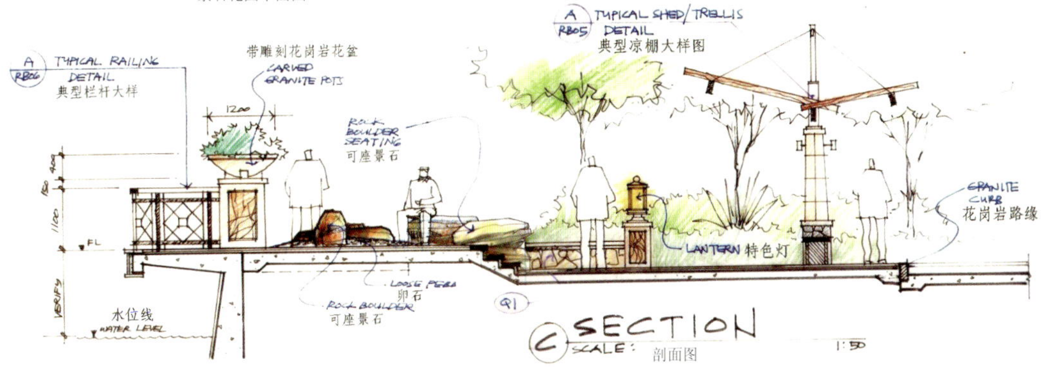

C SECTION
SCALE: 剖面图 1:50

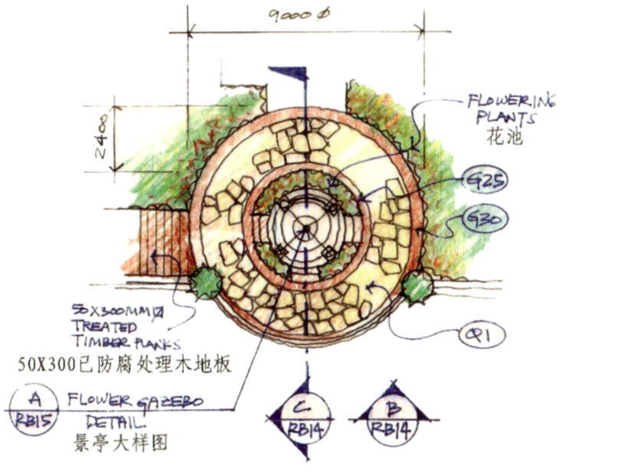

A PART PLAN: FLOWER GARDEN
SCALE: 彩花园平面图 1:150

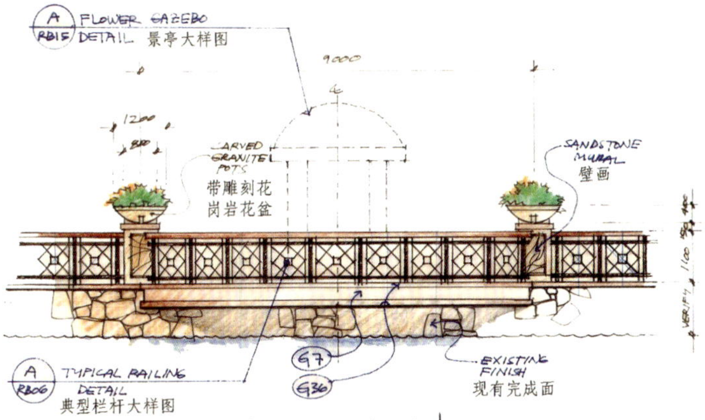

B ELEVATION
SCALE: 立面图 1:75

C SECTION
SCALE: 剖面图 1:50

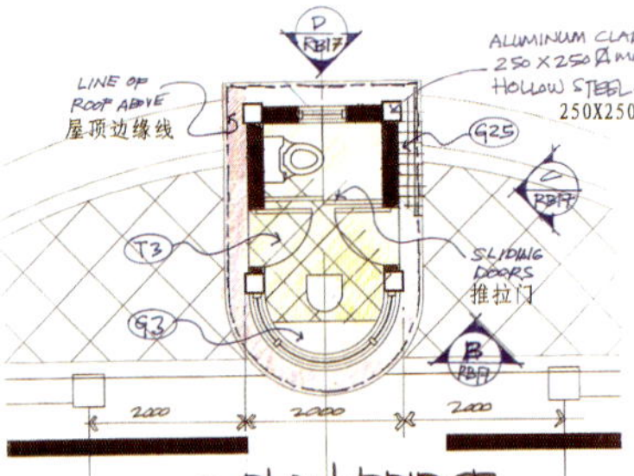

A PLAN: BRIDGE GUARDHOUSE
SCALE 1:50
新桥边岗亭平面图

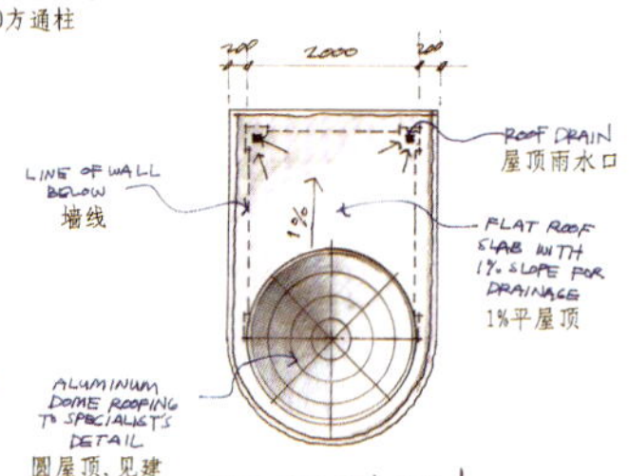

E ROOF PLAN
SCALE 1:50
岗亭屋顶平面图

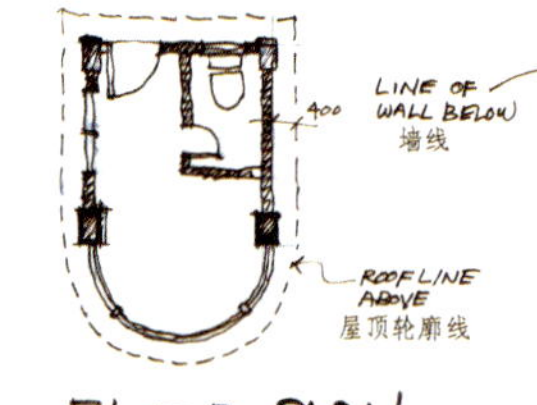

FLOOR PLAN 1:100
首层平面图

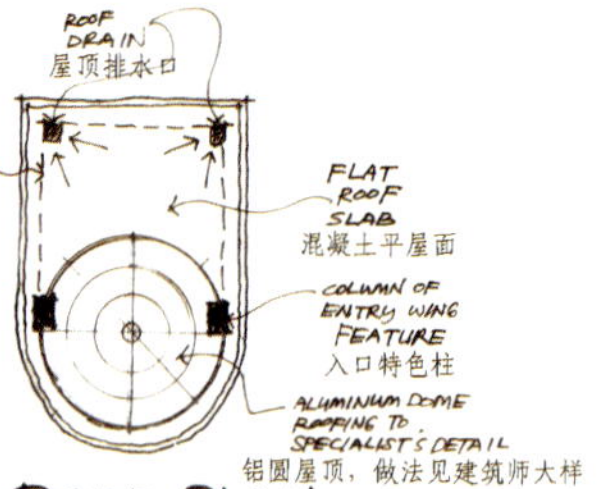

ROOF PLAN 1:100
屋顶平面图

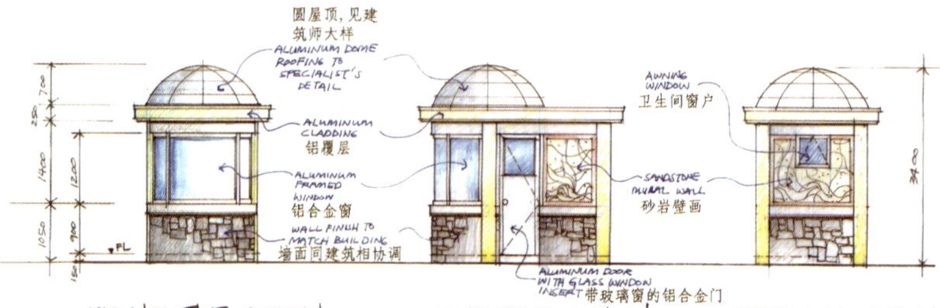

B FRONT ELEVATION
SCALE 1:50
正立面图

C SIDE ELEVATION
SCALE 1:50
侧立面图

D REAR ELEVATION
SCALE 1:50
背立面图

透视图

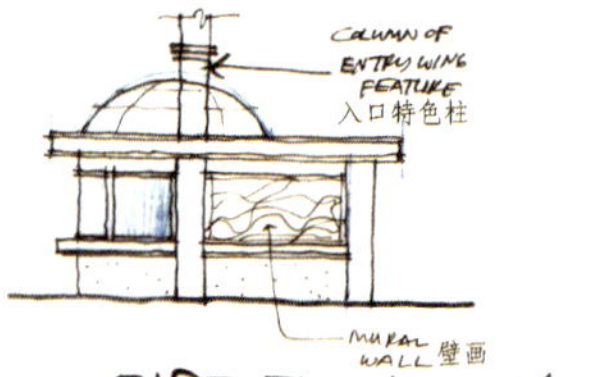

SIDE ELEVATION 1:100
侧立面图

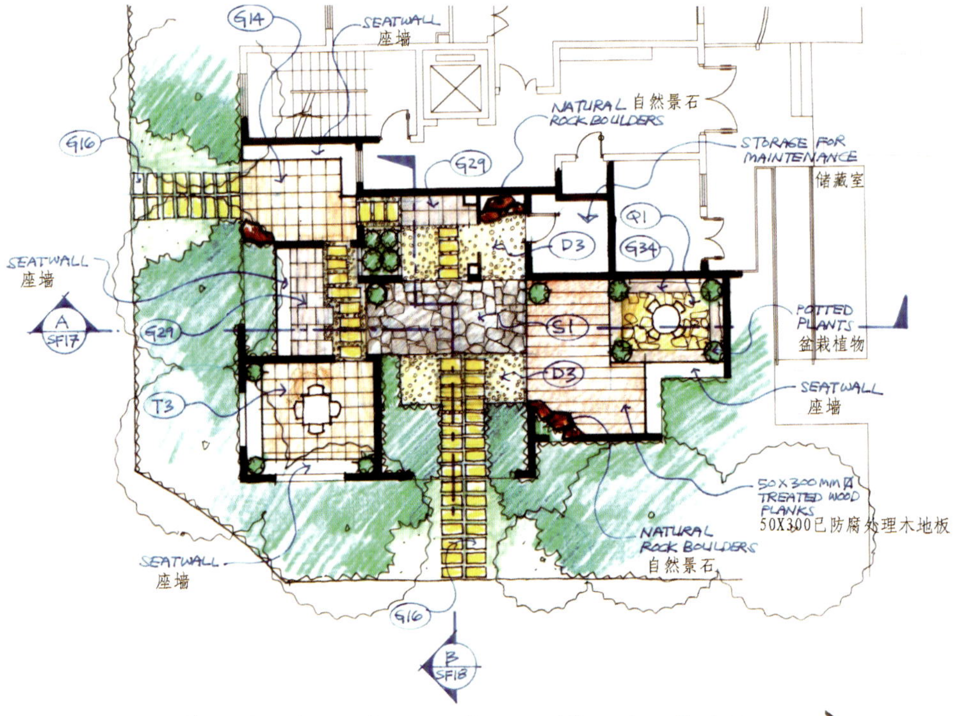

A PLAN OF SUSPENDED FLOOR (BLDG.#5)
SCALE: 1:100
5#楼架空层平面图

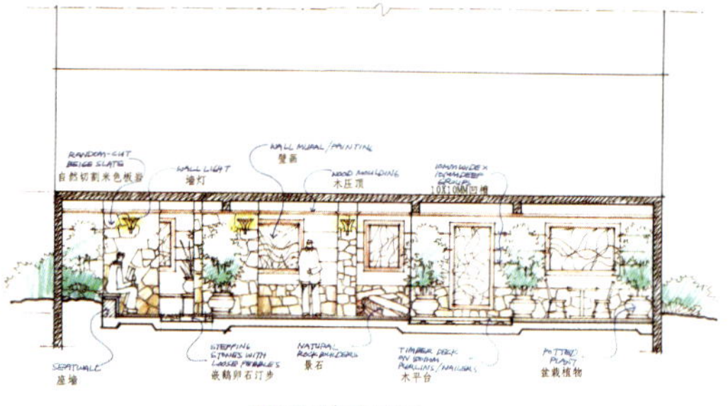

A SECTION THRU' A
剖面图A

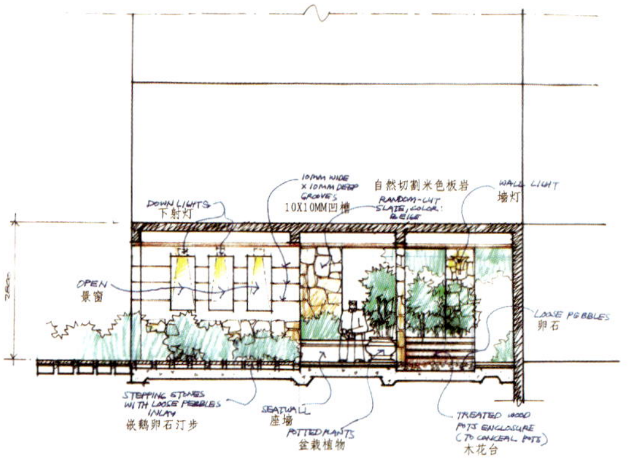

B SECTION THRU' B
SCALE: 1:50
剖面图B

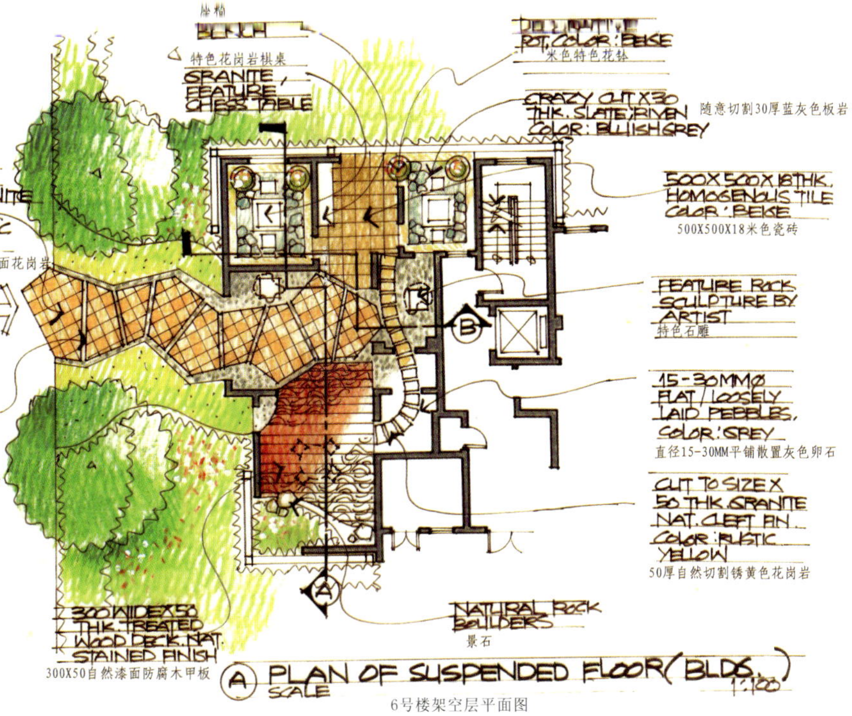

6号楼架空层平面图

剖面图A

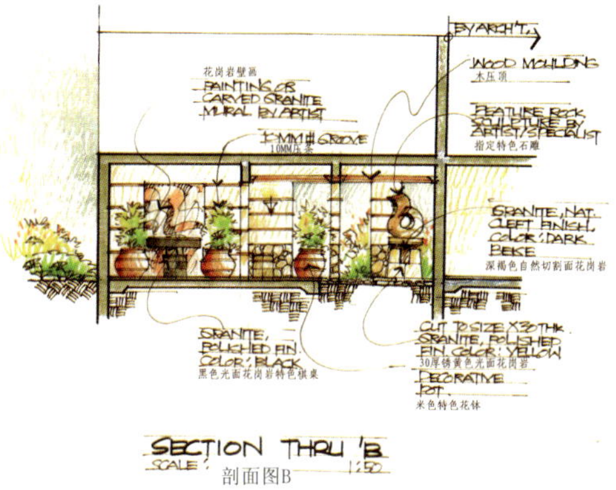

剖面图B

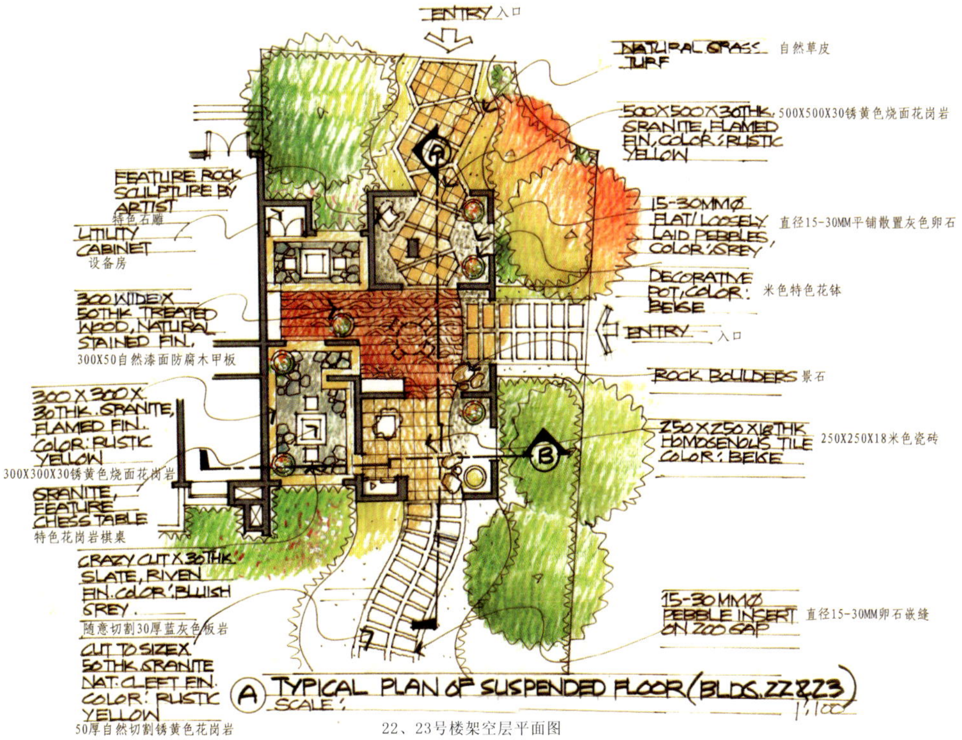

22、23号楼架空层平面图

剖面图A

剖面图B

中轴景观种植效果参考图

公共绿地种植参考效果图

宅前绿地种植效果参考图

环境设计景观意象图

上海市阳光水岸家园

本地块位于外环线以南，与桃浦河相毗邻，东接城市主干道沪太路，地理位置优越，交通便捷，具有较大的开发潜力。

方案设计构思围绕“阳光—水岸”这一主题展开，以象征水纹的曲线为母题，营造一派生动、热情、浪漫的灵动景象，主要景观围绕自南向北的中轴景观大道设计，形成相对集中的主景区，与由其辐射出的景观副轴线相呼应。利用与原配置空间架构为基础，考虑空间的连接与机能性，融入多元造景原理，塑造健康且多元化、人性化的园林景观。

设计手法丰富多彩，为突出各个空间的主题，设计师将“以人为本”作为此设计的主旨在设计上注重把人的行为通过各种形态，感受和体验来充分表现。一边是跌水，落水，音乐喷泉，热情奔放如梦似幻，一边是幽清的静水倒映着现代景观构架，呈现出闲雅，静逸之景象。利用地面铺装的形式形成新的景观轴线，使原有的空间秩序丰富起来。在景观色彩处理上大胆，新颖，具有极强的视觉冲击力，迎合了都市人的审美取向，体现了城市文化内涵，提供体验现代生活的场所和机会。

在功能设计上首先满足了人们休闲、健身、交流等多项愿望，融安全、健康、休闲、运动、生态于一体。健身场、儿童活动场、休息区、邻里交往区一应俱全；宅前绿地均设计了小径以便于人们以最便捷的方式进入各个景区，可达性良好，标识系统的设计方便了居民，并使该小区具备了特有的可识别性。

总平面图

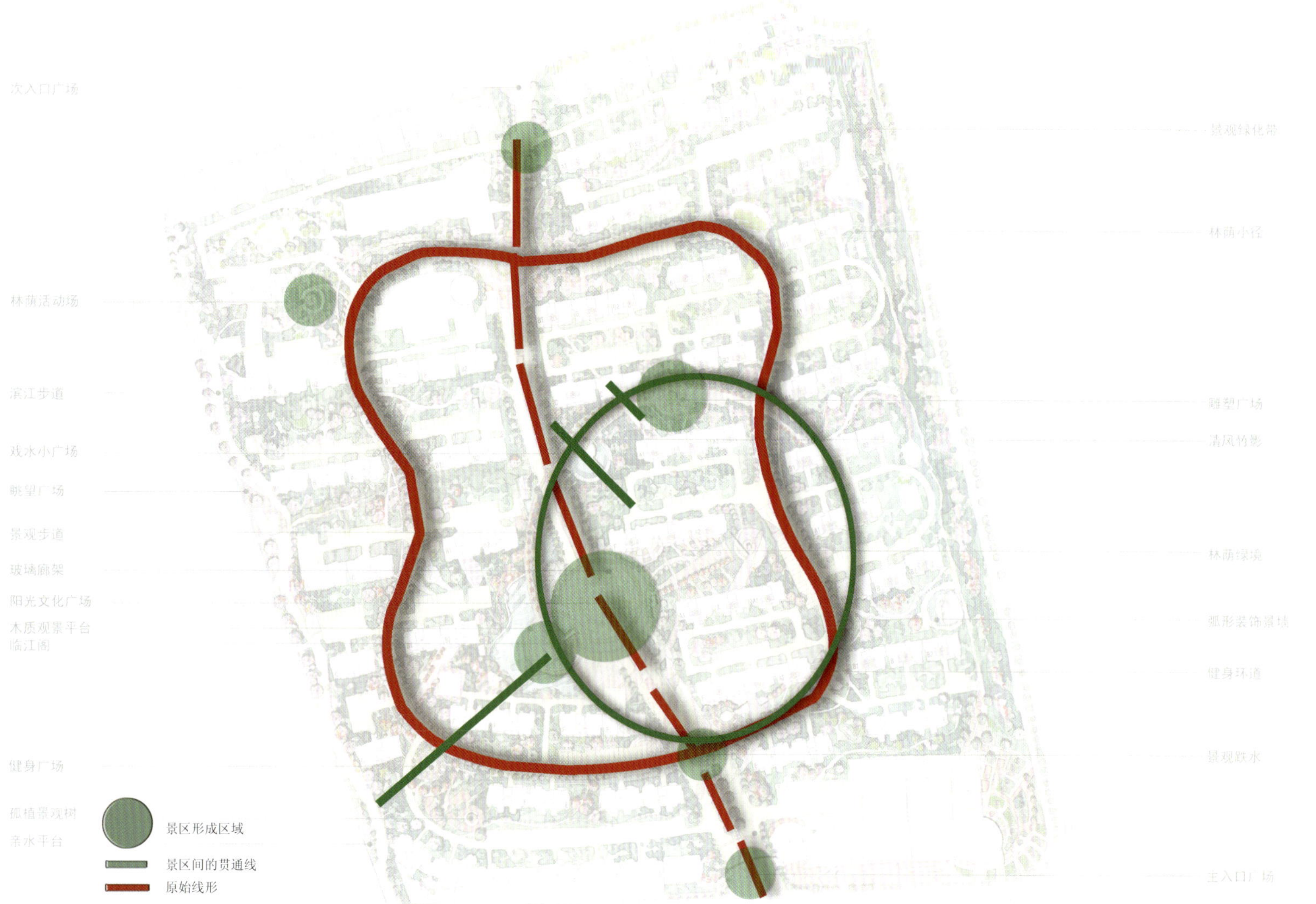

构思分析图

景观区域分析图

景观交通分图

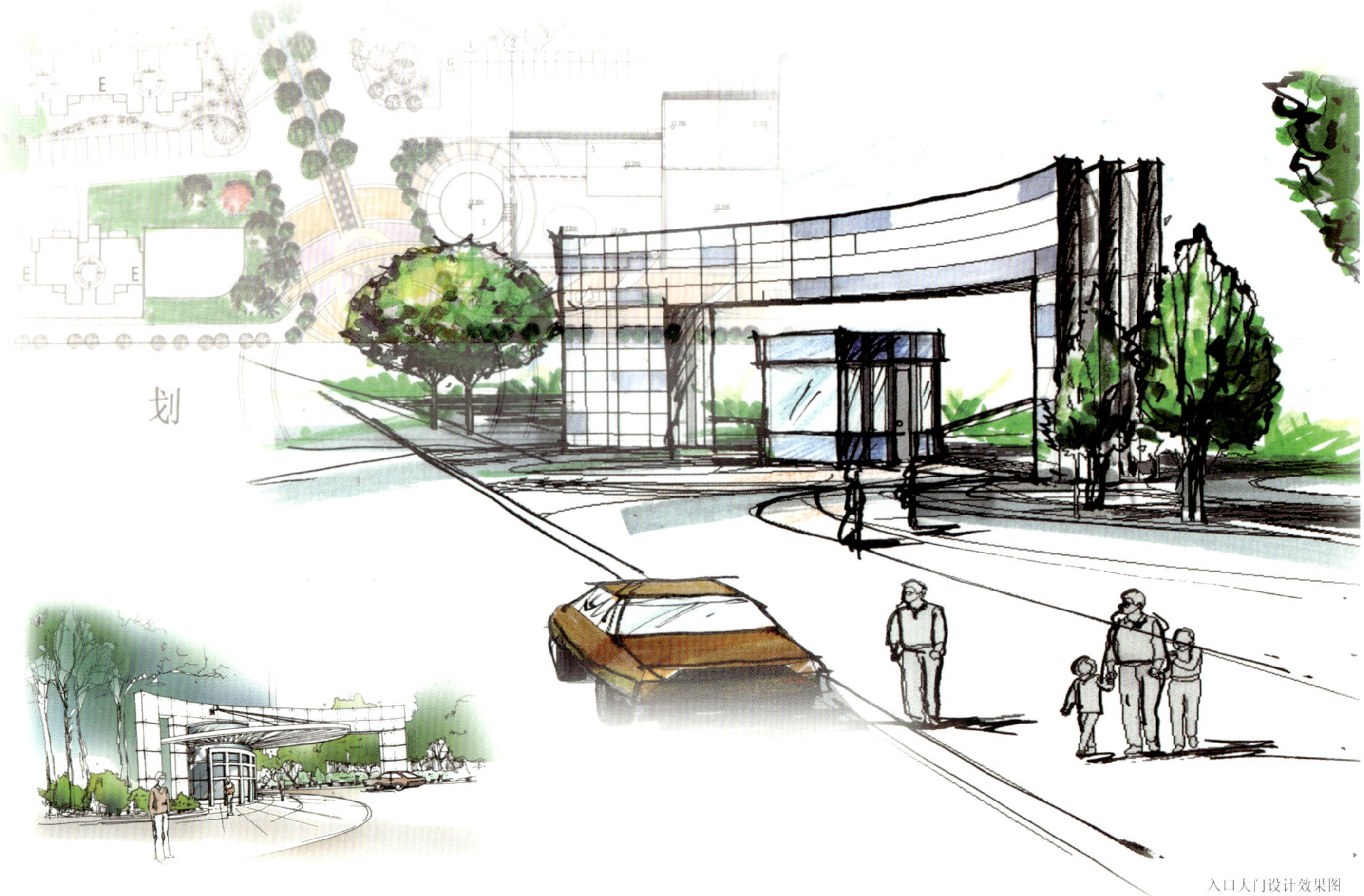

入口大门设计效果图

入口广场效果图

水景广场效果图

戏水广场效果图

青年活动广场效果图

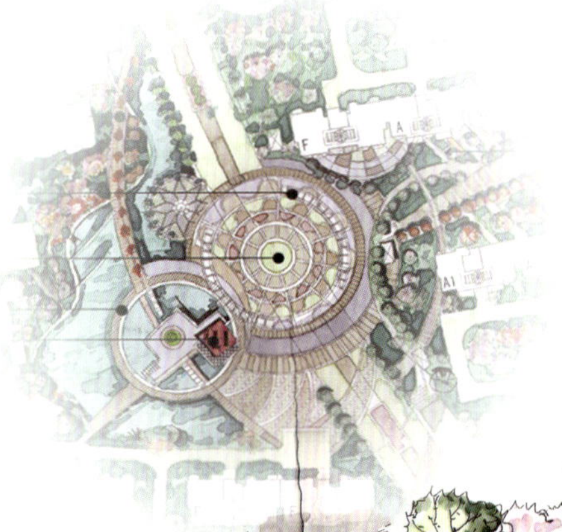

中心广场效果图

旱冰步道广场效果图

人防入口广场效果图

滨江小景效果图

滨江小景效果图

上海市金域水岸苑

生态景观住宅设计从更深层的意义上说，是对人类生态生活系统的设计，是一种最大限度地借助于自然力的优化设计，一种基于自然系统自我有机更新能力的再生设计。

生态景观住宅一般分为水景住宅和绿景住宅两大类，“水景住宅”是指在河湖旁边的物业项目，“绿景住宅”是指以绿色森林景观为主要特点的景观。

本案地处天然河道旁，拥有天然水景；加之小区内部丰富的草坡林地为设计师提供了良好的设计素材。本次景观设计中以“亲水、青园、倾城”为主体，以“双景观住宅”为目标，力求创造经典的永恒。

“MORDEN FEATURE＆PARKLAND”——“现代设计元素和自然式园林环境”园林式小区环境的一个重要概念，是强烈的具有现代景观形态的景观与柔和起伏的自然景观形成对比，这意味着打破室内外景观的界线，鼓励居住者融入周边的环境，无论是主观地还是被动地由景观视线所引导的。景现视线对设计来说是至关重要的，它是通过设计中对雕塑、植栽、小桥、灯光、构筑物和其它元素的运用创造的。这些空间与周围的建筑有着一些相同的设计元素，同时通过天然材质的使用变化产生不同的对比。

1. 商业广场
2. 主入口廊架
3. 林荫步道
4. 特色水景广场
5. 旱喷休闲广场
6. 儿童乐园
7. 休闲小广场
8. 花钵景墙
9. 阳光大草坪
10. 环形步道
11. 紫藤廊架
12. 中央平台
13. 小区次入口
14. 亲水活动区
15. 滨水健身漫步道
16. 特色景墙
17. 特色铺地
18. 通往别墅区

总平面图

总体鸟瞰图

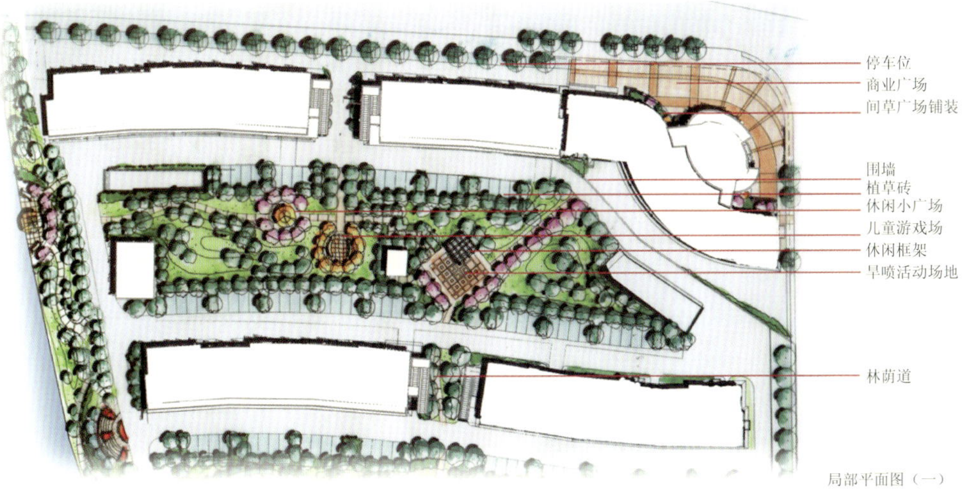

局部平面图（一）

旱喷广场效果图

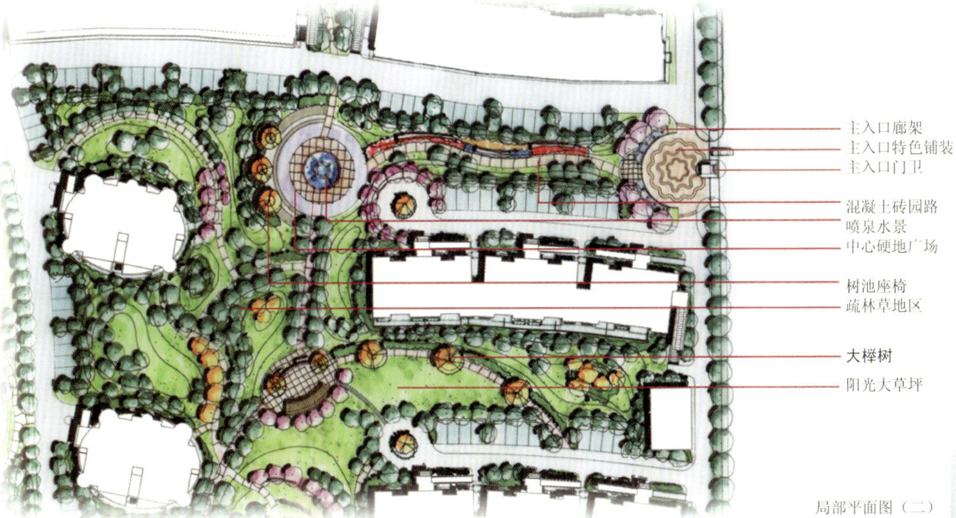

局部平面图（二）

阳光大草坪效果图

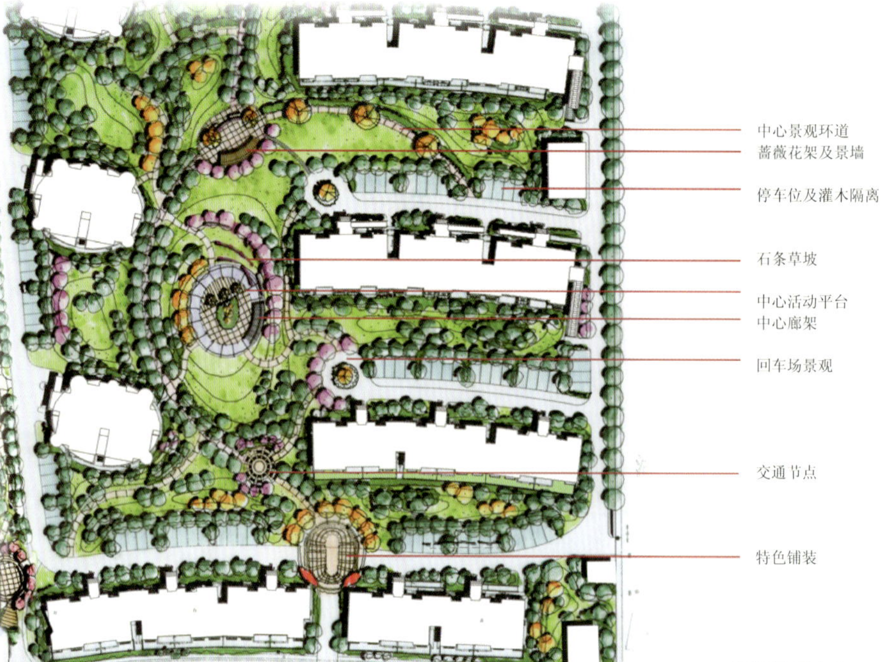

局部平面图（三）

蔷薇花架及景墙效果图

石条草坡效果图

中心廊架效果图

架空层景观效果图

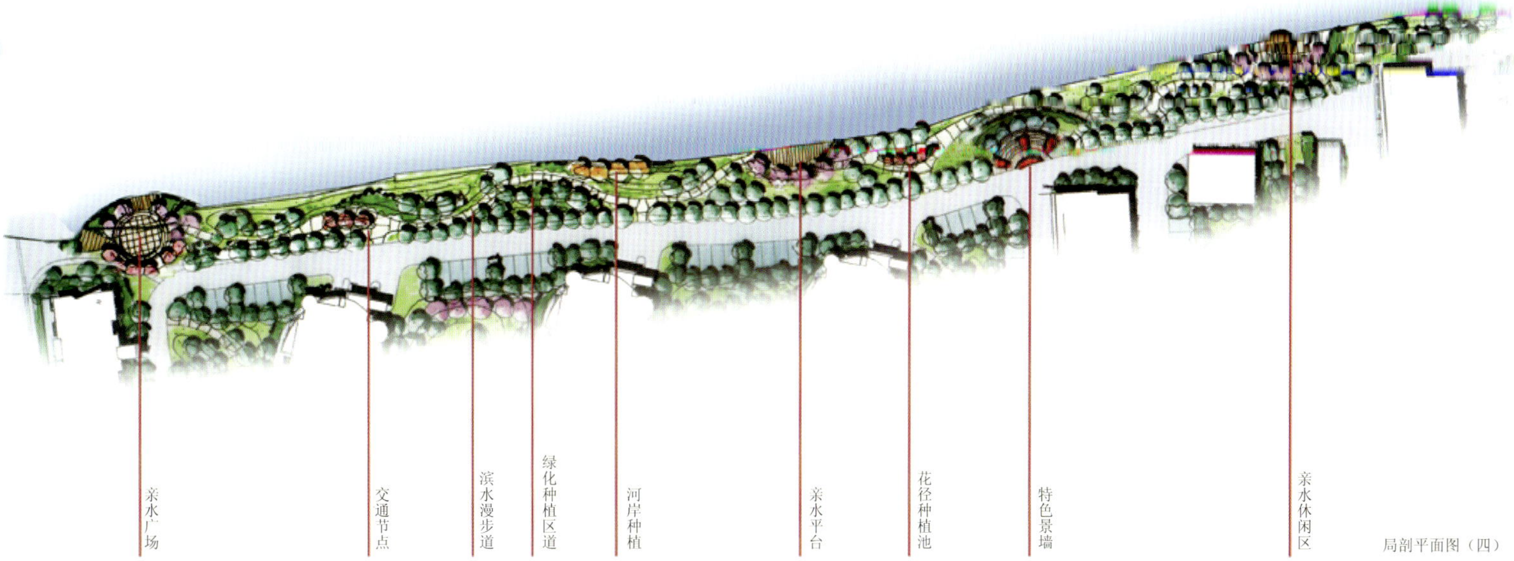

局剖平面图（四）

滨水区特色景墙效果图

滨水健身步道效果图

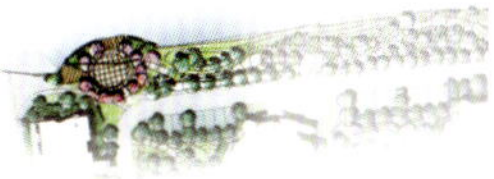

滨水区活动广场效果图

上海市长兴乡凤凰镇配套商品房

本项目位于上海宝山区长兴岛核心区凤凰镇潘园公路南侧，距离长兴乡人民政府0.33km。基地面积11.63万m²。地形平坦，零星有几户动迁农舍，其余均为农田和果园。

规划设计宗旨

确定“以人为本”可持续发展的规划设计指导思想，处处考虑居民对居住生活的美好要求，并具有一定的前瞻性。强调小区内绿化景观的合理组织与精心布局，以中轴绿系为小区主景观轴线，构造小区景观体系，形成一气呵成的环境氛围。强调小区景观的“均好性”，根据布局设计的房型档次，合理安排景观，合理营造单体和总体环境层次。

在“绿色和环保”成为世界性潮流的今天，通过对总体布局和建筑单体的技术处理，使整个小区建筑和居民对自然界的阳光、风、绿化等具备更强的亲和力，创造一个优美、宁静的世外桃源。车行系统形成贯通的环路，沿车行道路两侧合理安排景点，在保证环境及居住质量优异的前提下，获得最大程度的经济性。

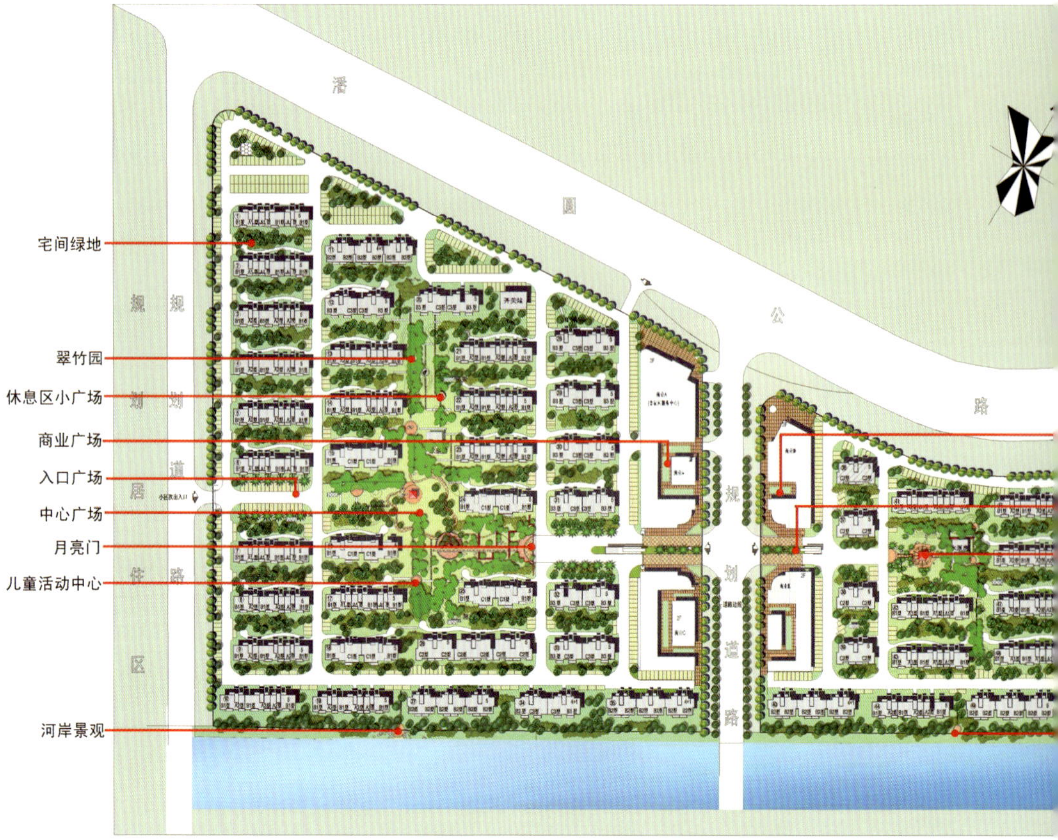

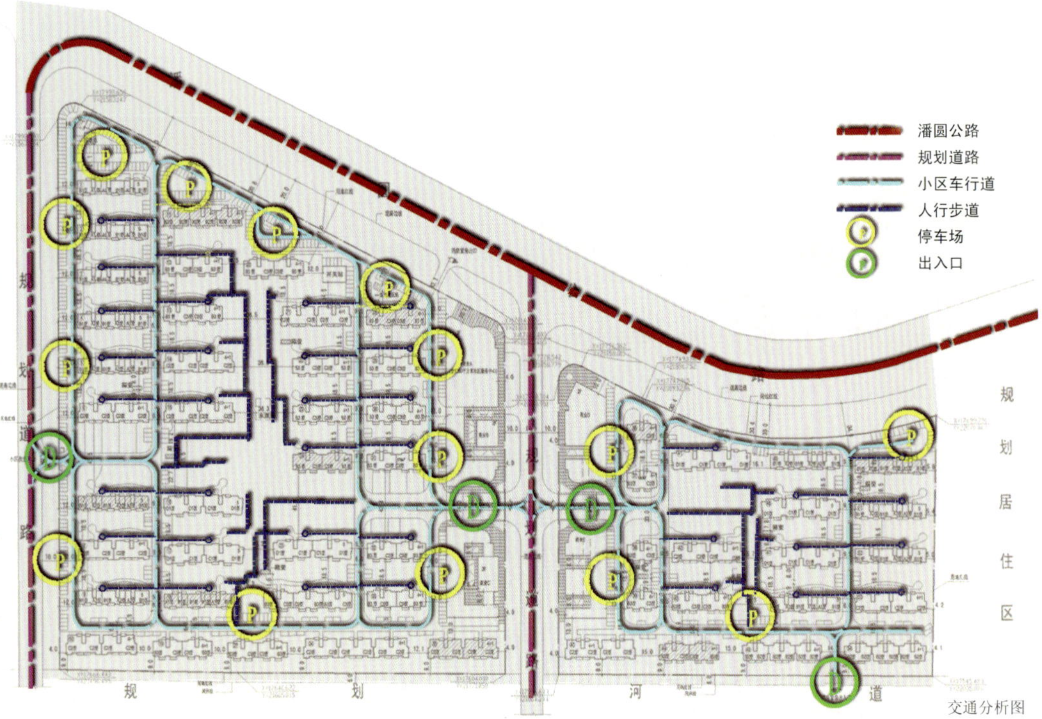

交通分析图

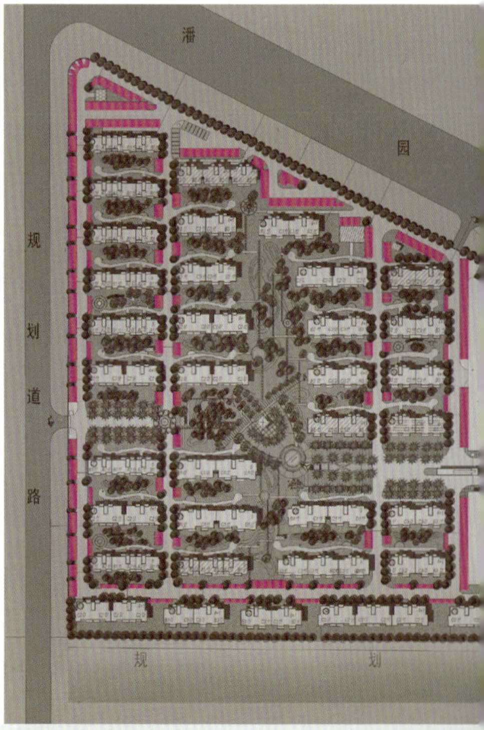

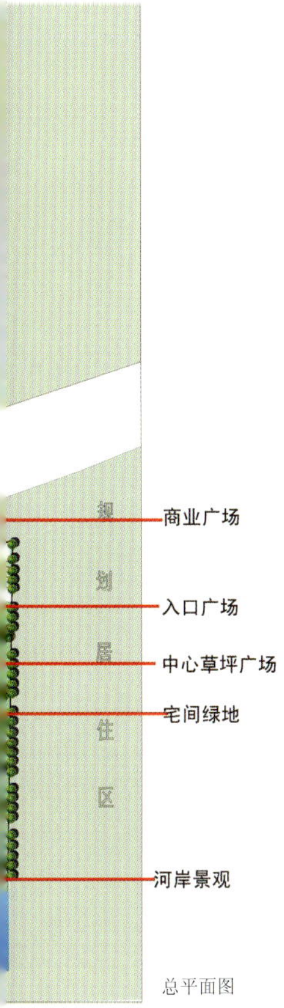

总平面图

全景鸟瞰图

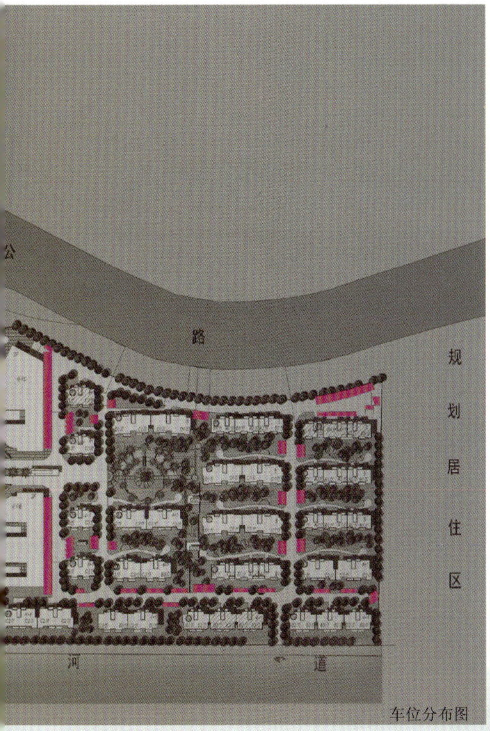

车位分布图

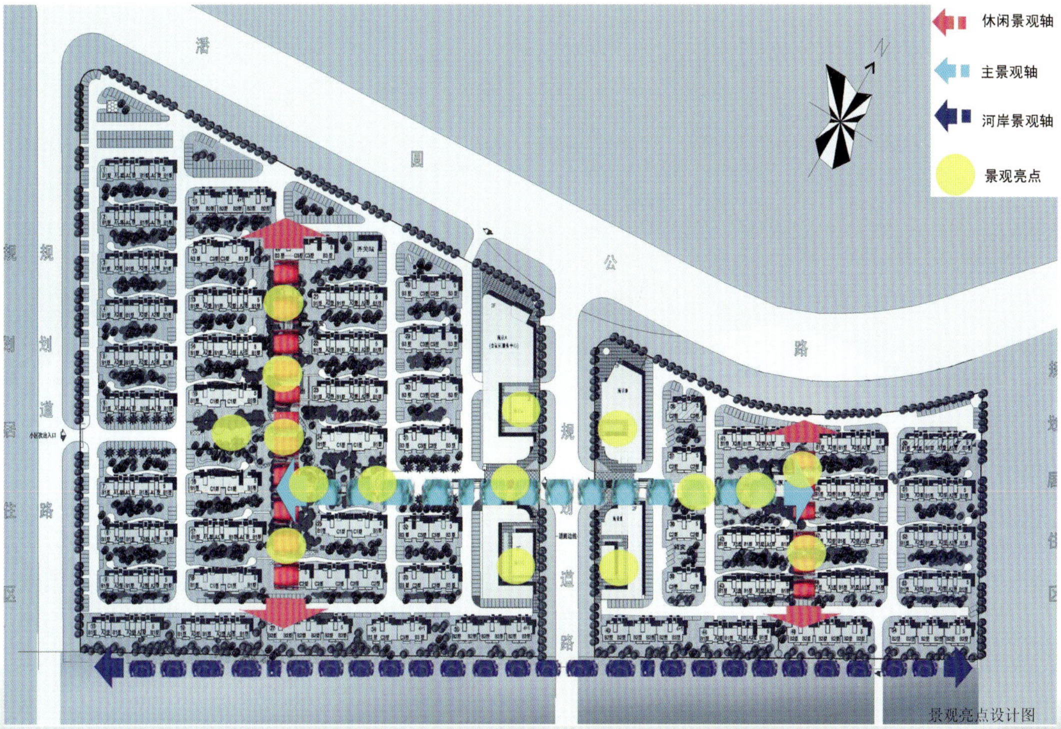

景观亮点设计图

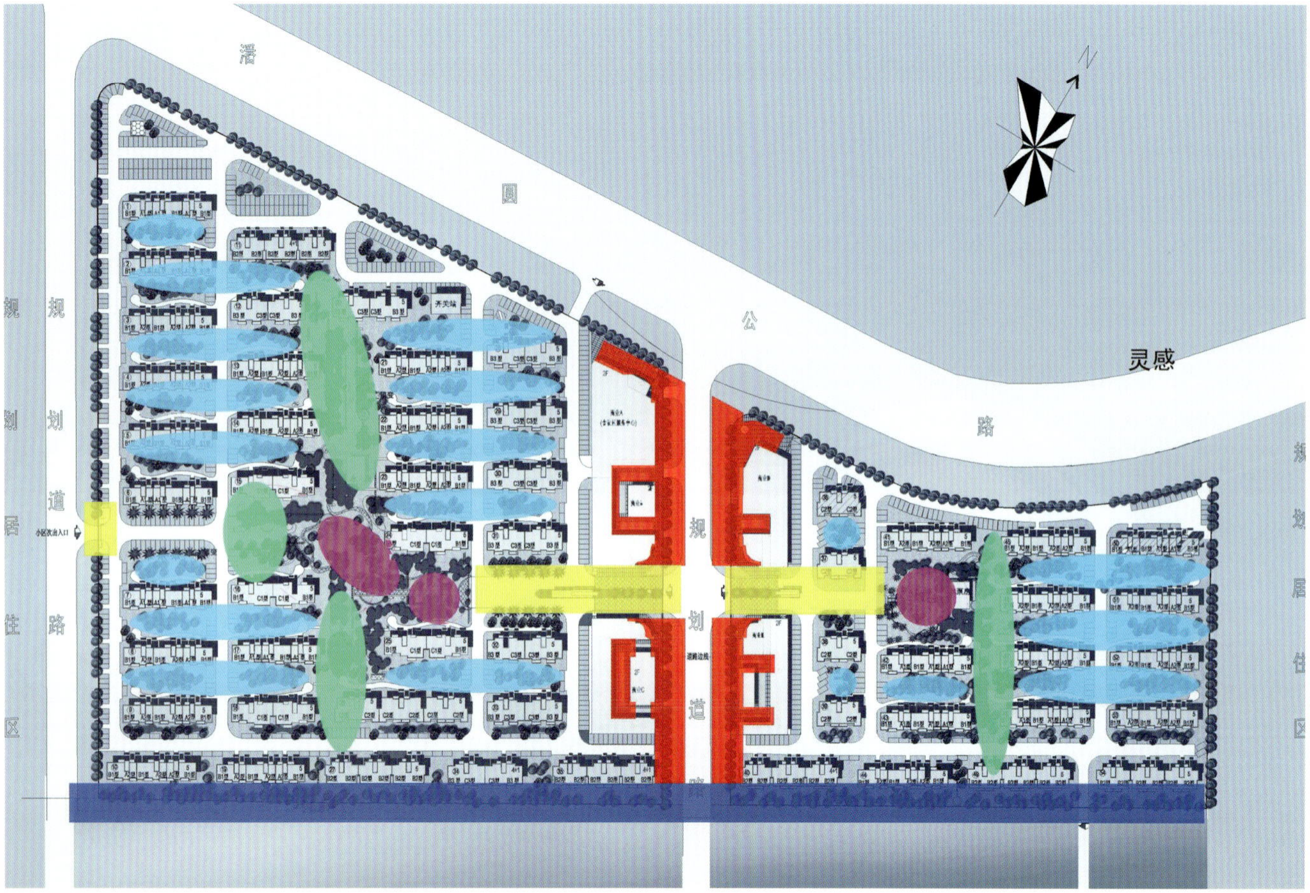

商业景区
整个商业区的氛围是时尚、活泼的。同时也有良好的休息环境。

入口景区
以竹林、橘树等植物景观来营造出人性化入口。

中央景区
主景区的环境硬质铺地与公共绿地相结合。公众的参与性强。是聚会、休闲娱乐的好场所。

休闲景区
以绿地为主，主要为住户营造出散步休闲的氛围。

河岸景区
河岸为生态景观，使人们能感受到大自然的亲和力。

宅间景区
以绿地为主，其间散置休闲健身器材，为住户的健康生活提供方便。

景观功能分区分析图

小区中心广场入口效果图

河岸景观效果图

翠竹园效果图

小区右中心绿地效果图

小区围墙效果图

住宅入口景观意向图

商场及会所示意图（1）

商场及会所示意图（2）

商场及会所示意图（3）

铺装意向图

植物配置意向图